U0161237

同步辐射

从发现到科学应用

付　磊　何建华　曾梦琪　著

科 学 出 版 社

北　京

内 容 简 介

本书共 6 章，主要内容包括同步辐射的产生、性质、实验方法、应用实例以及国内外发展趋势。第 1、2 章介绍同步辐射在物质科学研究领域的理论基础及实验方法。第 3 章介绍用同步辐射表征技术探究物质的组成与结构。第 4 章主要介绍同步辐射在物质成核生长、能源存储与转换以及多场调控下物质变化的应用实例。第 5 章介绍全球同步辐射光源的分布，概述各个光源的特色。第 6 章总结全书，并展望第四代同步辐射光源的发展前景。

本书可供材料、化学、物理、生命科学、环境科学等学科领域的高等院校和科研院所教师、科研人员及研究生参考，也可供以同步辐射装置为实验平台的各领域研究人员参考。本书写作风格偏向基础和科普，尤其适合刚刚涉猎同步辐射领域的研究人员阅读参考。

图书在版编目（CIP）数据

同步辐射：从发现到科学应用/付磊，何建华，曾梦琪著. —北京：科学出版社，2022.2

ISBN 978-7-03-071472-5

Ⅰ. ①同… Ⅱ. ①付… ②何… ③曾… Ⅲ. ①同步辐射光源 Ⅳ. ①TL54

中国版本图书馆 CIP 数据核字（2022）第 026120 号

责任编辑：邵 娜 / 责任校对：高 嵘
责任印制：彭 超 / 封面设计：苏 波

科 学 出 版 社 出版
北京东黄城根北街 16 号
邮政编码：100717
http://www.sciencep.com

武汉中远印务有限公司印刷
科学出版社发行 各地新华书店经销

*

开本：B5（720 × 1000）
2022 年 2 月第 一 版 印张：17
2022 年 2 月第一次印刷 字数：220 000

定价：88.00 元

（如有印装质量问题，我社负责调换）

作者简介

付　磊，本科毕业于武汉大学化学学院，博士毕业于中国科学院化学研究所，国家自然科学基金委杰出青年基金获得者。于美国洛斯阿拉莫斯国家实验室从事博士后研究，后加入北京大学，任副研究员，现任武汉大学教授、博导。研究兴趣包括：原子制造、液态金属新兴应用。在利用同步辐射技术研究原子晶体生长机制方面具有丰富的经验。

何建华，本科毕业于北京大学技术物理系，博士毕业于中国科学院上海原子核研究所，2009 年入选“新世纪百千万人才工程”国家级人选。多年从事同步辐射装置技术及其应用研究，参加了国家大科学工程上海光源前期研究、工程建造、开放运行及后续光束线站建设等工作。现任武汉大学教授、博导，主要从事先进同步辐射光源技术研究与装置建设工作。

曾梦琪，本科和博士毕业于武汉大学化学与分子科学学院，入选中组部“青年拔尖人才支持计划”，“博士后创新人才支持计划”。目前在武汉大学工作，任副教授、博导，主要研究方向是以器件应用为导向的二维材料的精准合成。

序　一

同步辐射光源作为新时代的“国之利器”，为不同学科间的相互渗透和交叉融合创造了优良条件，更为基础学科前沿研究提供无可替代的技术支撑。同步辐射光源具有高亮度、高准直性、宽频谱等优点，可以获得原位动态信息，在原子或分子尺度的结构表征方面具有独特的优势，是中国科学研究跻身世界前列的利器。

作为国内最早的一批同步辐射用户，我们组在 1993 年就采用同步辐射 X 光源和能量色散法对高纯 C_{60} 样品粉末进行高压原位 X 光衍射实验，发现 C_{60} 在 25～30 GPa 时由晶态转变为非晶态。早期还利用同步辐射光电子能谱原位研究了经 3 keV O_2^+ 溅射的 SUS 304 不锈钢中 Fe、Co、Ni 等合金元素与氧离子的化学反应活性差异及三种金属元素间的相互作用规律，随后又依托同步辐射做出了一系列工作。由此可见，物质科学的研究离不开同步辐射这样的大科学装置。

新时代科学基金明确了“鼓励探索，突出原创；聚焦前沿，独辟蹊径；需求牵引，突破瓶颈；共性导向，交叉融通”的资助导向。为满足国家科技创新的需求和学科交叉融合的发展趋势，创新科学装置的不断涌现和发展是必不可少的。现在物质科学的突破也越来越依赖大科学装置，同步辐射装置在蛋白质晶体结构、材料的表征等方面发挥了革命性的作用。在物质科学持续突破的关键时期，若无利器，难成高手，提高我国在关键科研条件的自主研发能力迫在眉睫。但是目前中国只有 5 台同步辐射装置在运行，资源还是很紧缺的。最近，教育部、湖北省人民政府、武汉市人民政府与武汉大学正在共同推动武汉光源的立项与建设，作为用户，我是喜闻乐见的。

《同步辐射：从发现到科学应用》是一本深入浅出的好书，是由我非常欣赏的学生付磊写的，他在科学研究中一直有着敏锐的学术洞察力和严谨的治学态度。得知他写了这本书，我一方面很期待书的内容，另一方面也很欣慰，有越来越多的青年科学家，尤其是付磊这样优秀的青年科学家，加入同步辐射的研究领域。我相信我国的科学研究水平有了这些大科学装置的加持，必将迈向前景更光明的新征程。这本书首先详细地介绍了基于同步辐射光源的各种表征技术的原理，之后列举相关研究实例，最后统计了国内外同步辐射光源及其特色，便于用户查阅。该书兼具基础性和易读性，可以作为相关科研人员的入门读物，精准、便捷地获取自己所需要的知识。

中国科学院院士

序　二

当我拿到此书，看到不断有年轻后辈进入同步辐射领域，并以通俗、有趣又专业的语言科普同步辐射的时候，深感欣慰。同步辐射是电子束团在环形加速器中回转时，沿所到之处轨道切线方向发出的一种电磁辐射，或者称光。1947 年，人类第一次在电子同步加速器上观察到这种辐射，便称其为同步加速器辐射，简称为同步辐射。同步辐射的频谱很宽，电子能量越高，频谱越向短波长延伸。随后科学家们发现，这种强度极高、覆盖频谱范围广、波长连续可调的光，可作为一种科学研究的新工具。同步辐射光源可极大提高传统表征方法收集数据的速度和准确性，同时基于此光源科学家们发展出了众多新的实验方法。同步辐射光源的先进性已经是衡量一个国家科学技术发展水平的指标之一。

最初，科学家们是使用为高能物理实验建造的电子同步加速器或电子储存环开展同步辐射研究的，这种光源是兼用光源，被称为第一代光源。因为兼用光源的同步辐射性能不好，20 世纪 70 年代，国际上开始建造专门用于同步辐射的电子储存环，称为第二代光源。1977 年，中国科学技术大学提出建设我国第一台同步辐射加速器的建议；1989 年 4 月，“合肥光源”出光，支撑用户开展凝聚态物理、能源与环境、纳米材料、新型功能材料等方面的研究。同时，以北京正负电子对撞机为兼用光源的“北京同步辐射装置”也建成并开始用户实验，每年 2～3 个月时间专为同步辐射运行。2009 年，我国建成以插入元件为主、亮度更高的第三代同步辐射光源——上海光源。北京高能光源正在建设之中。

目前世界上同步辐射光源正向亮度更高、接近衍射极限的第四代光源方向发展。因为同步辐射光要达到衍射极限，储存环电子束的发射度就必须极低，而光的衍射极限与光的波长成正比，所以首先进入第四代光源的一定是低能量区域的光源。中国科学技术大学已经开始建造我国第一台低能量区域第四代同步辐射光源。我国还有多地均有建设同步辐射装置的计划。如武汉，就计划建造低中能区第四代光源，以作为武汉市建设国家中心城市、中部地区科教中心和综合性国家科学中心的重要支撑。

同步辐射技术的广泛适用性吸引了各种背景的研究人员，他们迫切需要有一个全面且易懂的学习资源，让他们可以合理有效地学习同步辐射基本知识。这本由武汉大学师生编写的书可以为研究生和其他研究人员提供广泛和深入的介绍，使他们能够快速学习做同步辐射研究所需的各种知识。从同步辐射发展历史、大科学装置的建设，到各种同步辐射实验方法的介绍以及在材料科学、化学、生命科学、物理学、医药学、环境科学等学科领域的应用，直至世界各地光源及其特色，此书都详细地进行了介绍。此书主要作者何建华教授参与了上海光源的前期筹备、工程建设和开放运行的整个过程，曾担任上海光源二期的总工程师，对同步辐射装置的建设具有丰富的经验；另一主要作者付磊教授是化学、材料领域的杰出学者，近年来依托同步辐射取得了一系列科研成果，对于同步辐射实验方法、用户的实验需求，均有自己的深刻见解。这本书将大大有助于同步辐射用户，特别是同步辐射入门学者。

中国工程院院士

何多慧

前　言

光是人类观察及研究物质最重要的工具。人类对光的探索经历太阳光、烛光、灯光、X 射线、激光、同步辐射光等几次划时代的大跨越。1879 年，电灯的发明推动人类文明的发展；1895 年，德国科学家发现 X 射线能够透视肉眼看不到的世界；20 世纪初，科学家又发现更亮更纯的激光可以用来研究单个原子，由此人类对世界的探索进入微观世界；1947 年，有学者发现，当自由电子做环形高速运动时会发射电磁辐射，这个发现使人类拥有进一步探究微观世界的“眼睛”——同步辐射。

在科学发展史上，特别是物质科学发展史的进程中，光的发展起到了极为重要的作用，带领我们一步步“亲睹”物质的结构和变化过程。在物质的合成和应用中，对结构信息和反应过程的实时捕捉至关重要。目前，采用常规光源的表征技术因空间、能量、时间分辨率有限，在深入探究物质的精细结构、反应机制和器件构效关系时面临挑战。

同步辐射是一种强度高、光斑小、频谱广的光源。借助这种革命性的新光源，我们可以从微米、纳米直至原子等多尺度方面去实时、原位探索物质的微观结构、化学变化、相互作用，使常规光源无法做的实验成为可能。它是不可或缺的现代科研手段，可应用于集成电路、新型显示、新能源材料、生物医药等众多前沿科研领域。毫不夸张地说，每引出一束同步辐射光，就能照亮一个学科领域里一些不为人知的“阴影”和“角落”。

作者在日常工作中经常用到同步辐射光源来进行科学研究。在接触和学习同步辐射相关知识的过程中，我们发现目前国内已出版的同步辐射类书籍对于非专业学科背景的读者而言比较晦涩难懂。基于此，本书将以通俗的语言，采用科学原理与科学故事相互贯穿的写作手法，聚焦于物质科学领域的诸多科学问题，着重介绍同步辐射在物质科学领域的应用，希望能为物质科学领域的读者提供专业的“指南”作用。

全书共 6 章。第 1 章主要介绍同步辐射光源的产生原理、基础装置、发展历史以及应用优势，旨在让读者对同步辐射有初步了解。第 2 章主要介绍同步辐射的应用基础。第 3、4 章以具体的科学问题为导向，结合经典案例，详细地阐述同步辐射在物质科学领域中如何明晰物质的组成与结构、如何探索物质的化学环境、如何原位捕捉物质变化过程及相互作用，包括物质的成核生长，在能源存储与转换以及多场调控过程中物质的演变。第 5 章概述全球同步辐射光源的分布，提炼典型光源的特色，为有同步辐射测试需求的读者提供“装备地图”。第 6 章总结全书，并展望第四代同步辐射光源的发展前景。

本书可供材料、化学、物理、生命科学、环境科学等学科领域的高等院校和科研院所教师、科研人员及研究生参考。考虑到大部分读者没有完备的同步辐射相关基础知识，希望本书可以成为同步辐射物质科学领域的入门读物，能为物质科学领域的研究者初步了解同步辐射技术提供指导。

本书主要由付磊、何建华、曾梦琪完成，参与撰写的还有丁一然、朱小会、李林洋、张家谦、梁晶晶、石海文和魏南。特别感谢唐琳对全书内容的修改。余艳涛、刘晶璐、王晓征、曹光辉、汪晨阳、汪璐阳、丁煜、路芳云、王耀、夏雅蓓、王亭力、司晶晶、李琳怡、于金秋、汪汇流和何良成也对本书内容有贡献。此外，邓俊、吴玉泽、刘幸梓、李晓涵、常雨、汤迪欣、骆文哲、韩芷懿为本书提供了部分绘图支持。

同步辐射光源技术涉及的学科多、发展快，加上作者学识水平的限制，疏漏之处在所难免，恳请读者批评指正。

作　者

2021 年 7 月 25 日于珞珈山

同步辐射那些事儿

宏观的世界有多大？人类对宏观世界的探索从未停止，目前距离地球最远的人类探测器是“旅行者 1 号”，距离地球约 125 天文单位（地球到太阳距离为 1 天文单位，约 1.5 亿 km），“旅行者 1 号”至今仍然高速地在宇宙中航行。微观世界到底有多小？如今已经探测到质子内部夸克尺度至 10^{-20}m，但仍然没有探索到微观世界的“底”。近年来，我国自主研发的高科技装置不胜枚举，从看向宇宙深处的中国“天眼”，到再创中国深度的“蛟龙号”，极大鼓舞了我国科技兴国的信心。

人类在这个世界上有两个目的：认识世界和改造世界。前者以后者为目的，共同目的是促进人类的生存和发展。人类是怎样认识自然世界的呢？主要是靠我们的视觉、听觉、嗅觉、触觉、味觉，但最基本的，就是用眼睛观察世界。1608 年望远镜的发明，让人类把视野拓展到广袤的宇宙。1671 年显微镜的发明，让人类看到了肉眼无法看见的微生物世界。但是这些都还只是局限在可见光的范围。1895 年，X 射线的发现把人类对世界的认识拓展到微观世界，至此人类对物质结构的认识深入到原子水平。

20 世纪 20 年代，加速器的发明，开启了人类用高能粒子来研究微观世界的时代。加速器通过电磁场使带电粒子加速，其获得的能量和加速长度成正比。而为了获得更高能量的粒子，需要不断增加加速器的长度，由此科学家发明了环形回旋加速器。由于被加速粒子质量和能量之间的制约，传统的回旋加速器无法得到较高能量的粒子。为此，科学家们进一步研发出了同步回旋加速器，其磁场强度与粒子能量呈正相关，粒子回旋频率与高频加速电场同步，突破了传统回旋加速器的能量限制，在此基础上又进一步发展了同步加速器技术，以实现更高能量的粒子加速。但是高能粒子在闭合的环形加速器中运动时，当运动方向改变时，会在切线方向发出辐射，造成能量损失。在同步加速器上，第一次实验观察到引起加速粒子能量损失的辐射，这种辐射被称为“同步辐射”（图 1）。

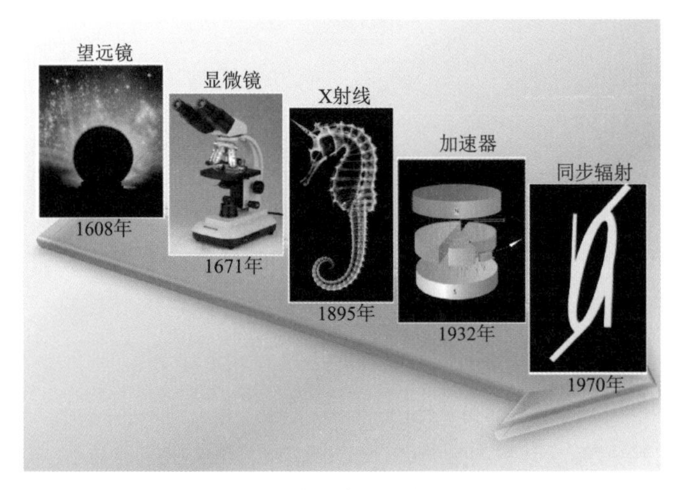

图 1　人类探索世界的历程

同步辐射是指速度接近光速的带电粒子在做曲线运动时沿切线方向发射出的电磁辐射，它的光谱很宽，可以覆盖从红外、紫外、软 X 射线到硬 X 射线的光谱范围，为众多基础科学领域和应用研究提供先进手段。从此人类对世界的探索，在空间上拓展到原子与分子尺度，在时间上拓展到纳秒、皮秒或飞秒尺度。通过同步辐射光源，我们能够看到以前难以观察的物质内部结构以及变化过程。同步辐射光源是基于同步加速器的装置，其主要组成部分包括：注入器、储存环、光束线、实验站。同步辐射光源被称为高品质的巨型 X 射线机和超级显微镜，具有高亮度、高准直性以及波长可调等不可替代的优点，是支撑众多学科前沿基础研究与高新技术研发不可或缺的实验平台（图 2）。

随着科学技术的发展和应用需求的增加，世界各国对同步辐射光源的发展建设都很重视，目前同步辐射光源已经发展至第四代：第一代是寄生在高能物理装置上的兼用装置；第二代是专门设计、用于同步辐射应用的专用光源；第三代是低发射度、大量采用插入件的专用光源；第四代则是以衍射极限储存环为发展方向的新一代光源，将进一步降低发射度，以提高光源的亮度和相干性（图 3）。

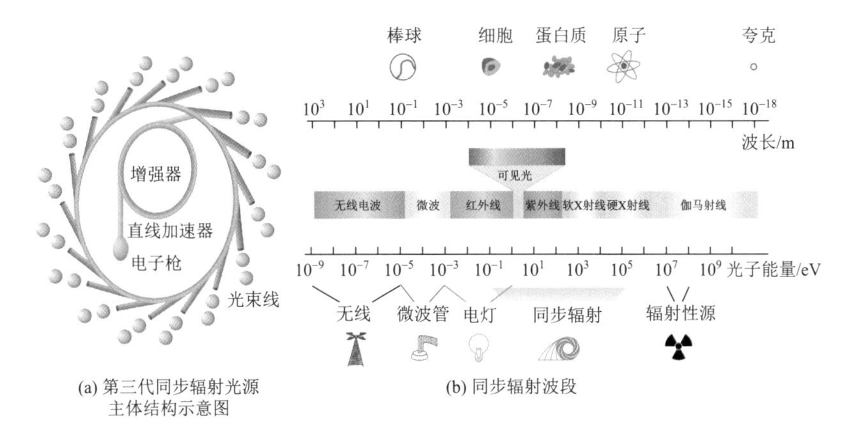

(a) 第三代同步辐射光源主体结构示意图

(b) 同步辐射波段

图 2　第三代同步辐射光源主要组成部分及对应波段

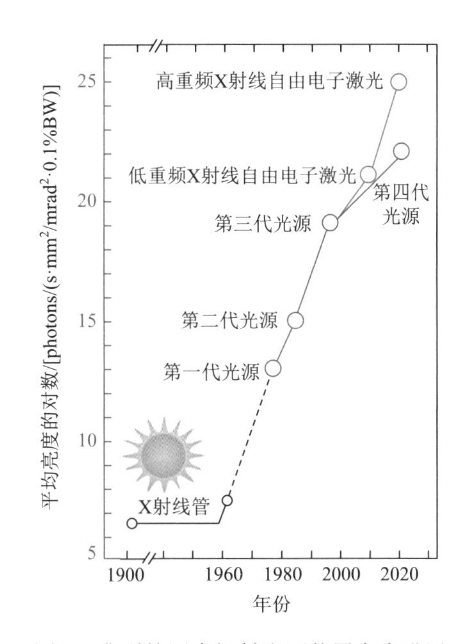

图 3　典型的同步辐射光源装置亮度进展

从 20 世纪 70 年代开始，我国完成了三代光源的发展，分别是北京同步辐射装置（第一代）、合肥同步辐射光源（第二代）和上海同步辐射光源（第三代）。与第三代同步辐射光源相比，第四代同步辐射光源的亮度要高出 100～1000 倍。第四代同步辐射光源可以让我们更清楚地了解物质的内部结构，这对材料科学和生命科学的发展具有重要作用。

同步辐射早已走出实验室，在实际应用的各个领域大放异彩。如今，同步辐射光源已成为尖端科学研究及工业应用不可或缺的实验利器，可广泛用于材料、生物、医药、物理、化学、地质等领域。近几十年，有五届诺贝尔化学奖获得者，他们的研究成果直接用到了同步辐射光源。1997 年，约翰·沃克（John E. Walker）利用同步辐射光源，解析出三磷酸腺苷蛋白的结构，因而获得诺贝尔化学奖。进入 21 世纪之后，对同步辐射光源的利用更加普遍，在同步辐射光源的辅助下，蛋白质晶体学领域还获得了 2003 年、2006 年、2009 年、2012 年的诺贝尔化学奖（图 4）。在这个时期，得益于先进第三代同步辐射光源——上海光源的建设与运行，我国同步辐射应用发展也进入了快车道，无论是同步辐射用户群体的急速壮大，还是大批高水平应用成果的产出，都已成为新世纪我国科技大发展的靓丽标志与缩影。发现外尔费米子、实现甲烷绿色高效转化、解析转录激活效应蛋白特异性识别 DNA 的结构基础、解析首例人源葡萄糖转运蛋白 GLUT1 的晶体结构、揭示禽流感病毒 H7N9 感染传播机制等一批具有重大国际影响的成果问世，推动了诸多学科研究领域进入国际最前沿。助推自主研发的抗癌新药泽布替尼成功上市、攻克高性能纤维制备关键工艺问题，则是先进光源直接服务于高技术与新兴产业发展的经典案例。2019 年年底，一场突如其来的新冠肺炎疫情彻底打乱了人们的工作与生活节奏，除了切断传染途径、控制病毒传播、对症治疗病人之外，弄清新冠病毒结构，厘清进入人体细胞的机制也至关重要，这对尽快发明阻断病毒进入人体细胞的抑制剂和疫苗具有极为重要的意义。中国率先解析了新冠病毒主蛋白酶结构、揭示了 S 蛋白及入侵机制等一系列研究成果，为抗体、特效药及疫苗研发提供了关键信息，为我国成功抗击新冠肺炎疫情做出了重要贡献。同步辐射应用领域是如此广泛，我们无意在此列出一张长长的却仍然是挂一漏万的重大成果清单。过去十多年，我国在同步辐射光源上积累的光源建设经验与应用研究工作，在部分领域已跻身国际最先进水平之列，奠定了我国在同步辐射领域可与国际先进水平竞争发展的良好局面。

图 4　研究成果直接用到同步辐射光源的五届诺贝尔化学奖获得者

同步辐射光源正在经历从第三代到第四代的跨越。第四代同步辐射光源是基于衍射极限储存环技术，亮度将比第三代光源提高几百倍以上，相干性更好，对世界科技变革的影响难以估量，已成为当前国际竞争的热点。高亮度光源发展的另一条技术路径——自由电子激光的发展，使得人类能够在原子分子水平上动态认识世界。自由电子激光的原理是通过自由电子和光辐射的相互作用，电子将能量转送给辐射而使辐射强度增大。自由电子激光的发展将为多学科提供高分辨成像、超快过程探索、先进结构解析等尖端研究手段，必将有效推动诸多学科领域的基础和应用研究的发展（图 5）。

我国已开启建设第四代同步辐射光源的新征程，2019 年 6 月在北京怀柔启动建造了我国首台高能同步辐射光源，建成后将成为世界上亮度最高的第四代同步辐射光源之一的高能同步辐射光源。目前我国多个地区提出建设的第四代同步辐射光源包括：武汉光源、深圳光源、南方光源、重庆光源等。其中，武汉光源提出产业应用

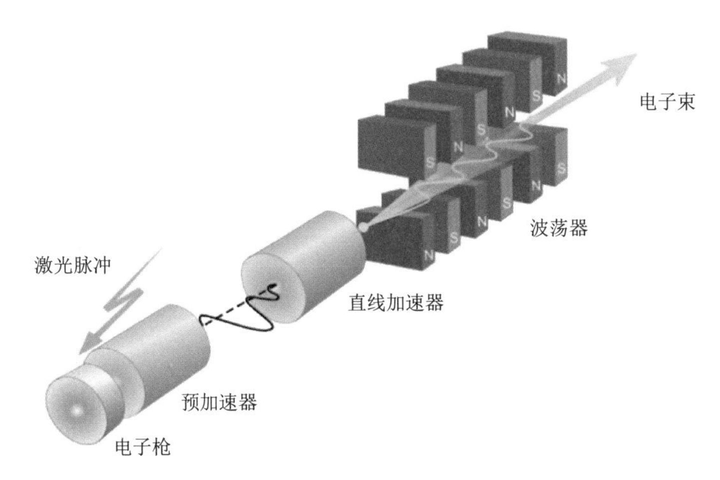

图5　自由电子激光

与科学研究并重、当前需求与未来发展并重，促进科教研产深度融合的应用目标。武汉光源采用双环设计，低能环以产业应用为主，兼顾相关领域科研需求。中能环主要瞄准多学科前沿领域应用研究以及工程材料、芯片检测、能源催化、生物医药等产业应用研究。武汉光源的建设将在推进中部地区打造世界级大型多学科研究平台、助力中部崛起与发展等方面发挥不可替代的关键作用。

目　录

光的故事

人类文明的发展，始终与光相伴。从电灯、X 光到激光，更亮、更强的光源照亮一个个研究领域。迅速发展的同步辐射，更是凭借其无可比拟的优异特性，成为人们进一步探索微观世界的“眼睛”。

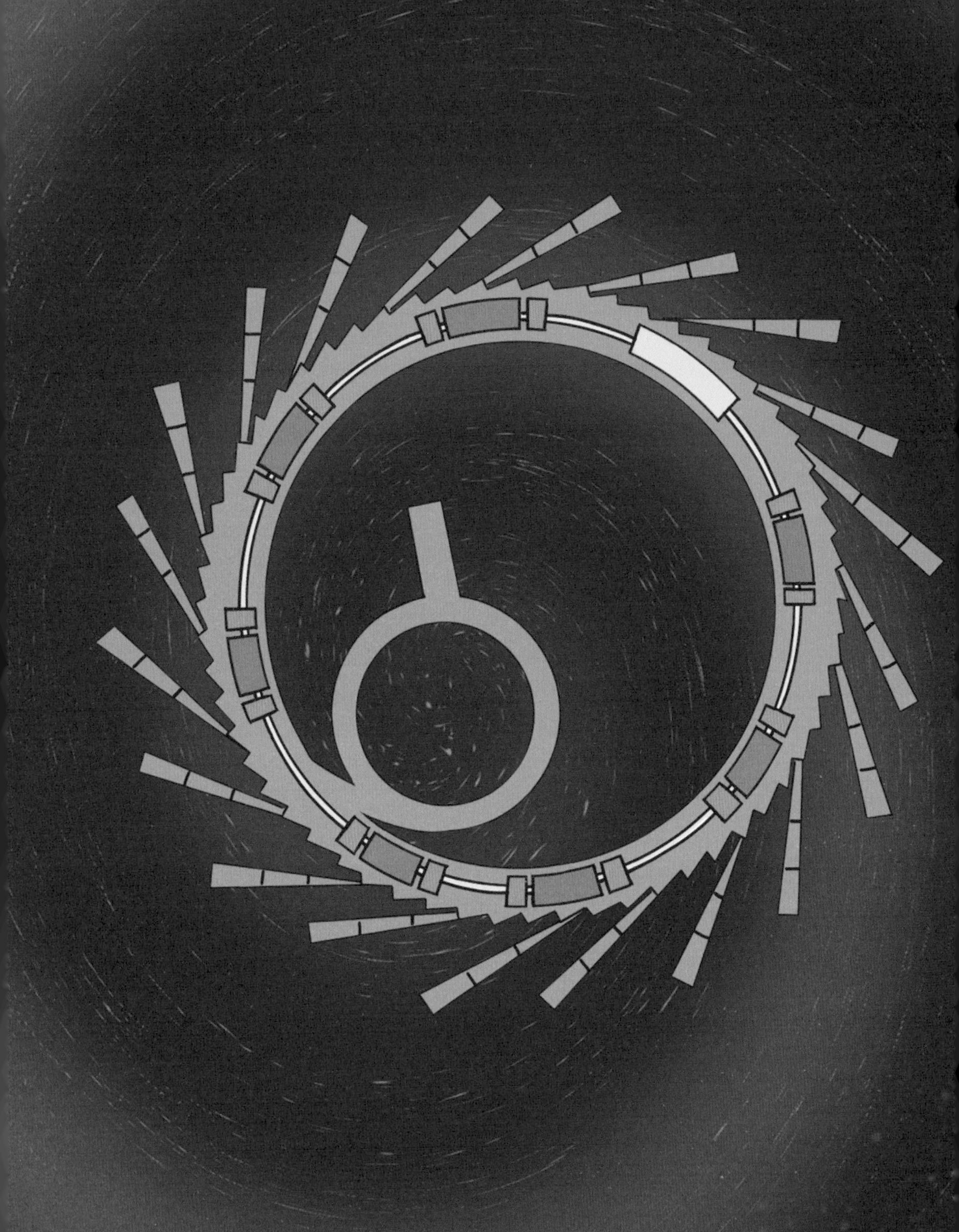

1.1 什么是光：物理史上的百年争论

光的利用和开发是人类文明史的一部分。人们对光的认识经历了直观体验和科学认知两个阶段。春秋战国时期，墨子在《墨经》中（图1.1）描述了光沿直线传播的现象："景，光之人，煦若射，下者之人也高；高者之人也下，足蔽下光，故成景于上；首蔽上光，故成景于下。在远近有端，与于光，故景库内也。"

1.1 墨子及《墨经》[1]

17 世纪，科学家对“什么是光”这一问题的认识逐渐过渡为实验论证的科学认知阶段。以艾萨克·牛顿（Isaac Newton）为主的学派（粒子说）认为光是一种具有一定大小的粒子，然而以克里斯蒂安·惠更斯（Christiaan Huygens）为主的学派（波动说）则认为光是一种具有一定波长的以太波。牛顿详细地描述了光的叠加和重合，从粒子的角度解释了薄膜透光、牛顿环实验及衍射等现象，然而波动说无法解释这些现象，因此粒子说取得了早期的胜利[2]。

1801 年，托马斯·杨（Thomas Young）的杨氏干涉实验为波动说奠定了坚实基础。1819 年，奥古斯汀-让·菲涅耳（Augustin-Jean Fresnel）首次测量了光的波长，解释了光的干涉、衍射现象。菲涅耳的理论为波动说提供了有力证据。

1864 年，詹姆斯·克拉克·麦克斯韦（James Clerk Maxwell）认为光是一种特定波长的电磁波，首次将光和电磁波统一起来。1888 年，海因里希·鲁道夫·赫兹（Heinrich Rudolf Hertz）用一系列实验论证了光是电磁波的理论，并提出了电磁波是光的假说。

19 世纪末，经典物理学遇到了一些无法解释的现象，如黑体辐射、康普顿效应、光电效应等。为了解释这些现象，马克斯·卡尔·恩斯特·路德维希·普朗克（Max Karl Ernst Ludwig Planck）首次提出量子理论，认为物质吸收或发射的能量是由一定大小的单元组成，是一份一份的。

1905 年，阿尔伯特·爱因斯坦（Albert Einstein）从普朗克的量子假设出发，认为光是由具有一定能量的光子组成的。光与物质碰撞时，损失的能量只能是光量子的整数倍。1909 年，爱因斯坦首次提出光既是一种波也是一种微粒的理论，认为光既有波动性也有粒子性。

1.1.1 光的邂逅

光的干涉

托马斯·杨在研究牛顿环的明暗条纹时，发现波动说可以解释干涉现象。他认为光波和世间万物一样具有加和性：如果两列波正好波峰对波峰时，累加的结果就是原来的两倍峰强；同理，两列波正好波峰对波谷时，两列波就会相互抵消（图1.2）。基于此，他利用两个小孔把一束光分成了两束波长相等、相位不同的相干波，设计了著名的杨氏干涉实验（图1.3）。

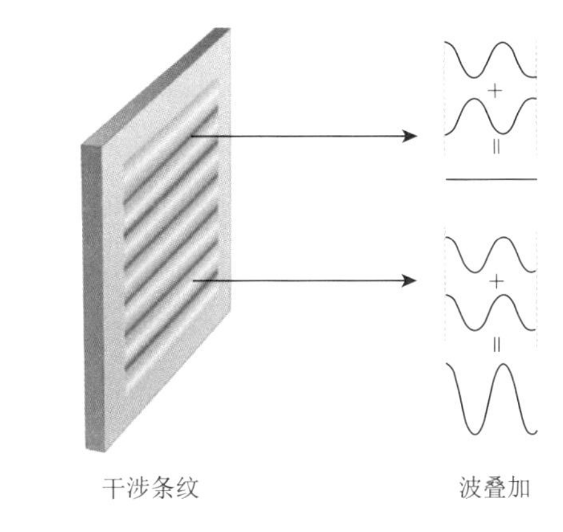

图1.2　波的叠加

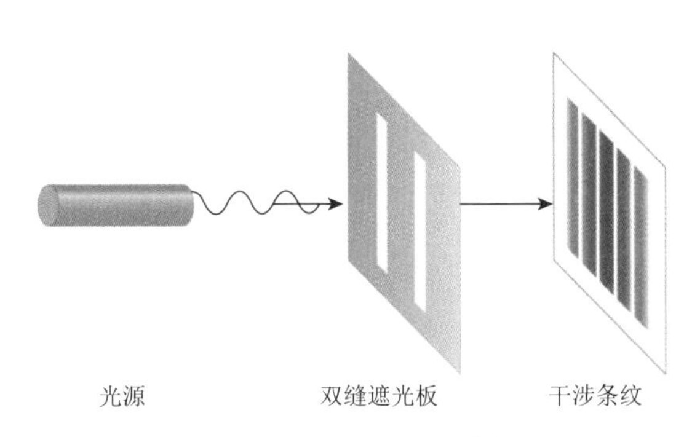

图1.3　杨氏干涉实验[3, 4]

此外，分振幅干涉法也是获得相干光的一种方法。这种方法利用光的反射和折射把一束光分解成两束或多束光，然后再叠加。由于人们在薄膜上观察到了分振幅干涉，所以分振幅干涉又被称为薄膜干涉。

光的衍射

1690年，惠更斯首次提出波动原理——惠更斯原理，他认为每个波阵面都可以看成产生次级波的扰动中心。1819 年，菲涅耳在惠更斯原理的基础上提出了光是一种横波的理论，成功解释了衍射和偏振现象。不久之后，阿拉果设计了圆盘衍射实验，验证了菲涅耳的理论。菲涅耳的理论成为波动说的重要支撑依据，后来人们把这一理论称为惠更斯-菲涅耳原理。人们熟知的小孔衍射就是一种菲涅耳衍射（图 1.4）。当一束光穿过圆孔后，就会发生菲涅耳衍射，衍射图样是一系列的同心圆环[3, 4]。

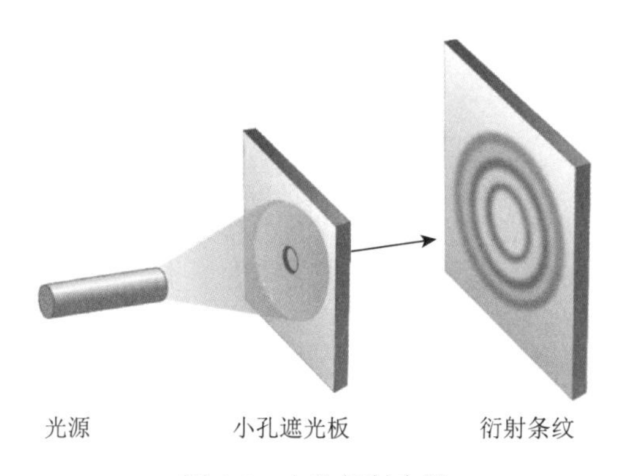

图 1.4　小孔衍射实验

60 年后，古斯塔夫·罗伯特·基尔霍夫（Gustav Robert Kirchhoff）在惠更斯-菲涅耳理论的基础上提出了基尔霍夫衍射理论，与惠更斯-菲涅耳原理相比，基尔霍夫认为任意场点的任一闭合球面都可作为积分面。约瑟夫·冯·夫琅禾费（Joseph von Fraunhofer）根据基尔霍夫理论，发现了夫琅禾费远场衍射。当观测点在远场位置，通过圆孔的衍射波逐渐趋于平面波，衍射图像的大小发生改变。因此将衍射分为菲涅耳衍射和夫琅禾费衍射两大类。这两类衍射被广泛应用于晶体结构检测。

1.1.2　电子的越狱

1887 年，赫兹意外发现了光电现象。当光照射到金属表面时，部分金属表面的电子会逃离金属表面，这种现象被称为“光电效应”（图 1.5）。实验表明了光电效应的基本特征：光能否从特定金属表面轰出电子，取决于光的频率高代。光的频率越高，逃逸电子的动能越大，频率低的光，电子无法逃逸。光的强度只会影响逃逸电子的数目。

爱因斯坦从量子假设出发研究了光电效应。他认为光在传播时，它的能量不是连续分布的，而是由一些能量一定的能量子所组成的。能量子是不可分割的，它们只能被一份一份地吸收或发射。他将能量子称为“光量子”。光量子的能量与照射光的频率有关，和光强无关。当高频的光照射到金属表面时，可以产生光电子，而低频的光则不能产生光电子。

1923 年，阿瑟·霍利·康普顿（Arthur Holly Compton）在研究 X 射线时发现散射的 X 射线被分成了两个部分：一部分的波长保持不变；另一部分因碰撞后失去能量导致波长变长，且方向都偏离了入射光方向。这一现象被称为康普顿效应（图 1.6）。他的实验证明了光的粒子性。

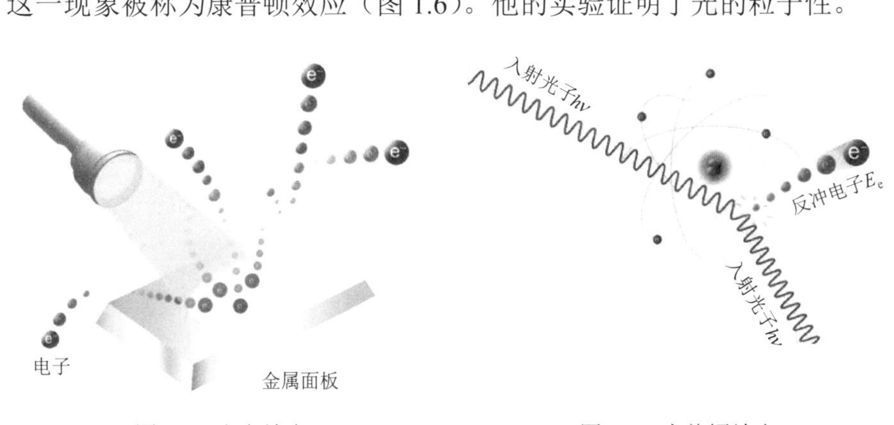

图 1.5　光电效应

图 1.6　康普顿效应

1.2　光与物质的碰撞

光与介质之间存在相互作用，这种作用使光波的相位、传播方向、能量发生变化。同时，传播介质的原子或分子的能量也发生变化。这种相互作用可以分为光的吸收、光的色散、光的散射[3, 4]。

1.2.1　光的吸收

光在传播过程中会被物质吸收（图1.7）。1760年，约翰·海因里希·朗伯（Johann Heinrich Lambert）经过大胆的假设和后续严谨的数学推断，发现光的吸收程度与吸收物质厚度之间存在关系。1852年，奥古斯特·比尔（August Beer）提出物质对光的吸收程度还与物质的浓度有关，两者综合就得到了朗伯-比尔定律。

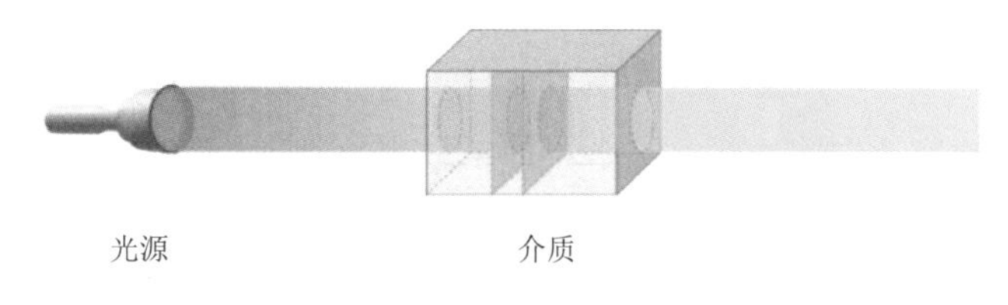

图 1.7　光的吸收

朗伯-比尔定律的数学表达式为 $\alpha = Ac$，$I = I_0 e^{-Acl}$。式中 A 是一个与吸光介质有关的常数，c 为吸收介质的浓度，l 是介质的厚度。表达式说明 α 与吸光介质的浓度成正比，即 α 正比于单位体积内吸光介质的分子数。

根据吸收系数的特性，把光的吸收分为普遍吸收和选择吸收两类。若一种介质对不同波长的光的吸收系数相同，则称这种介质对光的吸收为普遍吸收，反之则称为选择吸收。事实上，所有介质对电磁波的吸收都是选择吸收。一束光通过介质时，出射光的光强-频率曲线将发生变化，就形成了吸收光谱。

1.2.2　光的色散

1663 年，罗伯特·玻意耳（Robert Boyle）认为物体的颜色不是物体的固有属性，而是光照射在物体表面发生变化时物体所呈现的色彩。1666 年，牛顿发现透过三棱镜的太阳光，在墙面上形成了一道彩虹，颜色按红橙黄绿青蓝紫排列（图 1.8）。光的色散能把复合光分解为单色光。他认为玻璃对不同频率的光的折射率不同，偏转角度不同，紫光偏转最大，红光偏转最小。

科学家对光的色散现象进行了大量研究，认为色散现象是辐射与介质的分子或原子发生相互作用的结果。光波使介质中电子做受迫振动，

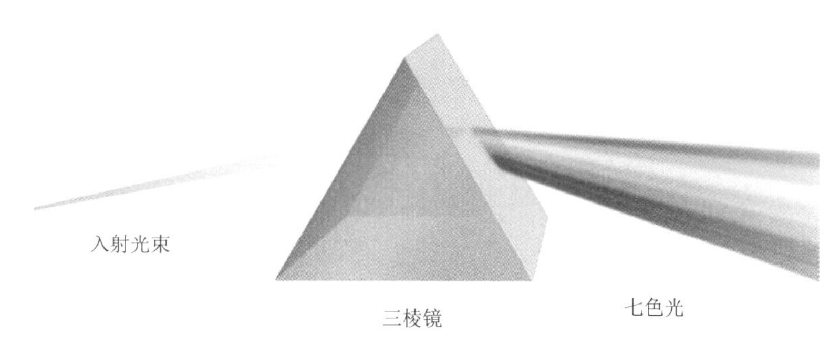

图 1.8 三棱镜色散实验

进而使介质极化，改变其极化强度。介质的极化和辐射光波的频率有关，这就是光波对介质的作用。相反，介质极化使光波的相位和振幅发生改变，表现为折射角不一样，就产生了光的色散现象。

1.2.3 光的散射

光的散射是指光线通过不均匀介质时，部分光偏离传播路径的现象。根据散射粒子大小可分为米氏散射、瑞利散射、康普顿散射、拉曼散射、布里渊散射等。根据散射前后粒子能量、动量的变化，散射分为弹性散射和非弹性散射。若碰撞过程满足能量守恒和动量守恒的散射，则称为弹性散射，反之则称为非弹性散射。米氏散射和瑞利散射为弹性散射，康普顿散射、拉曼散射、布里渊散射为非弹性散射。

1871 年，约翰·威廉·斯特拉特（John William Strutt）认为空气中的水蒸气等微粒的尺寸远小于太阳光的波长，散射光的强度和入射光的波长的四次方成反比，且各个方向的散射强度不一致。当太阳光穿过大气层时，波长短的蓝紫光散射强度很大，因此人们看到的天空是蓝色的（图 1.9）。

1908 年，古斯塔夫·米（Gustav Mie）提出的米氏散射理论成功解释了为什么雾霾天气时，人们看什么都是黯淡的现象。他认为，当颗粒的尺寸和入射光的波长相当时，散射光的强度与光的波长的二次方成反比，当颗粒大到一定尺寸时，散射强度随波长的变化非常微弱，所以人

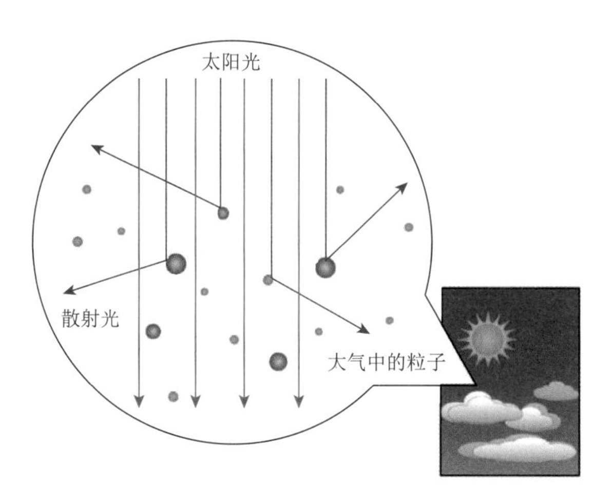

图 1.9　大气对太阳光的散射示意图

们在雾霾天气看什么都是黯淡的。除此以外，雾、云、日冕、胶体悬浮液对光的散射也是米氏散射。

1928 年，光的散射研究已经深入到原子、电子层次，钱德拉塞卡拉·文卡塔·拉曼（Chandrasekhara Venkata Raman）在研究光的散射过程中发现蓝光和绿光的波段有两根以上的尖锐亮线。有的亮线的频率比入射光频率高，有的比入射光频率低。这种现象是光照射在分子或原子等微粒时，分子或原子的转动、振动、晶格振动等作用导致的非弹性散射，即拉曼散射。此外还有布里渊散射，布里渊散射是指入射光与声学声子的相互作用。

1.3　光从哪里来

从自然界的萤火虫发光到人造的同步辐射发光，人们不断地发现新的光源。根据发光原理的不同，可以将发光分为化学发光、生物发光、物理发光[5]。

1.3.1　化学发光

1871 年，科学家们首次发现洛芬碱在碱性环境中与过氧化氢反应时发出了黄色的光亮。油脂类、葡萄糖等一系列天然有机化合物也存在类似的反应。1928年，科学家们从理论层面研究了鲁米诺试剂发光反应。化学发光就是把化学能转变为光能，发光的化学变化必须是放热的化学变化，放出的能量来不及散去，被基态的电子吸收，跃迁至激发态，电子再返回基态释放能量，从而发光。目前化学发光被应用于一些药物、食品的检测和犯罪现场勘测，开拓了一个全新的化学发光分析领域[6]。

1.3.2 生物发光

马尔代夫海域有一种甲藻类生物能够发出蓝色的光。甲藻类生物发光是一种常见的生物发光现象，此外还有水母、萤火虫等（图1.10）。1885年，科学家们首次提出了荧光素和荧光素酶的概念，并认为生物发光是一种酶催化的化学反应。酶促反应会释放一定能量，部分能量转化为光能。

图1.10 发光的水母

科学家们从昆虫、蜗牛等生物体内提取了荧光素酶，在此之后，又发现了荧光素、三磷酸腺苷，人工合成了荧光素。如今，人们对生物发光反应进行较为透彻的研究并将其和化学发光反应结合，衍生了生物发光分析技术。通过测定反应产生的发光强度，从而确定反应物、生成物以及反应酶的量[6]。

1.3.3 物理发光

光致发光、电致发光、阴极射线发光、高能粒子发光是典型的物理发光方法。1895 年，威廉・康拉德・伦琴（Wilhelm Konrad Röntgen）在高能的阴极射线真空管中发现了一种未知的射线，将其命名为 X 射线。本书介绍的同步辐射光源是高能电子产生的电磁辐射[5]。

电磁辐射是运动电荷产生的能量，这些能量由周期性变化的电场和磁场在空间中传播。电场和磁场的交互变化产生了电磁波，电磁波在传播过程中产生电磁辐射。这种因电子运动状态改变而产生的电磁辐射可分为韧致辐射和同步辐射两类。韧致辐射是指高速运动的电子突然受迫减速时，沿运动的垂直方向而产生的电磁辐射。同步辐射是指速度接近光速的带电粒子运动方向改变时，沿运动速度方向而产生的电磁辐射。

1.4 科学之光的产生与发展

1.4.1 蟹状星云的秘密

超新星爆发是一种非常绚丽的天文现象，中国古代文献中有多次记载。最早可以追溯到公元 185 年，《后汉书》记载了半人马座附近发生超新星爆发。而最负盛名、记载最为详细的一次是在 1054 年，金牛座附近一颗超新星爆发。爆发的威力如此之强，即便到了现在，爆发的遗骸——蟹状星云依然在源源不断地散发高能辐射（图 1.11）。那么这些高能辐射是如何产生的呢？

想要解决上述问题，需要先了解加速器。加速器是利用电磁场使带电粒子加速的装置。尼尔斯・亨利克・戴维・玻尔（Niels Henrik David Bohr）曾经说过，高能粒子与物质相互作用时发生的各种效应，是获取原子结构的最主要来源之一。加速器发展早期，理论研究发现当高能粒

图 1.11　超新星爆炸后遗迹形成的蟹状星云

子运动方向改变时，会在运动切线方向发出辐射，造成能量损失，限制了粒子所能达到的最高能量。

之后同步加速器的设计建造，突破了所谓的能量限制。同步加速器中，磁场强度随被加速粒子能量的增加而增加，从而保持粒子回旋频率与高频加速电场同步。正是在同步加速器上，研究人员第一次实验观察到引起加速粒子能量损失的辐射。这种辐射被称为同步辐射（synchrotron radiation，SR）。

蟹状星云高能辐射蕴含的奥秘也迎刃而解。蟹状星云就是一个天然的同步加速器，它由一颗快速旋转的、高度磁化的中子星驱动。中子星抛射出不同能量的高速电子，在强磁场作用下做曲线运动，从而发出强烈的同步辐射。

1.4.2　同步辐射光源的发展

自 1947 年首次观测以后，研究者对同步辐射开展了进一步的实验研究，但更多地还是关注其对加速器的消极影响。直到 20 世纪 50 年代中后期将其真空紫外光波段应用于研究，才发现同步辐射是一个理想的真空紫外光源，其真正价值才慢慢被发掘。

随着科技的发展和人们需求的增加，同步辐射光源更新换代，结构不断优化，辐射品质不断提高，目前已经发展至第四代。凭借高亮度、宽波段、窄脉冲、高准直、高纯净等无可比拟的优异特性，同步辐射已成为当今基础科学研究和高新技术开发应用研究的重要工具。

第一代光源

早期加速器加速能量较低，研究的同步辐射仅限于真空紫外-软 X 射线波段（波长 0.1～200 nm）。随着加速器技术的发展，人们可以获得波长更短的同步辐射，这大大拓宽了其应用范围，促成了同步辐射研究的第一波热潮[7, 8]。

由于早期同步辐射研究只能寄生于主要用于高能物理研究的同步加速器，所以这种运行模式被称为“寄生模式”。与高能物理实验共用一个同步加速器的同步辐射装置被称为第一代同步辐射光源，也称为“兼用光源”。第一代同步辐射光源主要利用弯转磁铁发光，弯转磁铁使高能电子运动方向发生弯转，从而发出同步辐射（图 1.12）。

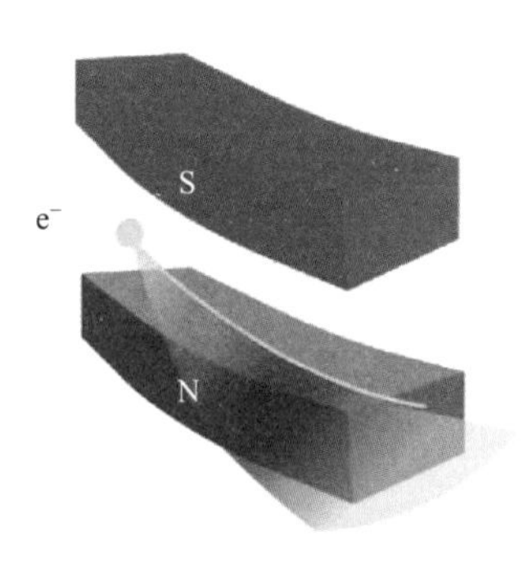

图 1.12　弯转磁铁发光

第二代光源

随着同步辐射的普及，其在各个领域广泛应用，逐渐成为多学科交流融合的平台。而第一代“兼用光源”已经无法满足应用需求，“专用型”同步辐射光源开始登上历史舞台。相较于第一代同步辐射光源，除了拥有专用的同步加速器，机时大幅增加，第二代光源从结构上摆脱了高能物理实验的束缚[9]。

第二代同步辐射光源设计建造了电子储存环，用来储存同步加速器发出的高能电子。电子以束团的形式在储存环内做稳定的回转运动，经弯转磁铁发出同步辐射。为使电子束团聚集不发散，就需要恰当的磁聚焦结构，其中最重要的就是却斯曼-格林阵列（Chasman-Green lattice）的发明与应用（图1.13），它大大降低了电子束发射度，提高了辐射亮度[10, 11]。

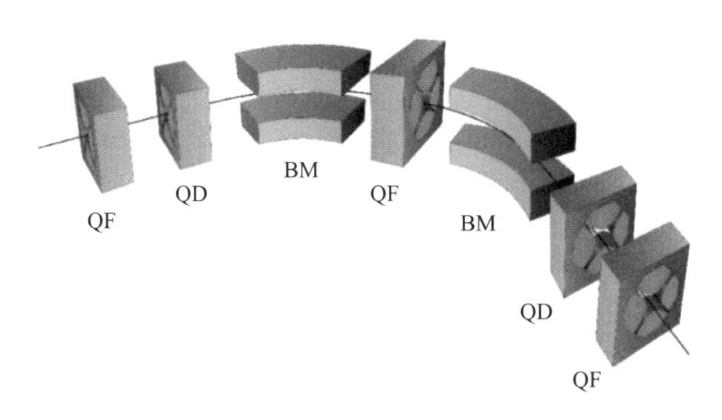

图1.13 Chasman-Green结构示意图

BM为弯转磁铁；QF为聚焦四极磁铁；QD为散焦四极磁铁

第三代光源

第一代和第二代同步辐射光源结构相对简单，主要利用弯转磁铁发光，产生的同步辐射发散度较大。为了得到亮度更亮、发散度更小的同步辐射，20世纪90年代，人们对电子储存环进行优化设计，进一步降低电子束发射度，研制新一代的同步辐射光源。人们在电子储存环中增加直线段设计，加入插入件来产生高品质同步辐射。

插入件技术的发展及应用使得到的同步辐射不但亮度高、通量大，而且在偏振、相干性方面都有很优越的品质。凭借优良的性质和不可替代的作用，第三代同步辐射光源已经成为当今众多科学基础和高技术开发应用研究的重要实验平台。

第四代光源

目前，同步辐射光源正在向相干性更好、亮度更高、脉冲长度更短的第四代同步辐射光源发展。第四代同步辐射光源主要基于衍射极限储存环技术，大幅度降低电子束发射度，有望达到或接近辐射光的衍射极限。第四代光源典型亮度可比第三代光源再提高两个数量级以上，光束相干性也有极大改善，因此具有极为广泛和重要的用途。

高亮度光源发展的另一条技术路径——自由电子激光更早取得了突破，国际上第一台硬X射线自由电子激光光源——直线加速器相干光源（linac coherent light source，LCLS）于2009年在美国斯坦福实验室建成。自由电子激光属于新一代相干光源，通过周期性磁场中的高能电子束和光辐射场之间的相互作用，电子的动能可有效传递给光辐射而使辐射强度增大。

自由电子激光具有超高的峰值亮度和超短脉冲时间结构，故也曾被称为“第四代光源”，但其与第三代同步辐射光源无论是在发光机理还是在主要实验方法特点上都有较大差异，并无直接继承关系。在衍射极限储存环技术出现后，习惯上就不再把自由电子激光称为“第四代光源”。

同步辐射光源的更新换代，以及自由电子激光源的不断发展，必将有效推动诸多学科领域的基础研究和应用研究的进步。

1.5 同步辐射光源的结构

同步辐射光源是一个极其庞大复杂的设备，主要由注入器、电子储存环、光束线以及实验站组成（图1.14）。注入器一般是由电子枪、直线加速器以及增强器（同步加速器）构成。电子枪产生的电子由加速器加速到额定能量，再注入电子储存环。电子保持一定的能量在储存环中做稳定的环绕运动，同时发出同步辐射。光束线则通过精密光学系统对同步辐射进行相应的筛选和处理，再输送到各个实验站开展实验应用。

1.5.1 注入器

同步辐射是由高能电子做曲线运动时发出的辐射，其产生的必要条

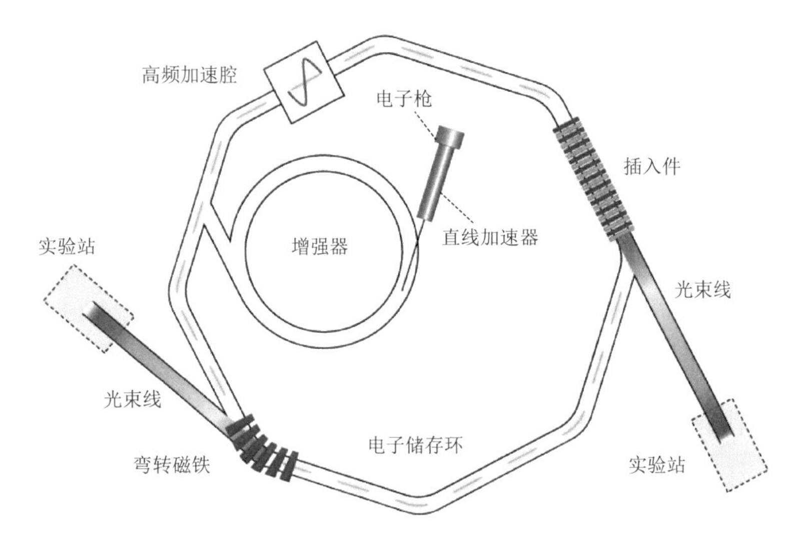

图 1.14　第三代同步辐射光源主体结构示意图

件就是要有高能电子，电子的能量通常需要达到数百兆电子伏特甚至上十亿电子伏特，所以加速电子至高能状态是产生同步辐射的基础。这便是同步辐射光源结构中的直线加速器和增强器。

直线加速器

电子由电子枪产生，初始能量较低，之后在直线加速器中被加速到更高的能量，以达到同步加速器的能量注入要求。电子直线加速器主要利用微波加速管加速电子，与微波相速度相符合的电子能够在指定运动方向上连续加速。

增强器

增强器是一个电子同步加速器，现代同步加速器是由许多磁聚焦结构环状排列而成，磁铁中部安装了环形真空腔，在环的某一段安装了高频高压加速腔。真空腔内的电子在磁场作用下做环形运动，通过高频加速腔时获得能量进行加速。为了使加速后的能量更高的电子仍保持原来的半径做环形运动，回旋频率与高频加速电场同步，就需要同步增加磁聚焦结构磁场强度。这便是同步加速器名称的由来。

1.5.2　电子储存环

电子储存环是用来储存电子的。电子以束团的形式，在储存环内作稳定的环绕运动，并发出同步辐射。电子储存环作为同步辐射光源的核心结构，由许多磁聚焦结构环状排列而成，在磁聚焦结构之间的中间段部分往往包括电子束流引入段、高频加速谐振腔、插入件等结构。磁铁中部是电子运行的真空管道。

磁聚焦结构

为了使电子偏转做稳定的回转运动，同时使电子能够聚在一起不发散，保证发出的同步辐射发射度小、亮度高，需要合适的磁聚焦结构。磁聚焦结构一般由二极磁铁和四极磁铁组成。

二极磁铁可以使电子路径发生弯转，使其在储存环内沿闭合路径循环，同时发出同步辐射。同步辐射的能量强度由电子的能量以及磁场强度决定，这种发光机制产生的同步辐射能量一般有限，若不足以将同步辐射能量范围拓展到所需的硬X射线区，则可以增加磁场强度，使用超导磁铁获得更高能量的X射线同步辐射。电子束通过弯转磁铁，弯转半径与电子能量直接相关，不同能量的电子弯转的半径会不同，导致电子束的发散度增加。

利用四极磁铁可以对电子束流进行聚焦（图1.15）。四极磁铁越靠近中心位置，磁通密度越小，理想状态中心磁场应该为零，因而电子离中

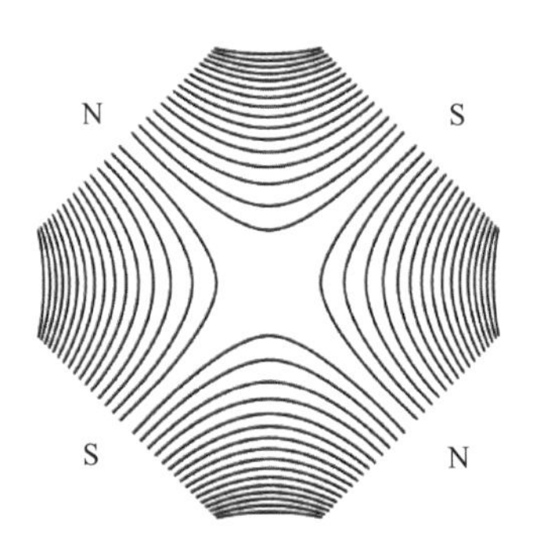

1.15　四极磁铁结构示意图[10, 11]

心越近，受到的作用力越小，并且电子在一个方向上受到指向中心方向的作用力产生聚焦，另一个垂直方向上便会受到背离中心的作用力产生散焦，所以在使用这样的四极透镜作为聚焦元件时，一般至少需要两组，实现整体聚焦，但是焦距也会因此变长。此外，四极磁透镜与光学中的聚光镜类似，对不同能量的电子的聚焦能力不同，聚焦位置也不同[10, 11]。

为了解决上述问题，降低电子束发射度，却斯曼-格林磁聚焦结构应运而生。如图 1.13 所示，最简单的磁聚焦结构为双弯消色差（double-bend achromat，DBA），即在两个弯转磁铁之间的对称位置放置聚焦四极磁铁。为了进一步改善消色差性能，研究者会使用三个弯转磁铁、四个弯转磁铁等。

高频加速腔

储存环中的电子束发出同步辐射以后，会损失部分能量，导致电子运动轨道的偏离，进而造成电子丢失。为保证十几个小时以上的束流寿命，就需要在电子束绕行过程中对其进行能量补充。通常是在储存环中安装高频加速谐振腔组。

电子绕行一周后，只有在射频电压周期的正确相位进入腔室的电子，才能够补充合适的能量，而不满足条件的电子则会被“淘汰”，这其实是一个自动筛选的过程。经过加速腔可以完全恢复损失能量的电子被称为“同步”电子。假设电子比同步电子能量低，便会相对较晚到达加速腔，为了恢复能量，它需要比加速同步电子更高的电场，而能量更高的电子将会提前到达，只需要相对更低的能量（图 1.16）。为满足这些要求，只有一半的加速周期（二分之一），即四分之一周期，可以实现对电子正确有效的补偿。最终，经过“筛选”，电子聚集成一个个束团。

插入件

插入件是一组极性周期变化的磁体组件，相邻磁铁的极性相反。电子在经过插入件时，受到磁场作用，偏离原本的运动轨道，运动路径呈现出正弦形轨迹，与磁场方向垂直。插入件数量的多少、功能的强弱是

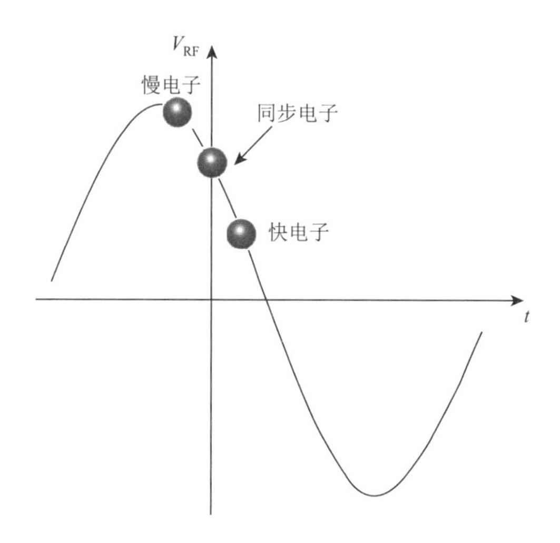

图 1.16　正弦周期射频电压调节电子能量

评判同步辐射装置的重要指标。插入件一般分为两类：一类是磁场强度大、周期长的扭摆器（wiggler）；另一类是磁场强度小、周期短的波荡器（undulator）（图 1.17）。

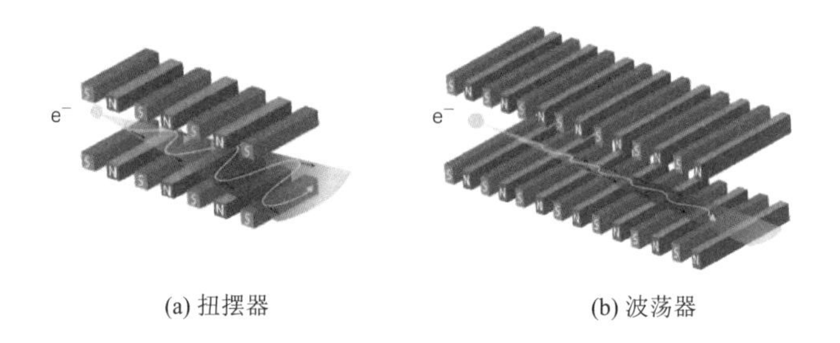

(a) 扭摆器　　(b) 波荡器

图 1.17　插入件发光原理示意图

扭摆器中磁铁磁场强度大、周期长，对电子束团的偏转能力较强，电子束团回转半径小，发出的同步辐射能量较高，整个波谱向短波长方向移动。扭摆器相当于多组独立的弯转磁铁拼接在一起，产生的同步辐射的发散角与弯转磁铁相当。发出的同步辐射频谱分布范围较大，最终只能发生简单的非相干叠加。

波荡器磁场强度小、周期短，同时磁极之间缝隙小，磁极数量多，电子束团会发生多次微小的偏转。电子在波荡器中的偏转角很小，与电子的本征发散角相当。同时，周期多达几十甚至上百，所以不同周期发出的同步辐射会发生干涉，在一些频率上发生增强。同时，辐射强度与磁极周期数的平方成正比。这些共同作用导致波荡器发出的同步辐射亮度比弯转磁铁和扭摆器高出好几个数量级[11, 12]。

1.5.3 光束线

为了实现高品质同步辐射的有效应用，必须根据不同实验方法的要求设计不同的光束线。电子储存环产生同步辐射，经由屏蔽墙之前的前端区进入光束线，再由光束线中一系列光学元件筛分和处理后到达各个实验站，供用户开展相应实验。图 1.18 展示了光束线基本的结构布局。本部分将简要介绍前端区的结构及主要部件，具体介绍光束线中几种典型的光学元件的功能、原理和构造。

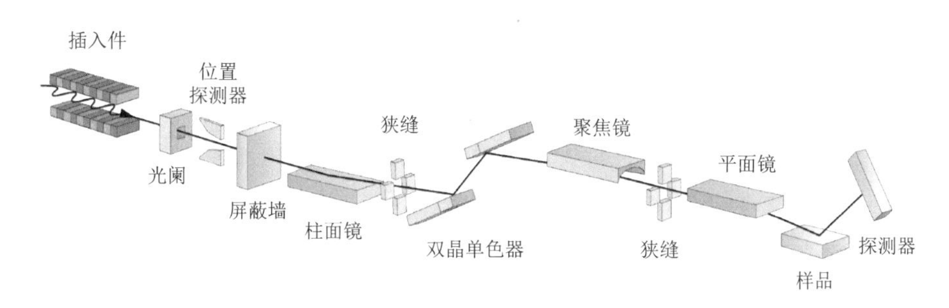

图 1.18　光束线基本结构布局示意图

前端区

前端区上连储存环，下接光束线，是二者的连接纽带。作为承上启下的重要部分：一方面它为储存环提供真空保护，为实验大厅的工作人员及仪器设备提供辐射防护；另一方面它负责吸收多余的热功率，降低光束线中光学元件所承受的热负载，保证光束不会直接照射在未加保护和冷却的元件上；同时它还可以实时监测同步辐射的位置，并根据需要限制光束尺寸。

前端区主要的部件包括前置光阑、位置探测器、活动光子挡光器、固定光阑、气动阀、快阀、铅准直器、安全光闸等（图 1.19）。

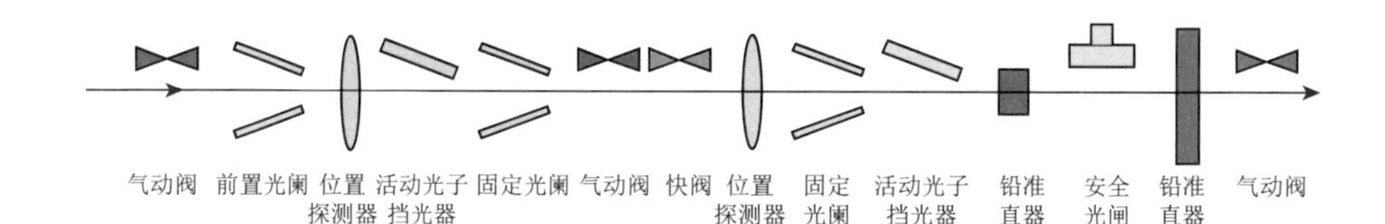

图 1.19　前端区总体布局

前置光阑的主要作用是阻挡光束线接收张角以外的同步辐射，减轻后续挡光元件的热负载。弯转磁铁的前端一般不设置前置光阑。固定光阑按照光束线要求对光束进行规范取舍，同时在束流漂移时，保护下游非水冷元件免受光束的直接照射，需要吸收大量的热功率。

活动光子挡光器、气动阀和快阀组成了储存环真空保护系统。当下游光束线发生故障时，快阀在 10 ms 内关闭，随后气动阀、活动光子挡光器快速关闭，保护快阀，及时保护储存环真空状态。在待机模式下，储存环正常运行，部分挡光器关闭。在使用中，挡光器频繁阻挡光束并吸收热，常用导热性良好、机械强度高、抗热疲劳的纳米氧化铝颗粒增强铜基复合材料。

光子光闸、铅准直器和安全光闸组成人身安全联锁系统。光子光闸用来吸收热量、阻断同步辐射，以保护紧随其后的安全光闸等光束线元件；安全光闸用于阻挡储存环内存储的电子与真空管道内残余气体以及设备硬件碰撞时产生的辐射，以保证储存环注入或运行期间工作人员的人身安全。

光束位置监测器的作用是监测同步辐射的位置和方向，既可用于长期监测储存环电子轨道的偏移而导致的光束位置漂移，也可用于反馈加速器轨道。束流位置信号可为加速器和光束线调试提供判断依据。大部分光束位置探测器为刀片式结构（图 1.20），通过测量散射光在各刀片上产生的电流信号即可以计算出光束的位置。

图 1.20　刀片型光束位置监测器结构示意图

透光元件

前端区、光束线和实验站对真空度有不同的要求。这些区域需要用透光元件进行空间隔断。透光元件既要有一定的机械强度，还要对同步辐射吸收尽可能少。铍（Be）是最轻的稳定金属，对 X 射线的吸收很小。目前由其制备的铍窗作为透光元件在同步辐射光路中应用广泛。

此外，金刚石膜也是一个理想的透光元件。通过人工合成，金刚石膜生产成本大大降低。虽然碳的原子序数比铍大，吸收率大，但由于金刚石的硬度高、强度大，金刚石窗可以做得比铍窗更薄，所以在实际应用中，金刚石膜的透射率可以优于铍窗（图 1.21）。此外，还有将铍、金刚石、石墨烯等物质与有机聚合物制备多层复合材料，提升综合性能的研究。

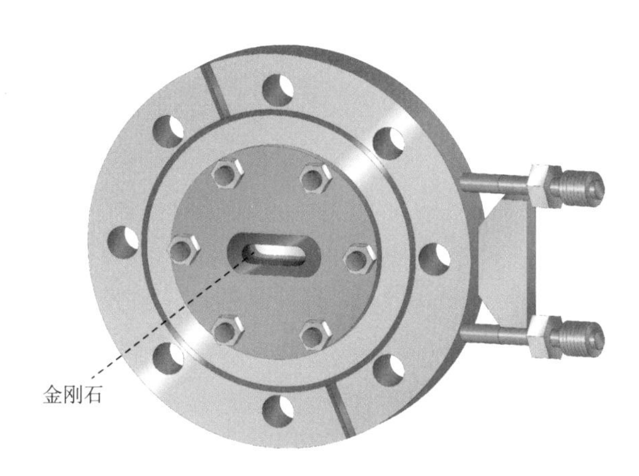

图 1.21　金刚石窗[10]

反光元件

在光束线中，通常需要调节光束方向，这就需要用到反光元件。为避免能量损失，常使用全反射镜。选择合适的材料，如硅（Si）、镍（Ni）、铂（Pt）、铑（Rh）、金（Au）、钼（Mo）等，会使X射线发生全反射。材料对不同波长光的折射能力不同，波长越短，折射率越大，临界角也就越大，所以相同的入射角度，短波部分便会被过滤。

除了全反射镜，使用较多的还有多层膜反射镜（图1.22）。多层膜反射镜是在基底上间隔镀上折射率不同的材料薄层，特定波长的X射线经不同膜层反射回到表面时具有相同的相位，发生相长干涉，从而获得较高的反射率。不同于只能过滤高能短波的全反射镜，多层膜反射镜具有能量选择性，还可以有效过滤长波，进一步降低下游光束线部件的热负载。此外，多层膜反射镜的掠入射角大于全反射镜的入射角，反射同样尺寸的硬X射线，使用多层膜反射镜需要的有效长度更短。

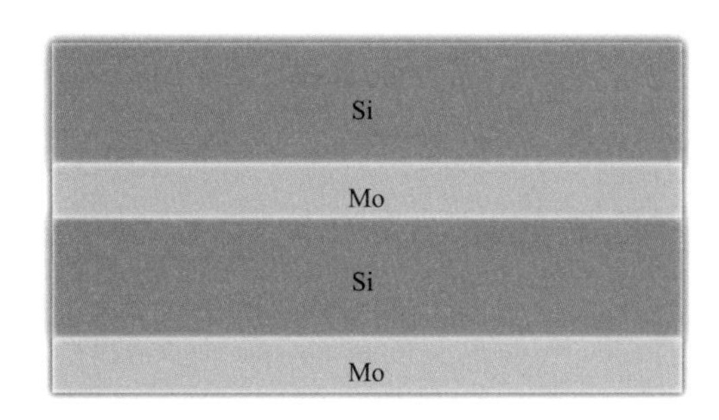

图1.22　多层膜结构示意图

聚光元件

为实现同步辐射实验在测试样品时小光斑、高通量密度的要求，光束线中需采用聚光元件将X射线聚焦至样品点，聚光元件在实现聚焦的同时还需尽可能提高X射线的传输效率，将同步辐射光源低发射度、高亮度的优异特性传递至实验站。聚光元件按工作原理可分为反射型、衍射型、折射型。

反射型聚光元件的反射面根据不同的聚光要求和光源点的特性，可设计为圆柱面、抛物柱面、椭球面、双曲面等，还可以进行组合以更好地满足聚焦要求，如Kirkpatrick-Baez系统（也称KB镜）。在此系统中，两块镜子前后正交排列，分别在水平和垂直方向对X射线聚焦（图1.23）。

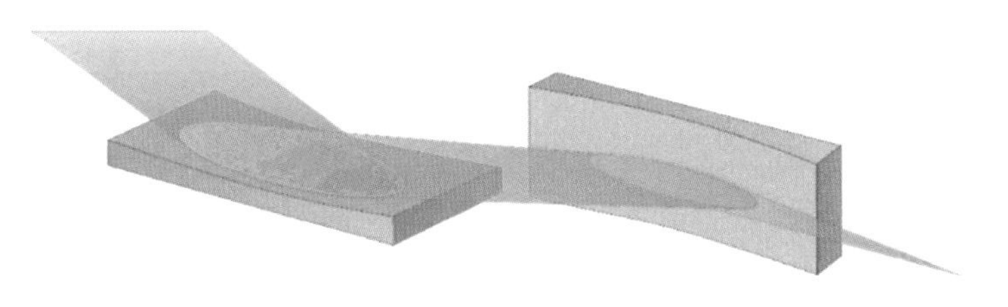

图1.23　KB镜原理示意图[10]

衍射型聚光元件包括弯晶单色器和菲涅耳波带片。弯晶单色器通过改变衍射晶面的形状实现聚焦，聚焦效果和X射线的波长有关。它包括布拉格弯晶和劳厄弯晶等。布拉格弯晶和劳厄弯晶的主要区别在于衍射光路不同。布拉格弯晶是反射式衍射（入射光和衍射光在晶体的同一侧），主要用于能量适中的硬X射线，弧矢聚焦单色器是一种常用的布拉格弯晶，它将双晶单色器的第二晶体沿弧矢方向压弯，使出射的衍射光汇聚；劳厄弯晶是透射式衍射（入射光和衍射光分别在晶体两侧），主要用于高能X射线。

菲涅耳波带片实质上是一种特殊的变间距光栅，由线密度径向增加的一系列明暗相间的同心圆环组成（图1.24）。这些明暗相间的圆环分别使用对光透明（或者镂空）与不透明的材料，从而使通过相邻圆环的光程相差一个波长，最终具有相同相位的光在焦点处发生叠加。

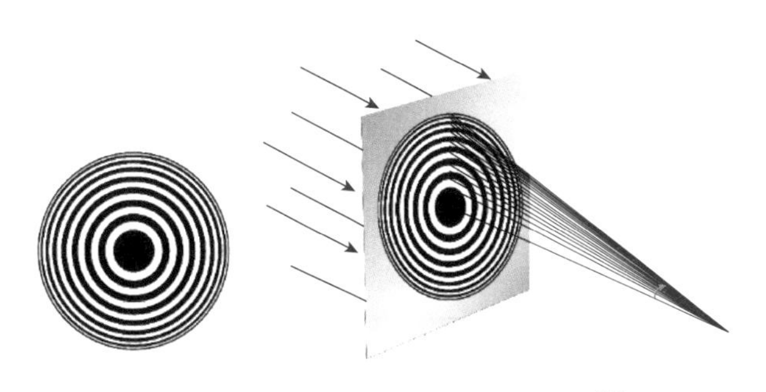

图1.24　波带片及其聚光原理示意图[11]

实际上，在光轴上除了主焦点还有一系列光强较小的次焦点，所以波带片常和微米级的针孔配合使用，只选择在主焦点处聚焦的 X 射线，这也导致波带片衍射效率不高。另外，因存在衍射极限，波带片聚焦光斑尺寸受最外环宽度限制。目前，硬 X 射线波带片制作难度高，软 X 射线波带片应用较为广泛。

折射型聚光元件的代表为组合折射透镜，它是由多个相同的折射透镜排列组合而成（图 1.25）。因为 X 射线在所有材料中的折射率都接近 1，单个折射透镜焦距很长，为兼顾高折射和低吸收两个方面，必须由多块透镜组合使用。目前常用作折射透镜的材料有 Be、铝（Al）、Ni 等。根据不同的聚焦要求，折射透镜可以设计为圆柱和抛物面结构。组合折射透镜的优势是实现聚焦功能的同时不改变光路的方向，且尺寸小、结构简单、易于排列、聚焦效率高，因此在吸收率低的高能 X 射线光束线中得到了越来越广泛的应用。

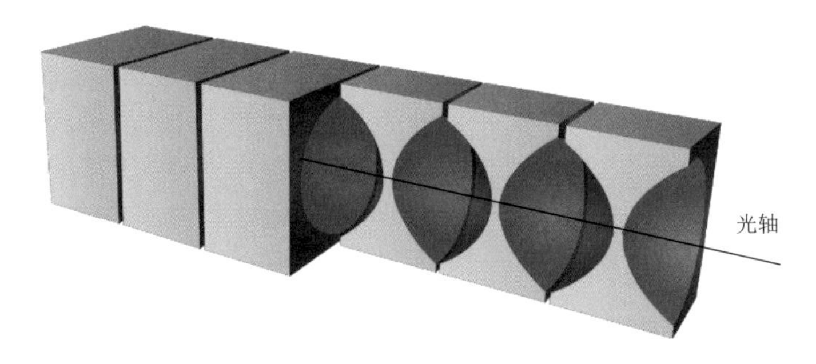

图 1.25　抛物面型组合折射透镜示意图[10, 13]

分光元件

同步辐射光源发出的同步辐射是一个连续谱，而各种科学实验可能需要不同波长的单色光，这就需要分光元件将同步辐射单色化。

硬 X 射线一般使用晶体单色器，基于布拉格原理进行分光。实际使用较多的是双晶单色器，它由两块独立的晶面指数完全相同、衍射面严格平行的晶体组成，来消除色散排列（图 1.26）。通过调节第一块晶体与入射光的夹角，即布拉格角，可以对出射光波长进行选择，衍射出的单色光全部被第二块晶体再次衍射和反射，第二块晶体用来保证出射光的高度不变且平行于入射光，以保证后续光学元件位置固定。

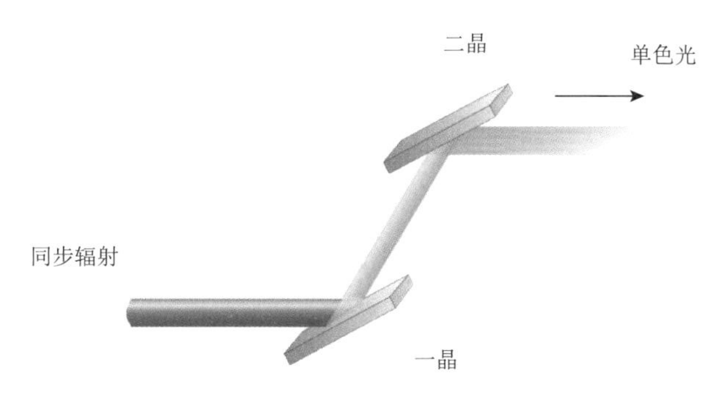

图 1.26　双晶单色器示意图[10, 13]

在软 X 射线、极紫外波段，主要通过光栅的色散原理实现单色化。光栅可以分为凹面光栅和平面光栅。凹面光栅不仅起到单色的作用，一般还可以实现聚焦准直。相比较而言，平面光栅没有汇聚功能，需依靠其他聚光元件进行聚焦。但是，平面光栅不存在曲面造成的像差，工作波长范围宽，光通量较高，可以达到较高分辨率。

目前，使用较多的还有多层膜单色器，其具有能量选择性。采用固定周期结构的多层膜单色器，可反射特定波长的 X 光以发生干涉增强。虽然其能量分辨率不如晶体单色器，但是反射效率高、通量明显提升，并且能够抑制双晶单色器中存在的高次谐波。为进一步增加能量选择的带宽，还发展了膜厚度呈梯度变化的非周期结构的多层膜反射镜，可用作宽带宽的单色器。

总体而言，多层膜单色器主要用于需要较大光通量，而对能量分辨率没有太高要求的实验，比如 X 射线荧光分析、X 射线显微成像、时间分辨小角散射实验等。

偏光元件

调节同步辐射偏振状态，一般有两种策略：一种从源头入手，调节电子运动状态；另一种就是在光束线部分添加偏光元件调节偏振状态。

不同波段的偏振策略往往是不同的，选择的光学元件的材料也不同。例如，在极紫外和软 X 射线区，材料折射率接近 1。依照布儒斯特定律（Brewster's law），入射角正切值等于材料相对折射率，反射光才为线偏振光，这就要求入射角接近 45°。而此时，常规材料的反射率都很低，比较合适的就是高反射率的多层膜。

另外，在软 X 射线区，一些稀土金属以及磁性材料比如铁（Fe）、钴（Co）、Ni 等，被用来制备圆偏振片。线偏振光入射到饱和磁化薄膜后，分解为一个左旋圆偏振光和一个右旋圆偏振光。这些材料在特定吸收边附近具有磁圆二向色性，可使材料对某一方向的圆偏振光吸收更多，而保留另一方向的圆偏振光。表 1.1 为不同波段的偏振实验方法、光学元件以及使用材料。

表 1.1　不同波段的偏振实验方法、光学元件以及使用材料[14]

波段	实验方法	光学元件	使用材料
真空紫外	多次反射	全反射镜 多层膜	Au、Pt W/C
极紫外	反射、透射	多层膜	Mo/Si、Mo/Y Cr/C、Sc/Cr
软 X 射线	磁圆二向色性	磁性薄膜	Fe、Co、Ni
硬 X 射线	衍射	晶体	Si、石墨、金刚石

1.6　与生俱来的优越

1.6.1　高亮度

亮度是衡量同步辐射光源的一个重要指标。同步辐射光源亮度极高，如果将其比作耀眼的太阳，那么常规 X 射线管的光亮就犹如无月黑夜中的微光，亮度不足同步辐射光源的百万分之一。随着同步辐射光源的不断发展，插入件的广泛应用，光源亮度得到了大幅提高。基于衍射极限储存环技术的新一代同步辐射又继续将光源亮度提高近千倍（图 1.27）。

高亮度的同步辐射具有测试速度快、灵敏度高、精度高等优点。这

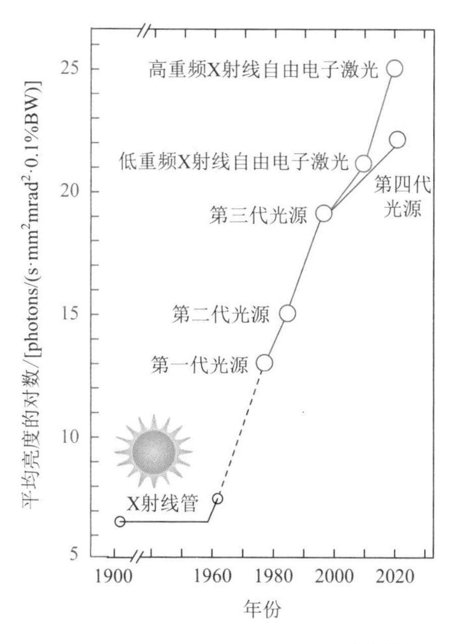

图 1.27　典型的光源装置亮度[12, 13]

使得以往很困难或者无法开展的一些测试和研究，利用同步辐射都可以完成。比如同步辐射研究的一个重要方法——X 射线吸收精细结构（X-ray absorption fine structure，XAFS）分析，具有高能量分辨、高光谱纯度和高信噪比的优点，可以用于研究原子（或离子）的近邻结构等。

1.6.2　宽波段

同步辐射装置中以接近光速运动的电子发出的辐射的波长不是单一的，而是以其角频率为基频的各高次谐波组成的光谱。由于电子束团包含很多能量相近的电子，所以无数电子发出的同步辐射就组成了一个连续谱，谱线包含远红外线、可见光、紫外线、软 X 射线和硬 X 射线等（图 1.28）。同样具有极高亮度的激光与同步辐射相比，频谱就显得十分狭窄。

利用单色器或分光器对同步辐射进行处理，可以得到任意波长的单色光、任意波段的连续光。在此基础上，同步辐射可以根据需求在较大范围内实现波长连续可调。由于覆盖了目前大多数仪器使用光源的频谱范围，同时具有传统光源无法比拟的高亮度等优势，同步辐射在诸多领域得到了广泛应用。

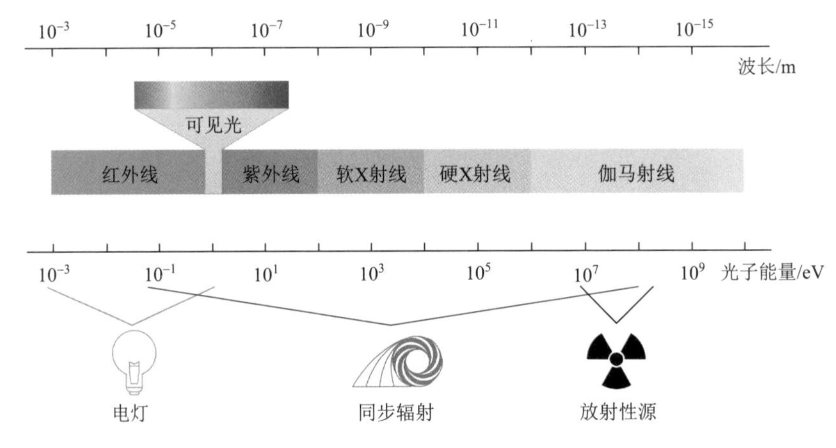

图 1.28　同步辐射波段[15]

1.6.3　窄脉冲

储存环中的电子以束团的形式存在。同步辐射脉冲由束团数量及大小决定。典型的电子束团长度为毫米量级，对应的脉冲宽度为几十皮秒量级，因此利用同步辐射脉冲结构最快可以实现几十皮秒时间分辨率。假如电子一微秒环绕储存环一周（数百米），那么在单束团模式下，即全环中只有一个束团，脉冲的时间间隔即为微秒量级。束团越多，彼此时间间隔越小，多束团模式下甚至达到纳秒量级（图 1.29）。因此，可根据不同的实验要求来选择束团运行模式。这种优异的脉冲时间结构能够被用来进行时间分辨研究[10, 13]。

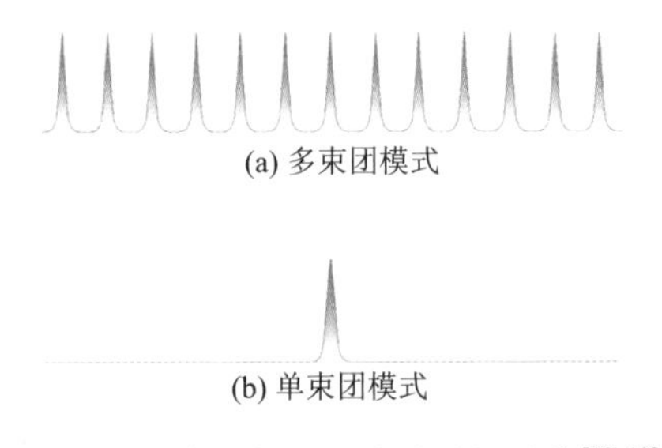

图 1.29　同步辐射不同脉冲时间结构[10, 13]

1.6.4 高准直

实验室中常用光源的发散度都较大，随着传输距离增加，亮度迅速降低，而同步辐射光源的准直性可以与激光相媲美，其发出的辐射是近平行光，发散度很小。

影响同步辐射准直性的因素有很多，主要是储存环中电子束的发射度。当电子接近光速在储存环内运转时，发出的同步辐射存在本征角发散，集中在一个向前的、以圆形轨道切线为轴的、极小的圆锥内。在储存环内，电子并不全都在理想的平衡轨道上，而是以束团形式存在，这也加剧了同步辐射的发散。

随着同步辐射光源的更新换代，电子束发射度从最初的几百纳米弧度不断降低到如今的几百皮米弧度甚至更低，可在微纳尺度上对物质进行高空间分辨的研究。

1.6.5 偏振性

储存环内电子在平面环形轨道上运行，发出的同步辐射在轨道平面内是线性偏振状态。这取决于观察点与轨道平面的相对位置，当以一定的垂直角度观测时，存在一个垂直于轨道平面的偏振分量，线偏振态会逐渐经由椭圆向圆偏振态过渡。

除了利用偏光元件改变同步辐射偏振状态，还可以从源头入手，通过改变电子运动状态，直接获得不同的偏振光。例如，通过调节产生同步辐射的插入件中磁极序列的相对位置，可以同时产生水平和垂直两个方向的磁场，从而形成螺旋形的磁场分布，使得电子螺旋前进，便可以产生圆偏振或椭圆偏振等多种偏振状态（图 1.30）。

目前，对于同步辐射偏振性的应用主要包括利用偏振的紫外线和 X 射线光来探测物质特性，包括磁圆二向色性等，还可以利用偏振同步辐射来探测生物分子的手性。

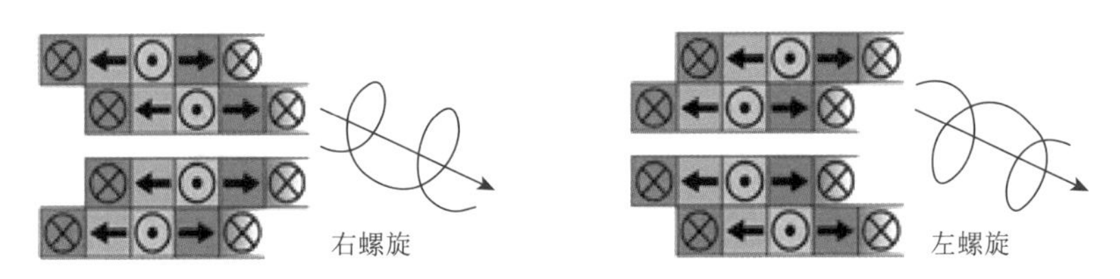

图 1.30　螺旋形磁场示意图[10]

1.6.6　高纯净

储存环处于超高真空状态，真空度可达 10^{-9}～10^{-10} Torr①。作为无极发射，其没有任何如 X 射线管的阳极、阴极和窗口带来的污染。因此，除高速运动的电子发出的同步辐射之外，它并不存在其他杂质辐射。只要知道了电子束能量、流强和偏转磁场分布，同步辐射的光子通量、角分布、能谱等都是可以精确计算的。

参 考 文 献

[1] 何薳. 墨记 墨经 墨史[M]. 北京：中华书局，1985.

[2] 曹天元. 上帝掷骰子吗：量子物理史话[M]. 沈阳：辽宁教育出版社，2004.

[3] 姜宗福. 物理光学导论[M]. 2 版. 北京：科学出版社，2017.

[4] 羊国光，宋菲君. 高等物理光学[M]. 2 版. 合肥：中国科学技术大学出版社，2008.

[5] 祁康成，曹贵川. 发光原理与发光材料[M]. 成都：电子科技大学出版社，2012.

[6] 陈国南，张帆. 化学发光与生物发光理论及应用[M]. 福州：福建科学技术出版社，1998.

[7] 麦振洪. 同步辐射光的发展历史与现状：介绍新书《同步辐射光源及其应用》[J]. 现代物理知识，2014，26（2）：65-71.

[8] 冼鼎昌. 同步辐射历史及现状[J]. 物理，2013，42（2）：374-377.

[9] 冼鼎昌. 同步辐射的现状和发展[J]. 中国科学基金，2005（6）：321-325.

[10] WILLMOTT P. An introduction to synchrotron radiation：techniques and applications[M]. 2nd ed. Hoboken：John Wiley & Sons，2019.

[11] 马礼敦，杨福家. 同步辐射应用概论[M]. 上海：复旦大学出版社，2001.

[12] 姜晓明，王九庆，秦庆，等. 中国高能同步辐射光源及其验证装置工程[J]. 中国科学：物理学 力学 天文学，2014，44（10）：1075-1094.

[13] SETTIMIO M，FEDERICO B，CARLO M. Synchrotron radiation：basics，methods and applications[M]. New York：Springer，2015.

[14] 王洪昌. 极紫外与软 X 射线多层膜偏振元件研究[D]. 上海：同济大学，2007.

[15] 上海同步辐射光源 SSRF[EB/OL].（2021-08-27）[2021-08-27]. http://ssrf.sari.ac.cn/.

① 1 Torr = 133.322 Pa。

第2章

光与物质科学的交汇

宏观上，蓝天红霞、七彩霓虹、海市蜃楼，光与物质的相互作用带来一场场视觉盛宴；微观下，异常散射、精细吸收、能量转移，光子与粒子的碰撞奠定一个个表征基础。无论宏观还是微观，光与物质的交汇都使我们认识到自然的美丽、科学的真谛。

2.1 被阻挡的光：目不暇接的斑斓

当X射线被晶体阻挡会发生什么现象呢？反射、折射，或者其他现象？1912年，马克思·冯·劳厄（Max von Laue）等人用硫酸铜（$CuSO_4$）晶体当作天然光栅，挡住X射线，观察到底片上显示出有规则的斑点，发现了晶体衍射，这就是著名的劳厄实验。随后，劳厄将二维光栅衍射理论拓展到三维，推出了著名的劳厄方程。同年，威廉·劳伦斯·布拉格（William Lawrence Bragg）让X射线透过硫化锌（ZnS）晶体，发现晶体晶面对X射线可能存在反射，并提出了布拉格方程，自此打开了X射线用于结构分析的大门。

之后，X射线衍射和X射线精细结构技术被结合起来，根据特定衍射峰强度随能量的变化，得到特定位置某元素原子周围的精细结构，即衍射异常精细结构，并迅速拓展到不同材料的结构表征。本章主要介绍同步辐射高分辨 X 射线衍射、掠入射 X 射线衍射和衍射异常精细结构的实验装置、实验方法及相关原理与应用。

2.1.1 实验装置

光束线配置

同步辐射衍射光束线主要由准直镜、单色器和聚焦镜等光学元件组成，图 2.1 是上海同步辐射光源衍射光束线光学原理示意图。

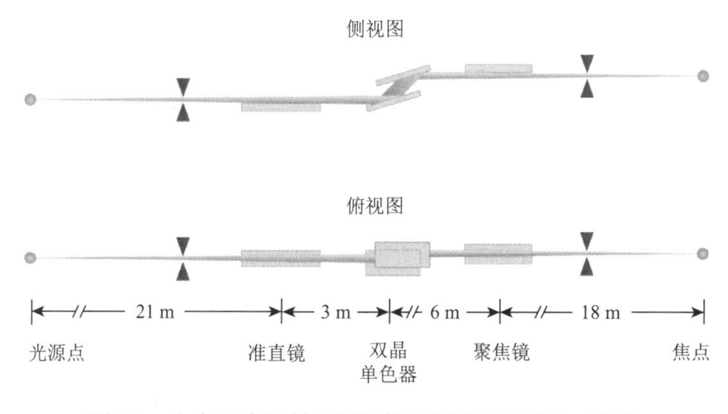

图 2.1 上海同步辐射光源衍射光束线光学原理示意图

从储存环发射的同步辐射光束通常带有一定垂直发散度，为提高单色器的能量分辨率，需用准直镜在垂直方向将光束进行准直（波荡器发射的同步辐射光束具有很好的平行度，可不需要准直镜），同时利用全反射原理可以将高能量 X 射线截断，以降低下游单色器上的热负载。准直镜出射的是准平行、宽能谱的 X 射线，经过具有能量选择功能的单色器，变成单色 X 射线。单色 X 射线再通过聚焦镜，使光束在特定位置汇聚成聚焦光斑。

聚焦镜所用材料和准直镜基本相同，但设计结构有所差别，作用效果也不同。将水平放置的平面镜沿子午方向（垂直于平面镜方向）压弯成一定曲率的平面，可以使垂直方向上的光束聚焦；如果需要同时实现垂直方向和水平方向的聚焦，那么聚焦镜的反射面需加工或压弯成二维曲面。此外，通过选择反射面的材料，聚焦镜也可以起到抑制高次谐波的作用。无论是聚焦镜还是准直镜，如果放置在单色器上游，接受的是高功率的白光，那么都需要进行冷却，在保护镜子不被“照坏”的同时有效控制热形变产生的误差。当聚焦镜位于单色器下游时，入射的单色X射线，功率密度降低，一般不需要进行冷却。

除了上面提及的主要光学元件和冷却系统，还有真空系统、束流监测系统、限光系统、辐射防护系统等，这里就不一一赘述。

光束线指标

光束线指标对于同步辐射X射线衍射光束线的设计和建造有重要的指导意义，对于实验结果也有非常大的影响。一般光束线指标需要考虑X射线的能量范围、能量分辨率、光斑尺寸、光斑发散角以及光子通量等。

对于传统X射线衍射技术来说，入射X射线波长受靶材元素的特征辐射影响，不同的靶材会提供不同的辐射波长，常用的靶材有铜靶、铁靶、钼靶等。大部分的同步辐射X射线衍射涉及的能量范围都会覆盖Cu-Kα辐射能量。对于中高能同步辐射光源，其光束线可以提供更高的X射线能量，用于高角度衍射。同时，中高能同步辐射装置产生的高能量X射线可以进行对分布函数（pair-distribution function，PDF）分析，可以提供材料中的长程有序信息（几十纳米）和短程有序（最近邻壳层）信息。

同步辐射X射线的能量分辨率对衍射实验的误差有较大影响。一般来说，通过准直镜和双晶单色器的光束线，其能量分辨率（$\Delta E/E$）在2×10^{-4}左右，在硬X射线能区，单色器选择后的能量带宽为1～2 eV。

X射线的发散角会造成衍射峰的宽化，也是决定衍射实验数据精度的因素之一。相比于普通X射线源，同步辐射光源的发散角要小很多，而且随着同步辐射加速器技术和光束线技术的不断发展、改进，X射线的发散角也在不断减小，因此实验误差也在不断减小。

同步辐射实验站距储存环的光源点的距离一般有几十米长，如果光束从储存环引出，不经过任何光学聚焦处理，到达实验站的光斑尺寸会随着距离增大而增大，通量密度随之下降，从而影响最终的实验结果，无法用作衍射光源。常规同步辐射 X 射线衍射光斑一般要求在几十至几百微米，而微束 X 射线衍射实验则要求数微米甚至更小的光斑，一般需要使用准直镜、单色器、聚焦镜等光学元件。

实验站设备和参数

不同的衍射实验站采用的实验模式常常有所不同，相应的设备如衍射仪、探测器等也有差别。同步辐射 X 射线衍射线站主要有三种实验模式：布拉格模式、德拜模式和劳厄模式。

布拉格模式可用于研究粉末多晶样品和单晶样品，主要配置是四到八圆衍射仪（六圆比较常见）和点探测器。由于这种模式采用的是逐点扫描方式，所以得到的衍射谱角分辨率较高，但耗时长，不适合做原位相关实验。

德拜模式一般只能用于各向同性的粉末样品的研究，样品可以绕转台转动，从而消除了各向异性。实验配置的探测器可以是点探测器阵列或者一维线探测器（弧形）。与布拉格模式相比，德拜模式能同时收集不同角度的衍射信号，大大减短了收集时间，提高了采谱速度。另外，配合机械手的使用，可以大规模自动化筛选粉末样品，但实验精度往往会受限于探测器的空间分辨能力。

劳厄模式适用于多晶衍射和单晶衍射实验，也可以用于研究聚合物分子、生物大分子和介观材料等。实验配置的是面探测器，样品类型不同，收集到的衍射信号也不同。例如，多晶样品收集到的是衍射环信号，而单晶样品收集到的是衍射斑点信号。相比于布拉格模式和德拜模式，劳厄模式采谱速度更快，但对于探测器的空间分辨能力和有效探测面积的要求很高，适用于多晶样品的原位实时的衍射实验，但不太适合研究无机小分子。

事实上，很多同步辐射光源都配置了不同类型的探测器，进行相应的设计改造，满足不同的实验模式需求。以上海同步辐射光源 BL14B1 束线实验站为例（图 2.2），其配置了 Huber 5021 六圆衍射仪系统，以及分别满足三种衍射模式的 Bede 9910 点探测器、Mythen 1 K 线探测器和 MarCCD 225 面探测器。BL14B1 束线实验站在国际上首次将 Mythen 1 K 探测器和六圆衍射仪进行集成，目前通用衍射线站已实现秒级高分辨粉末衍射。研究者通过自主研制的线形探测器安装校准装置，解决了原位实验样品不易放置于五圆中心的问题。

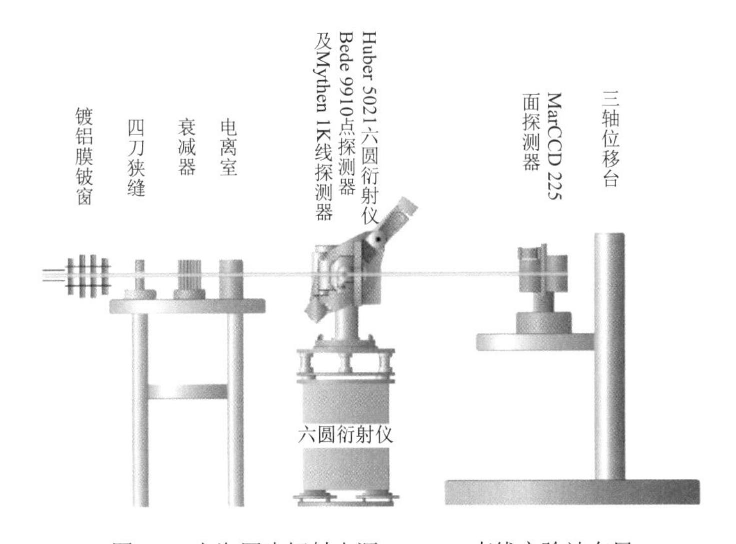

图 2.2　上海同步辐射光源 BL14B1 束线实验站布局

一个同步辐射 X 射线衍射线站的性能，除了会受到光束线指标的影响，还取决于实验站设备的配置。不同衍射实验站配置的设备种类及同类设备的性能指标都有所不同。

2.1.2　高分辨 X 射线衍射

理论概述

X 射线晶体衍射是一种特殊的相干散射，产生的条件是两束散射光的光程差为入射波长的整数倍，具体可以用不同的模型来表示，如研究一维原子排列的劳厄方程(图 2.3),研究平面点阵的布拉格方程(图 2.4),以及研究倒易点阵的埃瓦尔德球等(图 2.5)。

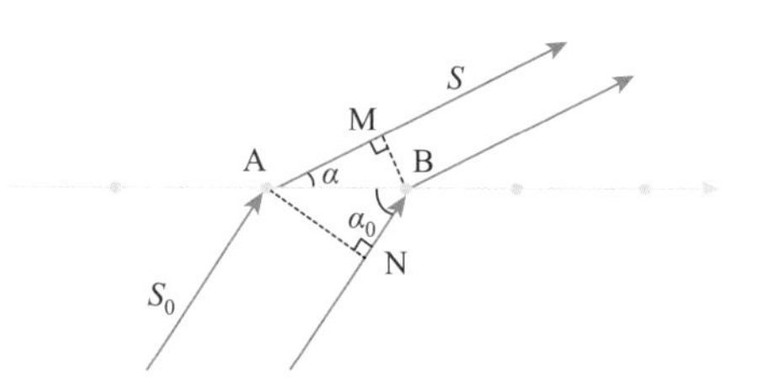

图 2.3　一维点阵衍射示意图

A 和 B 分别是一维原子列上的两个相邻原子,S_0 和 S 分别是入射向量和衍射向量,α_0 和 α 分别代表了它们与原子列的夹角

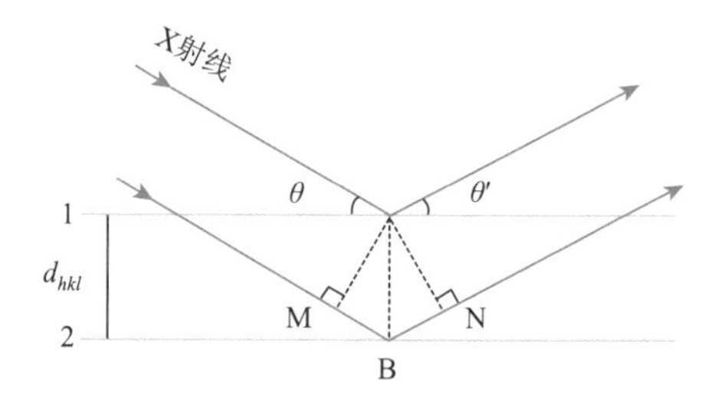

图 2.4　布拉格衍射示意图

θ 和 θ' 分别代表入射角和衍射角,d_{hkl} 是晶面指数为(hkl)的晶面间距

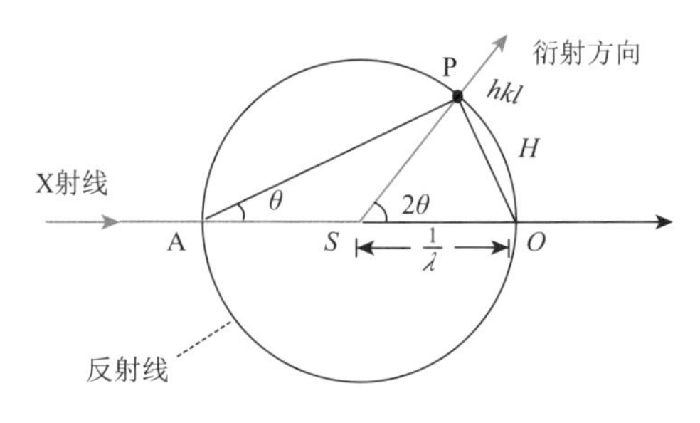

图 2.5　埃瓦尔德球原理图

以 S 为圆心、$1/\lambda$ 为半径画一个反射球,球面和倒易点阵在 O 点相切,连接球心到 hkl 点的方向即为衍射方向

实际上,多数晶体的结晶度可能没有那么高,更接近于多晶或亚晶。因此,X射线运动学衍射理论是更常用的衍射理论,主要包括两方面:衍射方向和衍射强度与分布。衍射方向主要取决于晶体的晶胞大小、形状、点阵参数等;衍射强度与分布和晶胞中不同原子的位置、数目、性

质有关，也受到晶体本身缺陷的影响。根据衍射产生的条件，即光程差为波长的整数倍，光程差会受到衍射角和晶格参数的影响，因此当入射X光波长相同时，其衍射角度主要取决于晶格参数。

衍射方法

高分辨 X 射线衍射是研究材料结构非常重要的手段，包括晶体、粉末，甚至是液体。

对于单晶样品，其理论基础是布拉格方程：

$$2d_{hkl}\sin\theta_{hkl} = \lambda$$

其中：h, k, l 是晶面指数，d 是 hkl 晶面间距，θ 是衍射角，λ 是入射光波长。由此可以看出，衍射光的方向与晶面间距和入射 X 射线波长有关。对于同一个晶体来说，晶格参数是定量，通过改变入射 X 射线波长或角度，可以得到不同晶面的信息。

最初单晶衍射主要使用白光劳厄法或者旋转法（图 2.6），前者样品保持不动，后者样品可以绕晶轴转动。相比于传统用胶片记录数据的劳厄法和旋转法，目前同步辐射光源基本上采用的是衍射仪法，通过计算机控制来记录数据，常用的有单轴和多圆衍射仪（图 2.7）。

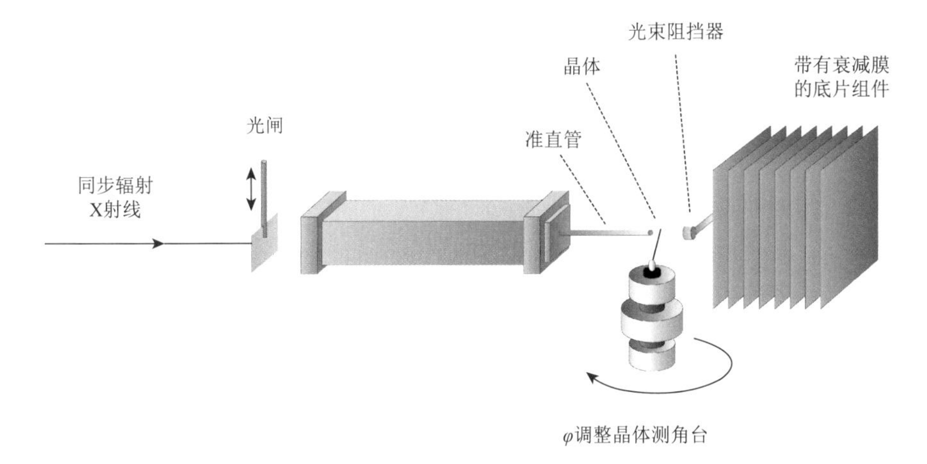

图 2.6　带有衰减膜的底片组件的同步辐射 X 射线劳厄法实验示意图

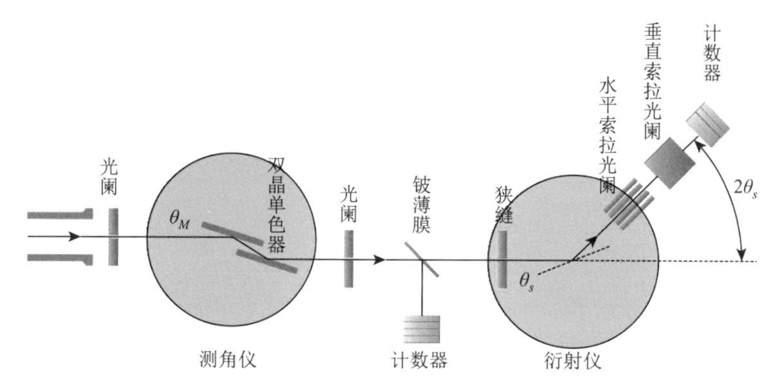

图 2.7　同步辐射 X 射线粉末衍射仪实验示意图

对于多晶样品，X 射线粉末衍射将三维空间衍射变成一维的，有的衍射线靠得很近，有的重叠了。传统衍射仪由于分辨率不够高，衍射线数量可能从数千减至数十，难以解析全部的衍射信息。然而同步辐射光具有很高的平行性、准直性以及强度高等优点，大大提高了分辨率，有效解决了这一问题，有利于解析更精细的结构。同步辐射光有一个特点是在水平方向上高度极化，极化因子大，因此衍射积分强度高。

晶体空间群测定

同步辐射 X 射线衍射实验测定空间群实际上是一个不断排除、缩小范围的过程，利用衍射数据，可以帮助确定唯一或几个可能的空间群，了解不同原子在晶胞中可能所处的位置。这主要利用系统消光的现象，具体表现在当同步辐射光入射晶体时，某些衍射方向上的结构振幅为零，有规律地出现不衍射现象，相应的倒易点阵的衍射强度也为零。

晶体中会存在不同的滑移面或对称轴，也就是不同的带心点阵和对称元素。当晶体所有晶面(hkl)对应的衍射线均出现时，属于初级点阵；当晶体的 h，k，l 均为奇数或偶数时，属于面心点阵；当 h，k，l 相加之和为偶数时，属于体心点阵。可以看出，消光规律和晶体点阵往往不是一一对应的关系，也就是说，仅凭消光规律不能准确判断晶体所处的空间群。

晶体结构测定

利用同步辐射高分辨 X 射线衍射测定多晶或单晶的结构，基本思路及步骤是相似的，主要包括五个步骤。

第一是对衍射指标的标定和晶格参数的测定。拿到高分辨的多晶或单晶衍射图谱后，可以采用不同方法（如图解法、解析法、倒易点阵法）对相关的衍射指数进行标定，然后分析晶体结构的对称性和周期性，推导出晶格参数。

第二是将获得的粉末衍射谱用于强度计算，从而得到准确的衍射峰强度数据，有利于晶体结构的解析。

第三是对衍射峰进行分峰处理，得到一定数量的独立衍射峰对应的结构振幅。处理方法一般是选用合适的函数分离重叠峰，如 Patterson 函数[1]。

第四是判断可能的空间群和求解初始结构。分峰处理后，可以得到若干独立衍射峰的结构振幅，从而获得两方面信息：一方面是根据消光规律判断可能的空间群；另一方面是先根据 Patterson 法近似判断重原子所处的位置，再根据电子密度图判断其他原子的位置，这样基本上可确定初始结构。

第五是对初始结构进行精修。如果是单晶样品，可以直接利用结构振幅的相关信息来进行精修。如果是多晶样品，由于分峰获得的独立衍射峰有限，相应的结构振幅数量也有限，往往需要利用 Rietveld 全谱拟合来进行精修，具体的方法及操作可以查阅相关的资料。

为了满足用户的需求，各个光源也在不断进行衍射实验技术的发展。以上海同步辐射光源为例，设计了旋转毛细管装置，有助于消除样品的内部取向，成功实现了 1 280 通道微芯片探测器快速调节及角度校准，衍射数据采集速度提高了 10 倍以上，还同时实现静态和动态高分辨粉末衍射。2019 年我国自主研发的可旋转高温微型衍射仪，具有高温、高统计性、高角度分辨等优势。

2.1.3 掠入射 X 射线衍射

理论概述

掠入射 X 射线衍射是 20 世纪 80 年代发展起来的结构分析技术，

具有穿透深度小、信噪比高、分析深度可控等特点，非常适用于分析表面或界面重构、超晶格结构或多层膜等。

在固体材料中，X 射线折射率会小于 1，因此在材料和空气界面可能会发生全反射。当掠入射角小于某一临界角（一般为零点几度）时，进入材料内部的单色 X 射线的振幅会随着深度呈现指数型下降，使得 X 射线散射主要集中在表面附近的几个原子层，很难到达衬底，这也就消除了衬底材料对于信号的干扰。当掠入射角发生改变时，X 射线的穿透深度也会随之改变，这为测量材料不同深度的结构信息提供了可能。

掠入射衍射强度是指入射 X 射线在样品一定穿透深度下的衍射强度。入射光在样品中不断衰减，当入射 X 射线衰减为 1/e 时，所到达的深度称为穿透深度。在材料和 X 射线波长确定的情况下，X 射线穿透深度主要取决于掠射角，并在掠射角接近全反射临界角时急剧变化。因此，根据衍射波强度和穿透深度的关系，可以进行定量研究。

实验方法

同步辐射掠入射 X 射线衍射的实验主体配置和高分辨 X 射线衍射类似，这里主要以北京同步辐射光源为例介绍掠入射 X 射线实验方法。图 2.8 是北京同步辐射光源漫散射实验线站 1W1A 上开展的掠入射 X 射线衍射实验的五圆衍射仪。

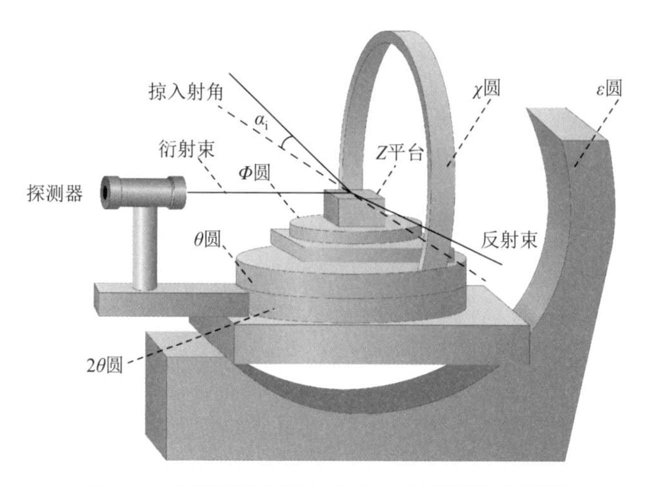

图 2.8　北京同步辐射掠入射 X 射线衍射仪配置

首先将样品放置在 Z 平台上，然后依次调节转动测角头的倾角、θ 圆和 χ 圆，需要保证三点：样品表面法线平行于 Φ 圆的轴线，χ 圆轴线垂直于入射光与 2θ 圆轴线确立的平面，以及转动 χ 圆使入射 X 射线和样品表面之间形成合适的掠角 α_i。

衍射强度信息的获取主要依靠 2θ 圆臂上的探测器。同时使用 Φ 圆和 2θ 圆进行组合扫描，可以实现样品在倒易空间的面内扫描。

为了满足广大用户的需求，很多光源也对此方法不断地进行技术升级。以上海同步辐射光源为例，目前已经可以实现对探测器的远程操作，增加了探测器的移动自由度，实现了中心光束遮挡器（beamstop）两维运动电动控制以及光电二极管切光。

同步辐射掠入射 X 射线衍射非常适用于二维、准一维材料或其他薄膜材料的表界面研究，其入射 X 射线同材料表面夹角在全反射临界角附近，消光距离显著降低，穿透深度仅为纳米量级，表面信号也增强了好几个数量级。

与表征晶体结构的高分辨 X 射线衍射相比，掠入射 X 射线衍射在表征样品微结构时用到的数据分析处理方法一致。利用衍射峰对应的角度值 θ 可以推出面内晶格常数，利用同一晶面衍射峰角度随掠入射角的变化而变化的关系，可以获得晶格常数随深度的变化关系。此外，将构造的结构模型和计算机拟合技术结合起来，辅以掠入射衍射理论和有限元分析，可以得到模拟的实验结果。通过比较实验数据和模拟数据，不断调整结构模型，最终达到一致。

2.1.4 衍射异常精细结构

理论概述

衍射异常精细结构（diffraction anomalous fine structure，DAFS）是一种精细结构分析技术，具体表现在当入射 X 射线能量改变时，衍射峰强度会发生振荡。根据相关理论计算可知，除了得到 X 射线衍射（X-ray diffraction，XRD）给出的长程有序信息，DAFS 函数中还包含了配位数、配位键长、光电子平均自由程、背散射振幅、散射原子和中心原子相移等信息。

DAFS 类似于 X 射线吸收精细结构（X-ray absorption fine structure，XAFS）。后者是由于入射的 X 光被中心原子吸收而产生光电子，中心原子出射的光电子会受相近原子散射影响而形成入射 X 射线电子波，入射 X 射线电子波和出射 X 射线电子波在中心原子处发生干涉而形成 XAFS 振荡（将在 2.3.4 小节具体介绍）。

DAFS 主要是由于入射 X 射线受到异常散射原子的弹性散射影响，产生虚拟的中间态光电子，这种光电子会受到异常散射原子（对入射 X 射线能量有共振响应的原子，即中心原子）周围的散射影响发生干涉而形成 DAFS 振荡。因此，DAFS 主要可以反映异常散射原子周围的结构信息。

在 DAFS 技术中，通过选择不同位置的衍射峰进行 DAFS 测量，可以得到不同晶格位置中异常散射原子对谱图的贡献，从而解析出某一晶格位置的具体结构信息，这非常适用于研究不同晶格位置上异常散射原子的配位环境。而在 XAFS 中，XAFS 信号实际上是不同晶格位置上吸收原子的平均信号。

总的来说，DAFS 技术将 X 射线衍射和 XAFS 有机结合起来，获得某一特定晶格结构中的原子配位信息。

实验方法

DAFS 技术一般只能在同步辐射装置上实现，这主要是因为实验需要测量 X 射线衍射峰强度随着入射能量变化而变化的情况。与同步辐射 X 射线衍射技术不同的是，在测量 DAFS 谱图时，样品所处的衍射仪前后均有电离室，可以实时监测入射光和透射光强度，及时对入射光强和样品吸收的变化进行修正处理（图 2.9）。

DAFS 实验对于样品的要求主要有几点：薄膜样品厚度均匀、粉末样品颗粒足够细、样品要有衍射峰、样品表面光滑等。

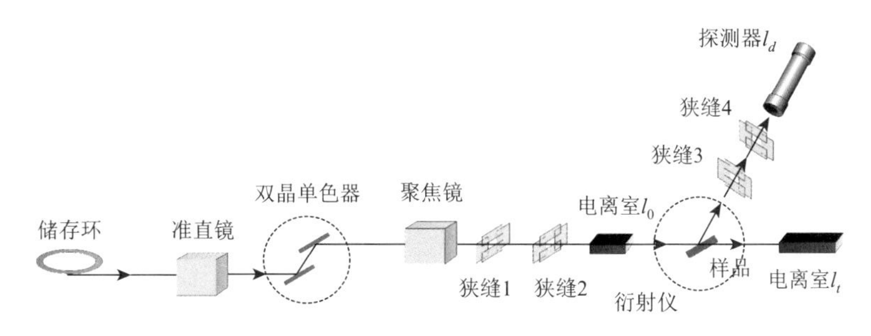

图 2.9 同步辐射衍射异常精细结构实验测量装置示意图

DAFS 实验采集数据时主要有两种模式：积分模式和微分模式。两种模式均需要选择某一种元素的原子作为异常散射原子，确定能量扫描范围，然后确定某一晶格的某个衍射峰的具体峰位。不同点在于积分模式绘制的是衍射峰积分强度随入射能量变化的曲线，而微分模式绘制的是峰位处衍射微分强度随入射能量变化的曲线。积分模式测量数据点比较多，数据可信度高、精度高、统计性好，但耗时较长；微分模式测量数据点较少，耗时较短，但数据统计性不好。

一般来说，拿到 DAFS 谱图后，首先需要对数据进行修正，减小或消除仪器或探测器的影响，之后最重要的一点是分峰解析出带有精细结构信息的χ'和χ''信号。目前主要有样条函数拟合法和利用 Kramers-Kronig 关系迭代法，其他方法还在不断发展中。

在处理好 DAFS 谱图后，可以根据提供的信息分辨不同晶格中某种原子的配位信息。例如，单晶 Fe_3O_4 中 Fe 原子有两种不同的晶格位置，分别处于氧四面体和八面体配位中心。通过实验测量可以得到不同布拉格衍射峰的 DAFS 谱图，并结合相关信息分析不同位置的 Fe 原子的配位情形[2]。

2.1.5 其他

随着同步辐射用户各种需求的日益增加，很多光源开发了材料在服役条件下的研究。以上海同步辐射光源 BL14B1 束线实验站为例，截至目前，已经研制出四项衍射原位装置实验，包括纳米材料生长原位测试装置、电池原位测试装置、耐腐蚀原位高温微型衍射仪和掠入射原位熔盐反应装置。

通过原位高温粉末衍射实验，可以研究热电材料构效关系。热电材料可以将热能与电能进行相互转换，可以用于航天探测器等。上海同步辐射光源利用线站自行研制的纳米材料生长专利设备，进行高温原位同步辐射衍射研究，通过变温同步辐射测试，获取掺杂硫化锡（SnS）的温度相关的晶格参数以及原子占位等信息，成功解释了 SnS 高热电性能来源[3-4]。通过原位高压衍射实验，可以研究矿物中的富水相[5]。

此外，同步辐射 X 射线衍射衬度断层扫描衬度成像可以无损地得到多晶材料晶粒尺寸、晶界类型、分布、晶粒取向分布函数等三维晶体组织的信息。基于同步辐射的 X 驻波实验技术可以得到样品内部的微结构信息，探测某个原子在晶格中的具体位置。三维倒易空间扫描技术可以直观地展现纳米复合外延膜中各晶相和晶畴的分布及取向情况，甚至可以直接展示晶畴间晶格连接的情形，为揭示材料物性提供了关键性的结构证据。

总的来说，同步辐射衍射技术在不断适应时代发展和用户需求。2021 年 3 月 12 日，《中华人民共和国国民经济和社会发展第十四个五年规划和 2035 年远景目标纲要》正式发布，“绿色发展”是重要的五大类指标之一。同步辐射衍射技术也在不断贡献自己的力量，基于同步辐射衍射技术，可以研究微型核能反应堆材料、室温超导材料、新型核电池、二维碳纳米纤维生长、新型信息存储磁电耦合异质结、发动机高温合金等，可以和原位拉曼、原位质谱联用，对锂电池高低温环境下构效关系进行多维度研究。

2.2 互不相让的碰撞

当光通过物质时，有一部分光会偏离原方向，即发生散射。物质对光的散射是全方位的（图 2.10），$\boldsymbol{S}_0$ 为入射向量，$\boldsymbol{S}$ 为散射向量，$\boldsymbol{S}/\lambda$ 有

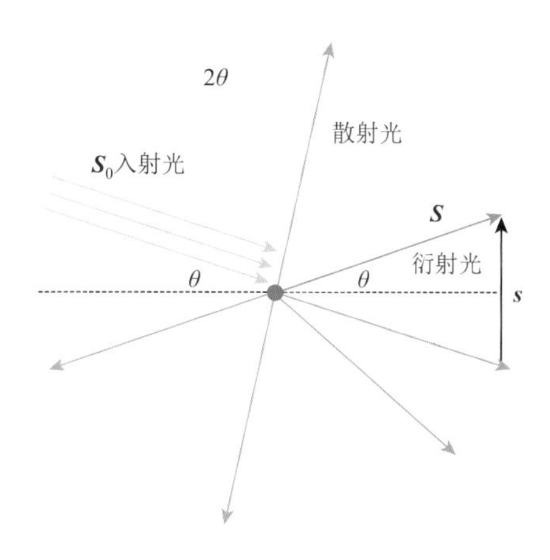

图 2.10　衍射与散射的关系

无数个。$\boldsymbol{s}$ 定义为散射单位矢量 $\boldsymbol{S}/\lambda$ 与入射单位矢量 $\boldsymbol{S}_0/\lambda$ 的差值。当光以 θ 角度入射物质，满足如下条件，即发生衍射。

$$\frac{1}{|\boldsymbol{s}|}=\frac{\lambda}{2\sin\theta}$$

由此可见，衍射是光被物质散射后的其中一种现象。但是，不满足布拉格方程的散射信号也并非一无是处。因为它不需要严格满足布拉格方程，所以可用于研究非晶材料、多相材料等周期性差的体系。

同步辐射散射技术主要有广角 X 射线散射（wide angle X-ray scattering，WAXS），小角 X 射线散射（small angle X-ray scattering，SAXS），X 射线漫散射（X-ray diffuse scattering，XDS），X 射线拉曼散射（X-ray Raman scattering，XRS），共振软 X 射线散射（resonant soft X-ray scattering，R-SoXS）等。

2.2.1　同步辐射广角 X 射线散射

WAXS 与 XRD 都可以得到原子的周期性排布信息，得到的数据的横坐标可以是角度 θ，也可以是 q。两者存在着换算关系（图 2.10），$\boldsymbol{q}$ 也就是发生衍射时的 $\boldsymbol{s}$，当入射角为 θ 发生衍射时，可得到两者如下的关系：

$$|\boldsymbol{q}|=\frac{4\pi\sin\theta}{\lambda}$$

在许多场合，我们并不区分 WAXS 和 XRD。

2.2.2 同步辐射小角 X 射线散射

虽然 WAXS 与 SAXS 只有一字之差，但是它们的实验原理和测试方法却迥然不同。前者以布拉格方程为基础，后者则利用样品电子密度的变化，因为散射可以理解为某种电子密度的散射体对入射光的调制。

图 2.11 是台湾同步辐射研究中心 BL23A 散射束线示意图。由于样品和探测器的位置容易改变（图 2.11，图 2.12），所以在束线建造时，WAXS 可以和 SAXS 耦合在一起。

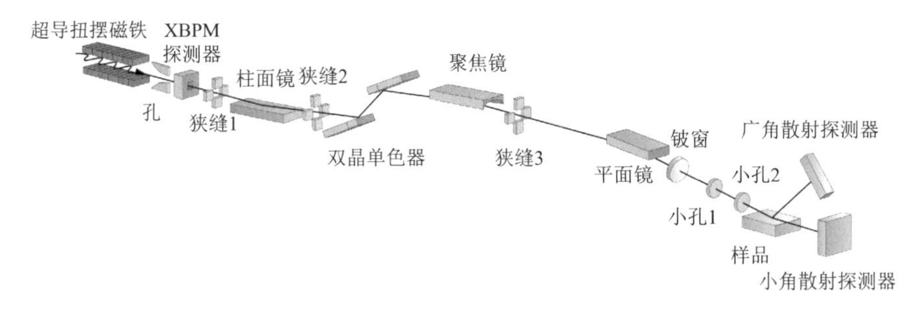

图 2.11 台湾同步辐射研究中心 BL23A 散射束线示意图

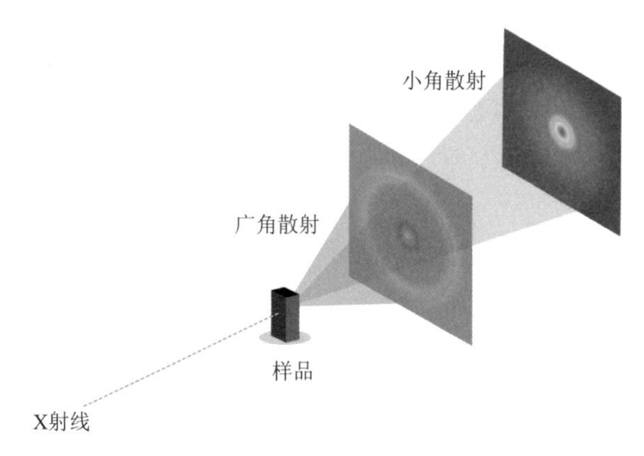

图 2.12 SAXS 与 WAXS 光路示意图

其中样品和探测器的相对位置可调节

考虑到散射角度与表征对象的尺寸成反比，对于大尺寸的样品，在 SAXS 测试时，样品和探测器的距离较远，可保证入射角度足够小。因此需要真空系统，防止在散射信号传播的过程中空气的干扰。在真空下样品到探测器距离可连续变化，以进行 SAXS 和 WAXS 的同步测量。同时此线站还集成了样品更换和温度控制功能，以实现可编程数据收集[6, 7]。

SAXS 可获得亚微观尺度体系（1～100 nm）的结构信息（图 2.13）。这些体系可以看作散射体分散在某种介质中，如液态的胶体或者固态的多孔结构。在这个尺度上，不但可以得到单个粒子的结构信息（如粒子的尺寸、形状），而且可以获得粒子间的结构信息，例如粒子间距、粒子间相互取向等微区统计参数。

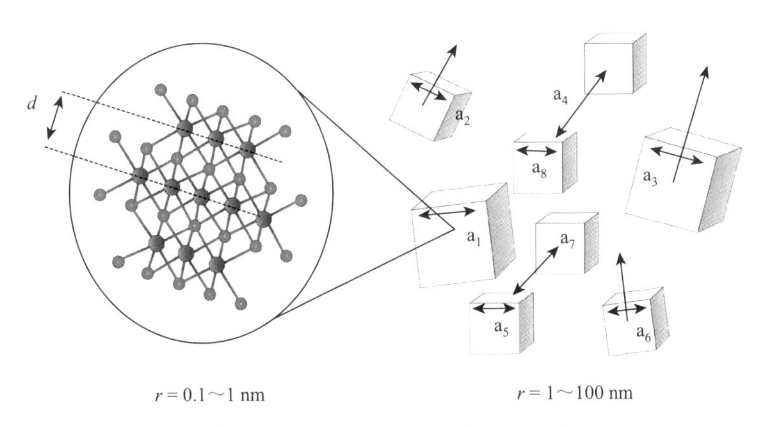

图 2.13　WAXS 和 SAXS 的实验对象

r 为粒子间距离；*d* 为材料层间距离

而对于 WAXS，样品与探测器距离较近，根据布拉格方程，它可以在 0.1～1 nm 的尺度上研究物质，可获得面内原子距离、层间距等原子尺度信息。表 2.1 给出了 WAXS 和 SAXS 的对比情况。

表 2.1　WAXS 和 SAXS 的对比情况

散射类型	基本原理	角度范围	尺寸范围	作用对象
WAXS	布拉格公式	5°以上	0.1～1 nm	原子尺度粒子
SAXS	电子密度分布	0～5°	1～100 nm	亚微米尺度粒子

WAXS 所适用的散射体具有明确的几何形状，可用特定的模型（如晶胞）对其进行描述。但是对于形状不规则、尺寸不均匀的散射体系，不存在合适的模型，需要引入统计的方法，即用电子密度来讨论这些体系，进而导出统计参数与结构之间的关系，这便是 SAXS 的科学基础。

在早期，SAXS 对表征对象的处理是将纳米粒子看作具有简单几何形状的固体（如球体、椭球体或棒状体）。随着光源和分析方法的发展，更复杂的结构也可以被解析。因为 SAXS 只测量电子密度差，所以纳米孔可以被视为“反向”纳米颗粒，使得可以用相同的原理来检测纳米孔结构[8]。

图 2.14 是一张典型的球形颗粒 SAXS 谱线图。SAXS 可以获得粒子本身和粒子之间的两部分信息，而在实际测试中，只能得到图中的绿色曲线。然后，可以将其峰拟合成两部分，即图中所示的结构因子曲线和形状因子曲线。它们分别给出粒子的位置相关性（如距离和取向）和平均结构属性（如尺寸和形状）。

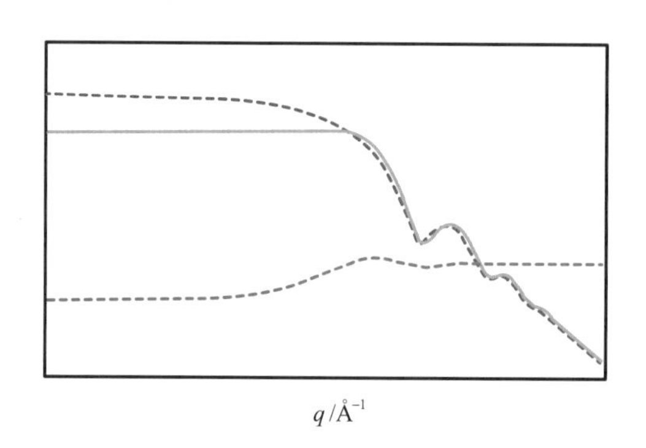

图 2.14　SAXS 谱线图

绿色：小角散射曲线；红色：结构因子曲线；蓝色：形状因子曲线

对 SAXS 光谱的分析通常从形状因子开始，以了解粒子的形貌。形状因子的解析强烈依赖于模型。目前已有大量的软件程序提供各种形状因子模型，解构金属纳米颗粒的三维体系复杂结构的空间分辨率可以达到 4.2 nm[9-13]，粒子表面凹陷和中空部分也清晰可见（图 2.15）[14]。

SAXS 的形状因子在单粒子水平上提供信息，而结构因子可用于确定整个粒子系统的排布。

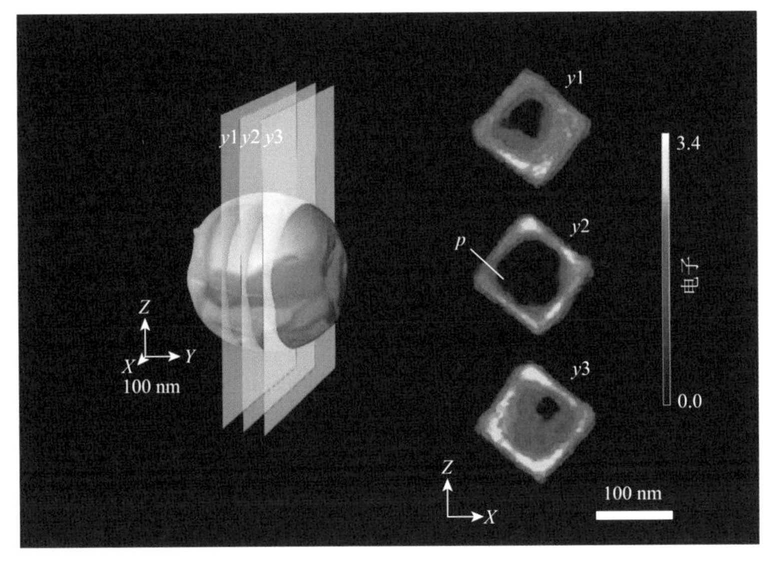

(a) 粒子重构的三维图像　　　　(b) 对应的电子密度成像

图 2.15　金属纳米颗粒三维重建的横截面图像

SAXS 可以无损地提供样品平均结构信息，而透射电子显微镜（transmission electron microscope，TEM）只能给出小范围内的数据。因此，SAXS 是一种用来研究样品的总体尺寸、尺寸分布、形状和表面结构的强大方法。

2.2.3　掠入射 X 射线散射

同步辐射 X 射线能量高、穿透能力强，因此测试得到的是表面和内部的混合信息。对于希望得到表面和界面结构或者 X 射线无法穿过的样品，往往采用掠入射的实验方法。

图 2.16 是透射模式和掠入射模式的光路对比图。无论是 WAXS 还是 SAXS，掠入射模式的入射光会以一定的角度 α_i 入射到样品表面并发生散射，入射光的穿透深度与其角度 α_i 有关（图 2.17）。当光的能量确定时，存在某一临界角度 α_c，当入射角小于 α_c 时，只得到样品的表面信息。

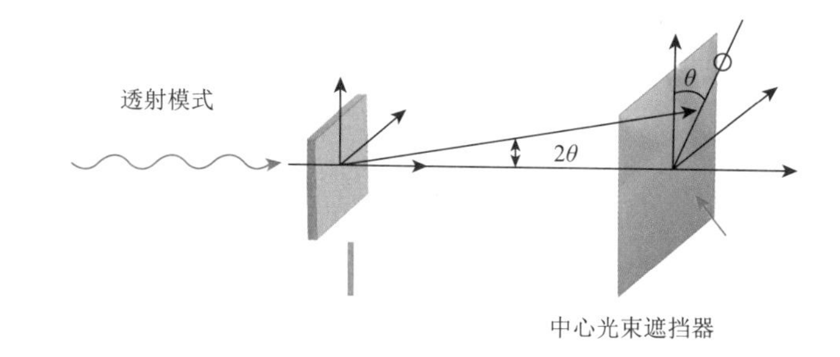

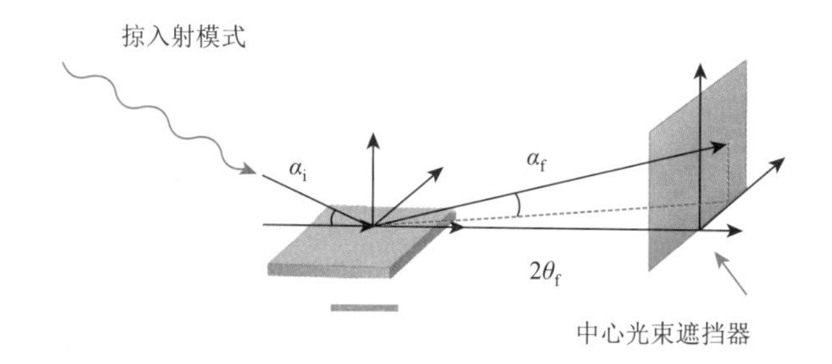

图 2.16　透射模式和掠入射模式光路对比图

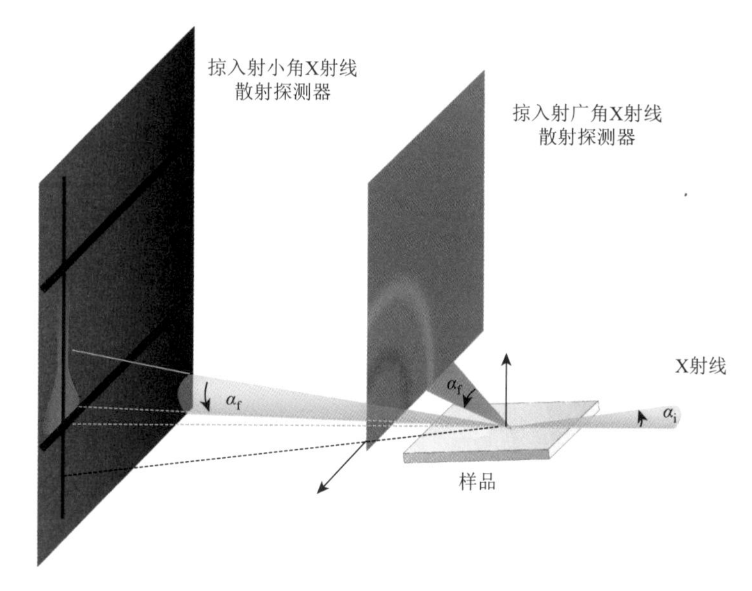

图 2.17　GIWAXS 和 GISAXS 光路图

GIWAXS 为掠入射广角 X 射线散射；GISAXS 为掠入射小角 X 射线散射

2.2.4　时间分辨小角散射

高能第三代同步辐射装置，例如欧洲同步辐射光源（European

synchrotron radiation facility，ESRF）、美国先进光子源（advanced photon source，APS）和日本大型同步辐射光源（super photon ring-8，SPring-8），具有极大的光子通量，为时间分辨实验奠定基础，这些光源的时间分辨率可达 50～200 ps。

以 ESRF 的 ID09 小角散射束线为例，此光束线的光子通量可达 $2×10^{13}$ phs/s。在自由电子激光作为光源应用到实验表征之前，第三代同步辐射光源是化学和生物系统中时间分辨实验的唯一光源。而目前自由电子激光和第四代同步辐射光源使得时间分辨率进一步提升，甚至达到飞秒级别。

2.2.5　共振软 X 射线散射

研究物质的表界面信息，除了调整光源的入射角度，还可改变入射光的能量，调整其入射深度。软 X 射线谱学因其对样品损伤小，对轻元素敏感等优点，被广泛应用于材料（尤其是有机材料）形貌、结构的深度分析。同时，用软 X 射线谱学研究材料表界面形貌与结构时，可获得更高的对比度，并获得三维结构信息。

同步辐射软 X 射线谱学中，共振软 X 射线反射（resonant soft X-ray refletion，R-SoXR）方法和 R-SoXS 方法是研究材料表面形貌和结构的常用方法（X 射线反射将在 2.3.3 小节介绍）。它们均利用在软 X 射线范围内材料折射率随入射光能量迅速变化的特点，获得不同组分之间的对比度。两者不同之处在于前者只能研究薄膜材料面外的信息，但是后者也可以获得面内的信息。

R-SoXS 与 GISAXS 研究表面相比，散射对比度和散射强度会大幅提高，因为软 X 射线的光子能量较低，与组成原子的核心能级和特定的光谱跃迁相匹配[15]。

为了研究对辐射敏感的物质，ALS 束线 11.0.1.2 在束线上游使用椭圆极化的波荡器，产生极化 X 射线，发展出极化共振软 X 射线散射（polarized resonant soft X-ray scattering，P-SoXS）。P-SoXS 常用于表征样品中分子的取向[16]。不同取向的同一分子也可被看作是不同物质。

P-SoXS 可作为常规 X 射线散射的补充，研究有机物质等富含轻元素的材料的形貌、纯度、分子取向等。

2.2.6 X 射线拉曼光谱

2.2.1～2.2.5 小节提到的散射技术均基于 X 射线弹性散射。除此之外，X 射线非弹性散射也可提供大量信息，例如材料带隙、电子转移等。两者的区别在于发生碰撞时，碰撞的两粒子之间有没有发生能量转移。拉曼光谱是最常见的基于非弹性散射的表征。

拉曼光谱是实验室常用仪器之一。实验室所用的光源（激光）的光子能量量级为电子伏特，因此在与物质相互作用时，只能和浅能级（外层电子）的元激发发生能量、动量交换，无法穿透到更深处。但是同步辐射的 X 射线拉曼光谱的入射光能量是实验室的千倍，因此可以和芯电子发生相互作用，从而研究材料的光学性质、电学性质、输运性质等。X 射线拉曼光谱与 X 射线吸收谱图类似，同时与发射谱、荧光谱都有一定的联系，后面几种表征方式都会在 2.3.2、2.3.4 小节介绍。

2.2.7 X 射线漫散射

随着同步辐射光源的发展以及硬件条件（尤其是高分辨率测角仪）的提高，实验人员在研究晶体衍射时，发现靠近布拉格峰处会有新的信号，称其为 X 射线漫散射。

X 射线漫散射常用来研究晶体中原子位移和电荷位移，一个完美晶体和具有一个原子缺陷的晶体得到的 XRD 信号几乎是一样的，但是 X 射线漫散射可以分辨出这个缺陷，以补充 XRD 得到的整体原子排列信息。图 2.18 显示了晶体晶格的三种情况。图（a）代表完美晶体晶格，常在 XRD 图中得到尖锐的谱线。而图（b）和图（c）分别表示杂原子掺杂或者热扰动下发生应变的晶体晶格。对于后面两种晶体，其布拉格峰附近的波峰和波谷会出现漫散射图样。根据这些漫散射信息，可以定量地分析掺杂原子（缺陷）附近的晶格应力的大小和距离或者是热扰动后的晶格信息。

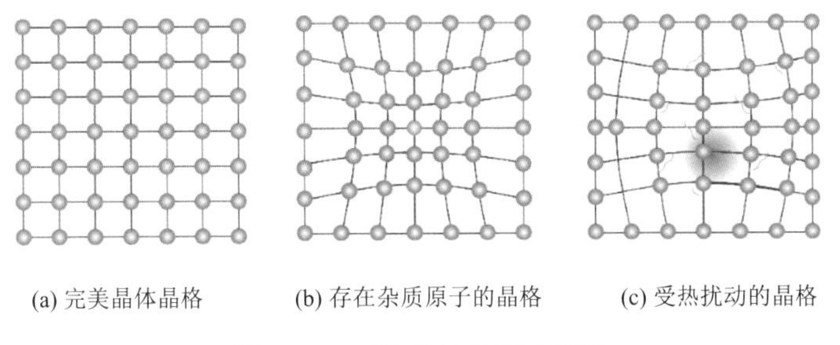

(a) 完美晶体晶格　(b) 存在杂质原子的晶格　(c) 受热扰动的晶格

图 2.18　三种晶体晶格示意图

图 2.19 给出了不同对称性缺陷导致的漫散射强度分布。强度分布与缺陷的对称性高度相关。若是点缺陷，或者是各向同性的缺陷，它们的漫反射强度分布，呈现出双扭线形或者说是双水滴形[图 2.19（a）]。而对于各向异性的缺陷，它们的漫反射有两种情况[图 2.19（b）和图 2.19（c）]，前者是苹果形的双扭线形，后者是椭圆形，两者的区别在于是否有零强度线。

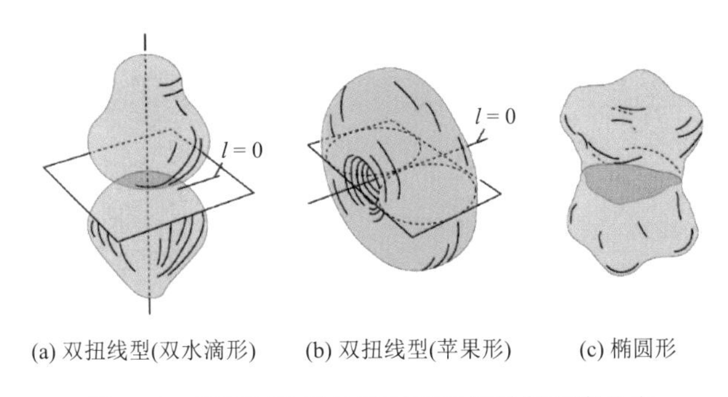

(a) 双扭线型(双水滴形)　(b) 双扭线型(苹果形)　(c) 椭圆形

图 2.19　不同对称性缺陷导致的漫散射强度分布

2.3　一束光：无穷无尽的变幻

看似简单的一束光其实蕴藏着巨大的秘密，它的多种多样的变幻值得我们去探索。同步辐射光谱技术将会带领我们领略这一束光无穷无尽变幻的魅力。

在本节中，我们将结合同步辐射技术介绍几种常见的光谱技术，包括X射线发射谱、X射线吸收谱、X射线反射谱、X射线光电子能谱以及角分辨光电子能谱。这些各式各样的同步辐射光谱技术，在物质结构分析、元素分析以及电子状态分析等领域大显神通。

2.3.1 光谱技术

当夜幕降临，道路两边亮起五彩斑斓的霓虹灯，这就是光谱的一种直接应用。氖气等其他稀有气体通常具有特征发射频率（颜色），霓虹灯就是利用电子与气体的碰撞来实现这些发射，从而呈现出丰富多彩的颜色。

随着科学技术的进步，人们对光的认识逐渐清晰。有关光谱发生机制、性质及应用的研究逐渐深入，构成了一门很重要的学科——光谱学。每种原子以及分子都有其独特的光谱，犹如指纹一样各不相同。因此，光谱可用于识别和量化有关原子和分子的信息，具有广泛的应用（图2.20）。

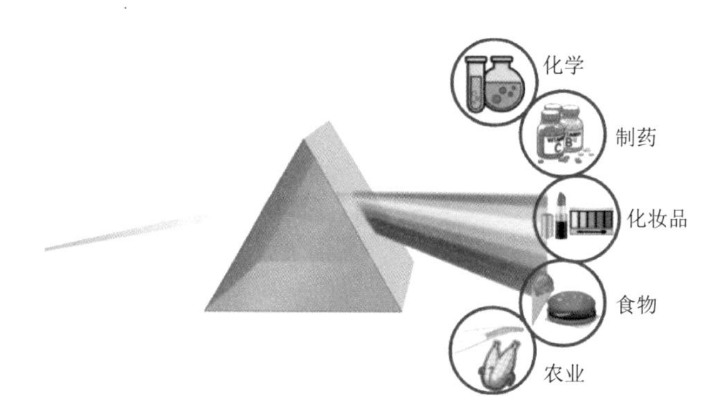

图2.20　光谱学的部分应用领域

光谱的激发与产生可以通过不同种类的辐射能来实现，通常包括电磁辐射、粒子辐射以及声子辐射。电磁辐射是用于光谱研究的最常见的一种辐射能。电磁辐射的激发源可以按光谱的波长范围进行分类，包括红外、近红外、紫外可见和X射线等（图2.21）。

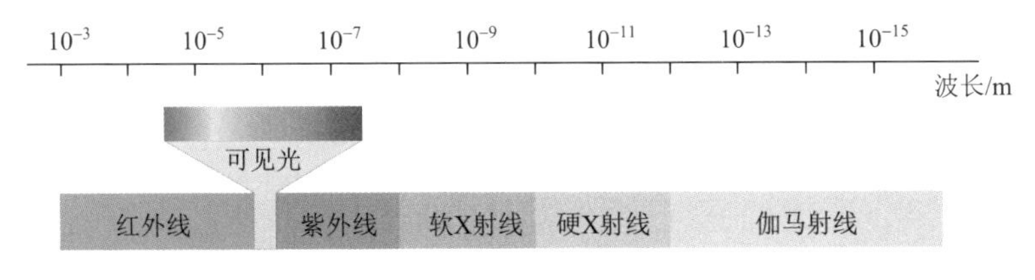

图 2.21　不同波长的电磁辐射

2.3.2　同步辐射 X 射线发射谱

概述

X 射线发射光谱（X-ray emission spectra，XES）是一种相对古老的技术。近年来，能产生高亮度、可调谐 X 射线的第三代同步辐射光源的发展使得这一光谱技术焕发了新的活力。

原子是由原子核和绕核运动的电子组成的，原子核外电子按其能量的高低分层分布而形成不同的能级，能量最低的能级称为基态能级，其余能级称为激发态能级。一般情况下，原子处于基态，核外电子在各自能量最低的轨道上运动。

如果将一定外界能量（如光能）提供给基态原子，当该能量恰好等于原子中基态和某一较高能级之间的能量差时，该原子将吸收这一特征波长的光，其外层电子由基态跃迁到激发态。电子跃迁到较高能级以后并不稳定，将返回基态或较低能级，同时将其跃迁时所吸收的能量以光的形式释放出去，所得到的光谱就是发射光谱。

原子吸收入射光子的能量，核外电子发生跃迁的同时发出光子。规定入射光子能量为 Ω，发射光子能量为 ω，以便于描述 XES 的分类。

若核外电子被激发到某吸收边附近，则其发射光谱强烈依赖于入射光子能量，这种光谱被称为共振 X 射线发射光谱（resonant X-ray emission spectroscopy，RXES）。RXES 可以分为两类：第一类是共振弹性 X 射线散射（resonant elastic X-ray scattering，REXS），即 $\Omega=\omega$ 的情况；第二类是共振非弹性 X 射线散射（resonant inelastic X-ray scattering，RIXS），即 $\Omega\neq\omega$ 的情况。

若核外电子被激发到能量更高的连续态能级（如真空能级），则发射谱将不依赖于入射光子的能量，这种发射谱被称为普通 X 射线发射谱（normal X-ray emission spectroscopy，NXES）[17]。

RIXS 是研究物质电子结构最强有力的工具之一（图 2.22）。它包含了光子吸收（1）和光子发射（3）两个光子转移过程，所以 RIXS 给出的信息要比 X 射线吸收光谱更加丰富[18]。RIXS 的物理过程涉及二次光子散射，即光子进并且光子出。入射光子把电子共振激发到材料的价带附近或者是更高的导带，形成所谓的中间态（2），这一步可以看作是 RIXS 的吸收（1）过程；随后，在几个飞秒后，导带上的受激发电子退激发到空穴中，同时发射出另一个光子（3）。

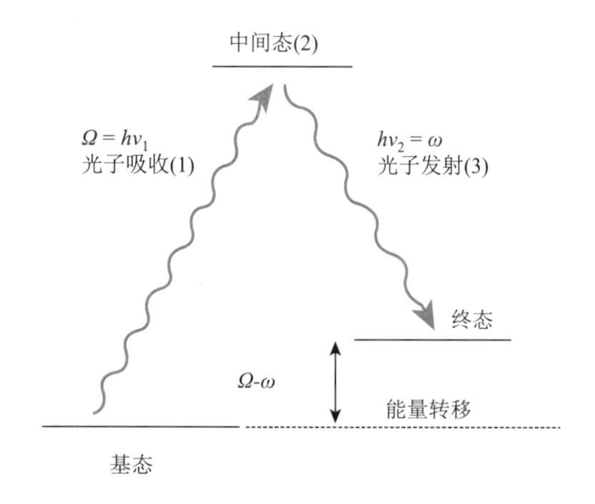

图 2.22　RIXS 原理示意图

同步辐射 RIXS 技术具有许多优势，例如：入射光的波长可调性使得不同电子轨道可以被选择性激发；偏振可调性使得可以研究自旋或某些特殊对称性材料的电子激发。随着高亮度的第三代同步辐射光源以及高效探测器的应用，RIXS 信号强度小等缺点得到克服，使其有望实现更多元化的应用[19]。

实验装置及方法

同步辐射 XES 的光谱仪需要用到罗兰圆的原理，另外，通过采用具有高能量分辨率的分析晶体可以获得高分辨 XES，从而可以测试含量较低的样品以及表征目标样品中电子结构等信息。

罗兰圆具有分光能力以及聚光能力，其半径等于分析晶体或凹面光栅的曲率半径。将光源放置在该圆的圆周上，那么在圆周上另一点可以获得对应光谱。分析晶体是一种能对光束进行单色化的光学元件，同时还可以采用球面弯曲的方式聚焦单色化后的光束。其本征能量分辨率、曲率半径和晶体直径对得到的谱图的能量分辨率和计数率具有决定性的影响。

样品、分析晶体和探测器的中心总是位于以分析晶体的曲率半径为直径的一个罗兰圆之上，这可以使得样品发出的荧光通过分析晶体后聚焦在探测器上（图 2.23）[20]。

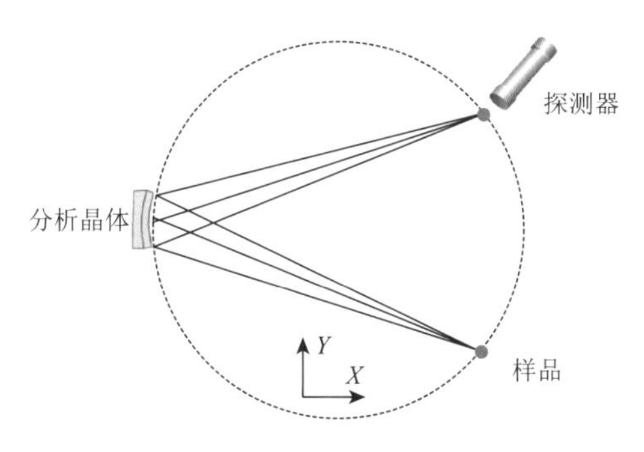

图 2.23　罗兰圆示意图

2.3.3　同步辐射反射谱

在薄膜材料的研究中，其结构参数的测量至关重要。X 射线反射（X-ray reflectivity，XRR）就是针对薄膜材料而开发的一种结构研究方法[21, 22]。

同步辐射掠入射 X 射线衍射（grazing incidence X-ray diffraction，GIXRD）和 XRR 在测试时，均以 X 射线为光源掠入射至膜层表面，但两者在探测信号时完全不同。前者 X 射线的入射角保持不变，探测器在大角区扫描测量衍射信号。而对于 XRR，在测试过程中始终保持入射角 α_i 与反射角 α_f 相等。通过探测器记录不同入射角度下反射光的强度，反射光和入射光强度的比值即为 XRR 反射率。

图 2.24 为 XRR 的原理示意图。扫描开始时，X 射线以较小的角度入射样品，对应的掠入射角小于临界角，X 射线在膜层表面和各界面发生全反射，反射光会相互发生干涉；随着入射角度的增加，干涉级数发生改变，反射光的强度也会发生改变，当入射角大于临界角时，X 射线进入材料内部，且 X 射线的透射深度随入射角度增大而迅速增加。

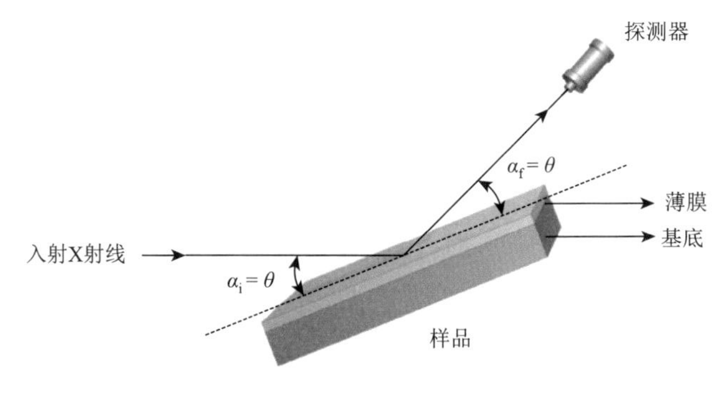

图 2.24　XRR 原理示意图

如果膜层与基底或不同膜层之间界面平整，界面上反射波相位差随入射角度变化而发生变化，将产生相长干涉和相消干涉，探测器收集的反射光强度会随掠入射角呈现周期性的振荡变化，得到 XRR 曲线（图 2.25）。通过 XRR 曲线可以获取的信息有薄膜的厚度、表面粗糙度以及电子密度变化等。

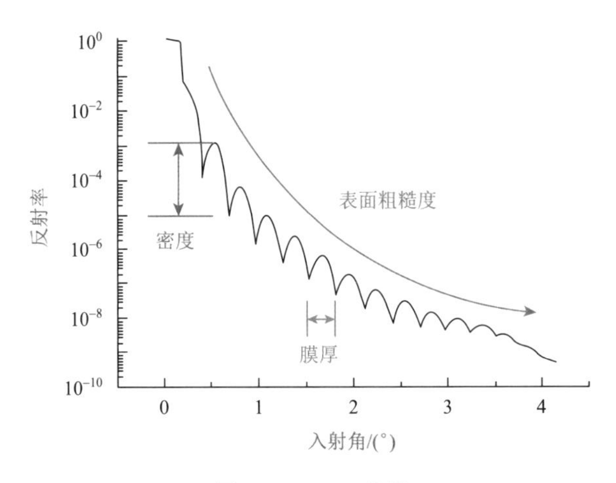

图 2.25　XRR 曲线

对于单层膜而言，薄膜厚度越大，XRR 曲线的周期越小（振荡越密）；膜层与基底之间的电子密度差异越小，曲线中的振荡振幅越小；随着薄膜表面粗糙度的增大，曲线振幅变小，反射率呈现的下降趋势会加快，同时在反射曲线末端出现新的振荡峰，当两界面之间粗糙度相同时，振荡峰的幅值会基本维持不变。多层膜对 X 射线的反射光会发生叠加，因此实际测到的反射强度为多个干涉的叠加。

与 X 射线衍射实验不同的是，在进行 X 射线反射测试时，不必安装单色器，而应增加准直狭缝对部分直射的 X 射线进行遮挡。进行数据处理时，首先采用厚度计算公式算出薄膜的厚度，再采用软件拟合反射曲线。

关于 XRR 测试的样品，需要注意以下几个方面：首先，样品表面要平整光滑；其次，样品的厚度通常在 0.1～1 000 nm，表面粗糙度通常小于 5 nm；此外，在膜层和基底或者不同的膜层之间要存在比较显著的电子密度差异。

总的来说，XRR 对样品没有损伤，测量速度快，并且具有很高的准确性，对薄膜结构的表征具有重要意义。

2.3.4 同步辐射吸收谱

X 射线是目前测试最常用的光源，这源于其两个特殊属性：一是 X 射线的波长和原子间距离在同一量级；二是 X 射线光子能量与最紧密束缚电子的结合能在同一量级。前者保证了当光束通过一层有序材料时，可以得到干涉图样，由此可以推导出组成原子在周期结构基本单元中的位置，代表性的技术就是 XRD。后者帮助我们快速、简便地进行元素分析。根据莫塞莱定律（Moseley’s law），芯电子的结合能随着原子序数单调增加。因此，样品的组成元素可以简单地从其 X 射线吸收光谱中吸收边（absorption edge）的能量或从其荧光辐射特征 X 射线的能量来识别。

除 2.1 节衍射部分介绍的衍射异常精细谱，在光与物质相互作用时，还有其他异常散射。利用这些异常散射，研究者们也开发了许多表征技术，例如多波长异常衍射、差分异常散射、多重同晶置换以及 X 射线吸收精细结构。

当一束光穿过一种物质时，光或多或少地会被物质吸收，这取决于物质的吸收系数。吸收系数是一变量，一般来说，当给定元素后，吸收系数只和入射光的能量有关，随着能量的上升，吸收系数单调下降。但是在实际谱图中，吸收系数会在某些能量点处发生突变，陡然升高。这些能量点便被称为吸收边（图 2.26）。

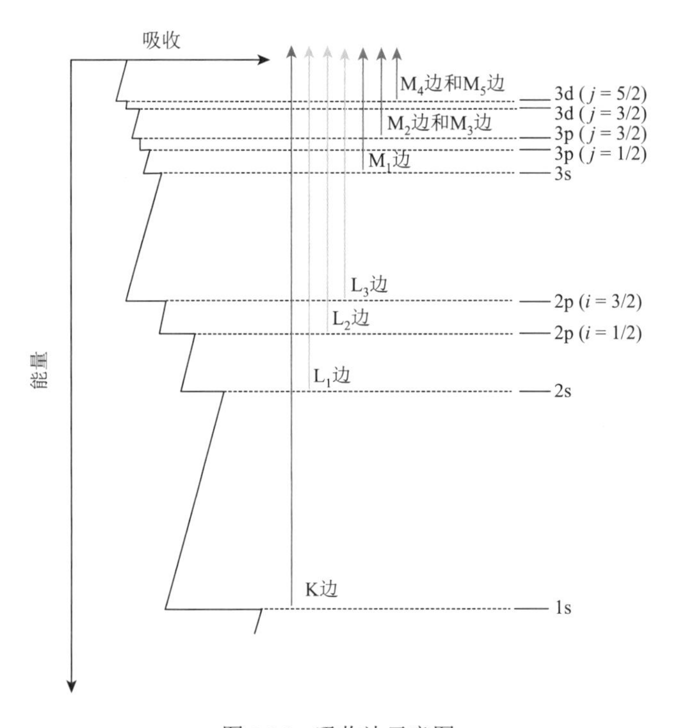

图 2.26　吸收边示意图

原子吸收入射光后，内层轨道电子发生跃迁，可能跃迁到外层轨道上（据此可得到边前信息），也可能直接脱离原子核的束缚成为光电子（图 2.27）。跃迁电子原本所处的电子轨道不同（最内层称为 K 层，以此往外依次是 L，M，N 层），因此，它们跃迁时的吸收边被称为 K 边，L 边等。又因为每一层会有不同的轨道和自旋轨道耦合效应，如 L 层有 *s* 轨道、*p* 轨道，所以 L 边又分为 L_1，L_2，L_3 边等。

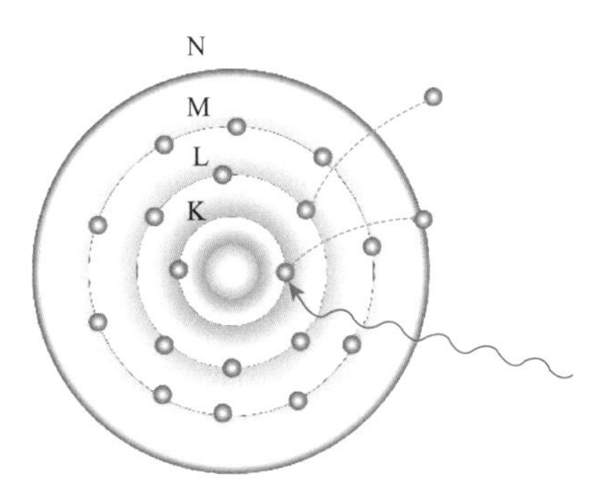

图 2.27　光电效应示意图

每种原子的电子轨道能量不同，发生跃迁时吸收的能量也就不同。我们可以利用吸收边分析出元素种类。同时，元素所处的化学环境，例如价态，也会影响吸收边的位置。一般高价态会使吸收边往高能量处偏移。由此可见，在吸收边处 XAFS 具有指纹效应，可快速分辨元素种类和价态，以及可能的配位。

图 2.28 是一张完整的 XAFS 谱图。其中，振荡剧烈、吸收信号清晰的部分就是吸收边。而在吸收边后 50～1 000 eV 处也有一些振荡，这些振荡连续、缓慢、微弱。关于这部分信号的争论持续数十年，直到傅里叶变换被引入到模型处理中，研究者们才第一次理解了这些信号的物理意义[23, 24]。

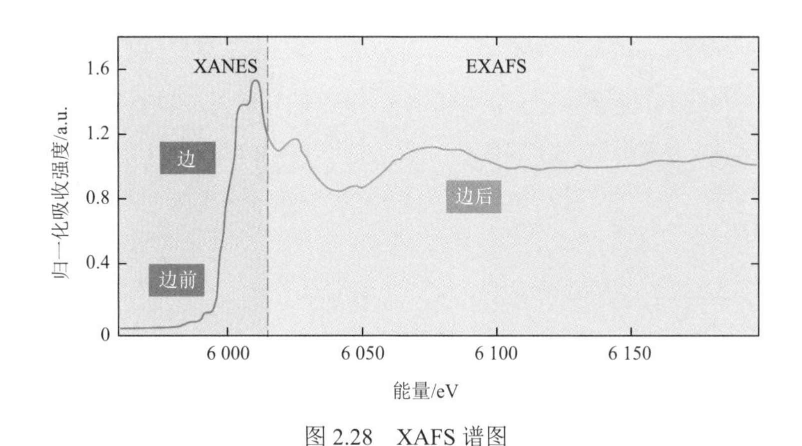

图 2.28　XAFS 谱图

XAFS 物理意义

受激发而跃迁的光电子在向外传播的时候会被周围的原子散射，电子波会回到原来的吸收原子处，与后出射的光电子发生干涉（两者波长相同、相位不同），从而对吸收系数产生调制，反映到谱图上便是边后的弱振荡。

这些振荡在吸收边之后，便被称为扩展 X 射线吸收精细结构（extended X-ray absorption fine structure，EXAFS）。吸收边处的强振荡就被称为 X 射线吸收近边结构（X-ray absorption near edge structure，XANES）。

XANES 虽然早于 EXAFS 被发现，但是在理论模型解释上却晚了近 20 年。由于 EXAFS 的能量较高，可认为出射的光电子只被散射一次（图 2.29）。但是在近边附近，周围原子的散射效应越来越强，需要考虑多次散射效应。因此 XANES 需要更多地考虑配位原子影响，除原子径向分布外，还有原子间的键长、键角以及原子周围的电荷分布，这需要建立更为复杂的模型，所以 XANES 的发展相对缓慢。

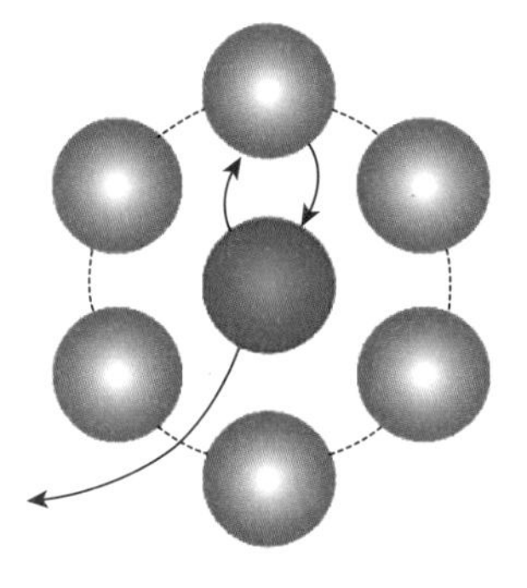

(a) 一次散射模型(对应EXAFS)

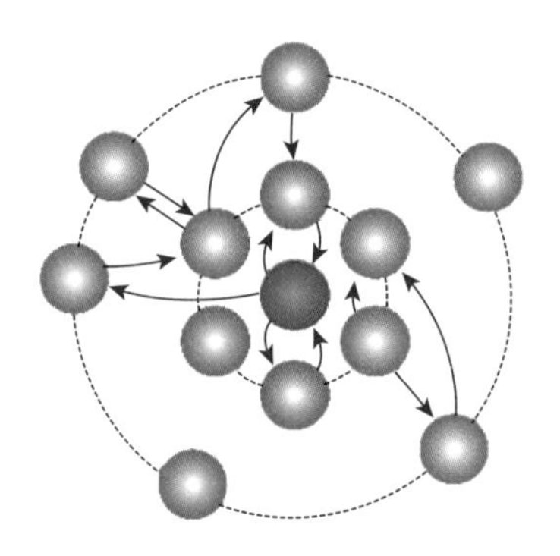

(b) 多次散射模型(对应XANES)

图 2.29　出射光电子被周围原子散射的示意图

表 2.2 给出了 XANES 和 EXAFS 的对比情况。XANES 信号清晰，易于测量；采谱时间短，适合于时间分辨实验；对价态、未占据电子态和电荷转移等化学信息敏感；对温度依赖弱，可用于高温原位化学实验。而 EXAFS 可以得到中心原子与配位原子的键长、配位数、无序度等信息。不过，EXAFS 对立体结构并不敏感，不能确定三维配位结构。

当然，需要指出的是，我们在图 2.28 处提及的扩展边的范围是边后

表 2.2 XANES 和 EXAFS 的对比情况

名称	能量范围	特点	科学基础	应用
XANES	吸收边前到吸收边后 50 eV	振荡剧烈（吸收信号清晰，易于测量）	光电效应、多重散射	时间分辨、高温原位表征元素种类、价态、未占据电子态和电荷转移
EXAFS	吸收边后 50～1 000 eV	持续缓慢的弱振荡	光电效应、单次散射	中心原子与配位原子的键长、配位数、无序度等

50～1 000 eV，但考虑到实际情况中并没有明确的单次散射和多次散射的能量界限，因此这只是个参考数值。

在表征材料中某种原子的近邻结构时，XAFS 是最常用的一种手段。它和 TEM 相互补充，TEM 给出局部的明确信息，而 XAFS 给出整个样品的统计信息。在电池、催化等领域中，XAFS 占有重要地位。

因此，大量的 XAFS 线站存在于世界各地的光源里。在选择这些线站时，需要重点关注这些线站的能量范围，因为 XAFS 与入射的 X 射线能量息息相关，跳边位置是刚好发生光电效应处的 X 射线能量。

对于某些轻元素，例如 C，N，O，它们的 K 边在低能处（C：280 eV，N：390 eV，O：530 eV），同时这些元素常存在于有机物中（不耐辐射），因此在测试这些元素时，需要选择软 X 射线线站。

除了这些轻元素，过渡金属的 L 边（400～1 000 eV）、镧系元素的 M 边（100 eV）也在此能量范围。当然这些元素也可以选择硬 X 射线来做吸收谱，但是容易混淆。例如镧系元素 Ce 的 L_1 边（6.5 keV）就和过渡金属 Mn 的 K 边（6.5 keV）重合，若样品中同时存在这两种元素，XAFS 将无法区分。因此，熟悉元素的跳边位置是做吸收谱的前提条件。一般情况下，首先考虑 K 边，其次考虑 L 边（L_3 边重叠的概率较小）。

透射 XAFS 和荧光 XAFS

同步辐射 XAFS 基本实验方法分为两类：荧光法和透射法（图 2.30）。在样品量足够（一般多于 10 mg，被测元素含量超过 10%）且透光的情况下，一般选择透射法。透射法对线站要求较低且采谱迅速（1～2 s）。

若遇到样品不透光或是目标元素含量很低的情况，可选择荧光法。荧光XAFS实验方法对于痕量元素具有高灵敏度，被广泛应用于生命化学、环境化学等领域。

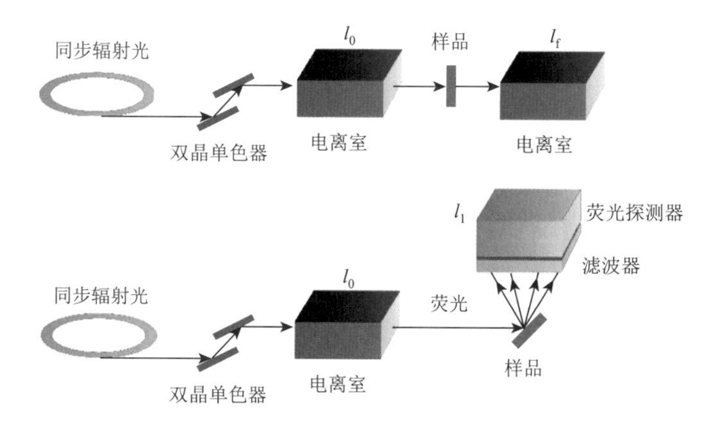

图 2.30　荧光和透射 XAFS

随着光源的发展，光源的亮度、分辨率、准直性等提升，可以满足更多需求的 XAFS 实验方法被开发，例如快速 XAFS（QXAFS），掠入射 XAFS（GIXAFS），高压 XAFS、微束 XAFS。

快速 XAFS

由于同步辐射光源的高通量优势，加之线站硬件的提升，XAFS 采谱速度越来越快，分辨率（时间、空间、能量）越来越高，目前已经可以满足大部分时间分辨的实验。而对于电荷转移等时间更短的过程，由于单色器旋转等客观条件的约束，仍无法在反应时间内获得完整的谱图。

鉴于此，对于周期性的反应体系，可采用“时闸”（time gating）实验方法，利用激光器等外标时间，经过短暂的延迟 t_1 后开始采谱，并将延迟以一定的时间间隔 t_2 移动，采集下一张图谱。重复此过程得到一系列谱图，然后拼接，即可实现时间分辨为 t_2 的 XAFS 实验。

目前 APS 有两条线可做时间分辨 XAFS（图 2.31），其中 7-ID-D

束线进行的工作主要与光化学有关。而另一条 11-ID-D 线站则主要用 QXAFS 来探测化学反应路径中的电子和结构变化，探索能量转换/存储领域的潜在应用，例如太阳能电池、发光设备、分子机器或催化系统。因此在选择线站时，即使都可以做到时间分辨，不同的线站也会有各自的侧重点。

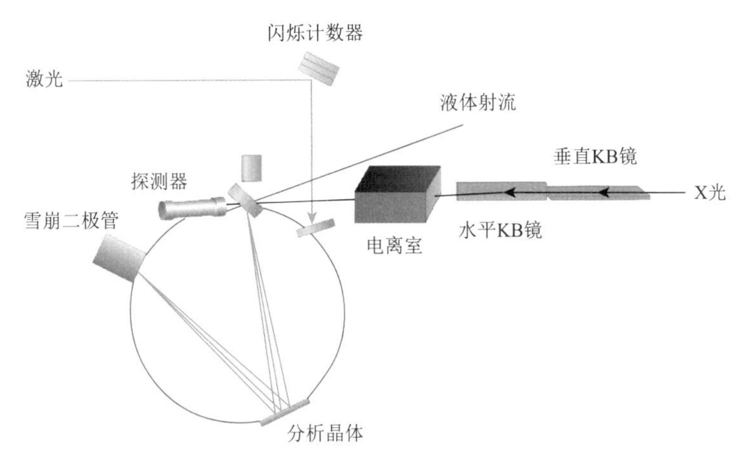

图 2.31　APS 时间分辨 XAFS 实验线站示意图

时间分辨也可用能量色散 XAFS 实现。能量色散 XAFS 是用一定能量带宽的 X 射线作为入射源，同时得到整段 X 射线吸收谱，从而提高时间分辨率。

能量色散 XAFS 要求光子通量很高以保证时间分辨率和稳定性，ESRF 的 ID24 束线的光子通量可达 10^{13} phs/s，在最佳条件下，在几个小时内采集的吸收光谱中的相对统计误差只有～10^{-6}。有了这样的统计精度，便可以使用能量色散 XAFS 以快速获得飞米量级的原子间距离变化等信息，从而在原子尺度上理解材料的演变。

在时间分辨技术发展之前，研究者在研究材料演变时只能依靠实验结果建立模型，反推实验过程。但是很多实验体系参数复杂、容错率低、重复性不好，这严重制约了可靠模型的建立。原位 TEM 可直接让我们观察到材料的生长行为，但是反应腔体设计复杂、分辨率不高。

因此同步辐射原位实验成为目前最便捷、可行性最高的方法。其中，原位 QXAFS 凭借其超高时间分辨的优势，从原子尺度探索反应过程，帮助建立模型来模拟材料成核和生长过程。

图 2.32 展示了一种研究材料生长的原位 QXAFS 实验装置。在获取 XAFS 光谱期间，蠕动泵将反应溶液连续沿管循环，并流入用开普敦窗密封的特氟龙池中进行反应。

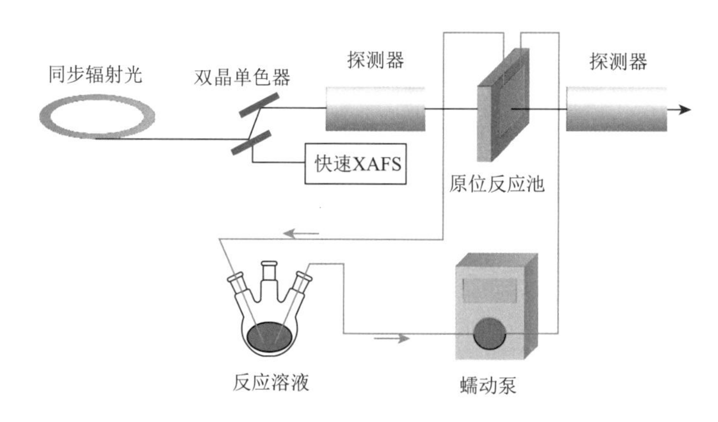

图 2.32　原位 QXAFS 实验装置

一般这种需时间分辨的实验，需要格外注意两点：一是束线性能，光通量要足够，这样时间分辨才能提高；二是原位装置的设计，由于同步辐射光路的精密性，任何原位装置耦合到测试样品台上时，都会对测试造成一定的干扰，所以原位装置在设计时需考虑体积和重量问题，常用铝制品制作。

用于电催化或者电插层的液相反应池常用胶圈密封，以防止空气等干扰，同时预留进气口/出气口，以通入反应所需气体（反应性气体或者惰性保护气体）和排出气体。在顶部预留电极口，可分别装载对电极、参比电极和工作电极（图 2.33）。由于液体对光的吸收和散射较强，对测试干扰大，所以样品往往会贴在池壁处。此处反应池是镂空状态（避免池壁对光的影响），外围由开普敦胶带密封（开普敦胶带对光的影响很小）。测试时，常用掠入射模式，最大程度避免溶液对测试的影响。

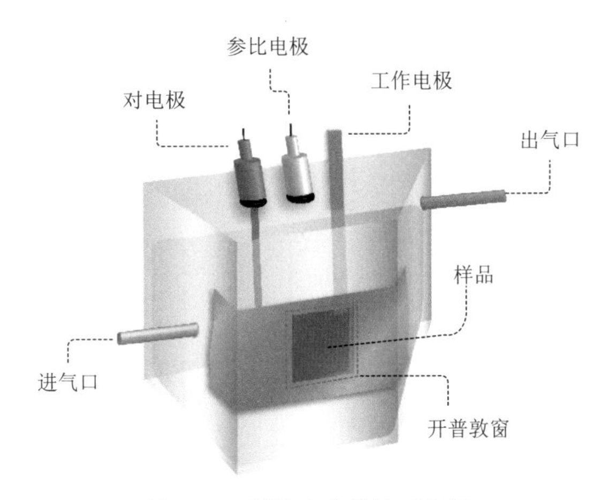

图 2.33　原位电化学池示意图

对电池充放电过程中正极或负极的变化进行监测，需要组装一个完整的电池，并在需要监测的某一极开口注入 X 射线，从而进行 XAFS 测试（图 2.34）。带有 X 射线透明窗口的扣式电池可用于研究实时电化学过程，原位监测电化学过程中电极的变化。

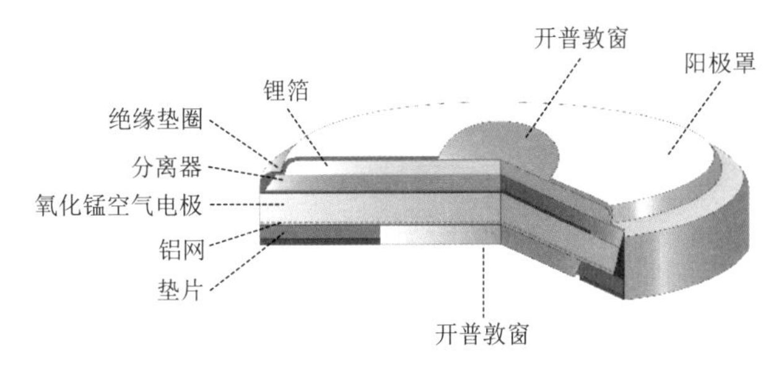

图 2.34　原位电池示意图

原位 XAFS 装置的设计，需要将 XAFS 方法自身的特点与所要研究的体系相结合。根据待测元素吸收边的能量范围、待测元素的含量、反应介质的类型、反应条件的要求等，进行综合考量，尽量避免测试对样品本身的干扰。同时，原位装置的设计还可以考虑 XAFS 和其他表征方法的联用，比如 XRD、拉曼光谱等。

掠入射 XAFS

掠入射模式的表征，包括 XRD，SAXS/WAXS，还有本节介绍的 XAFS，都可以通过调整 X 射线的能量和入射角度来对样品进行深度分析。对于 XAFS，需要两个电离室，分布在样品台前后。前电离室用于监测入射光强，后电离室用于监测（无样品时）反射 X 射线的强度，由此确定零度角的位置，除此之外，这些表征的掠入射模式几乎一样。

高压 XAFS

一般来说，高压 XAFS 需要配备金刚石砧室（diamond anvil cells，DAC）进行实验（图 2.35）。除此之外，还需要满足以下两个关键条件。

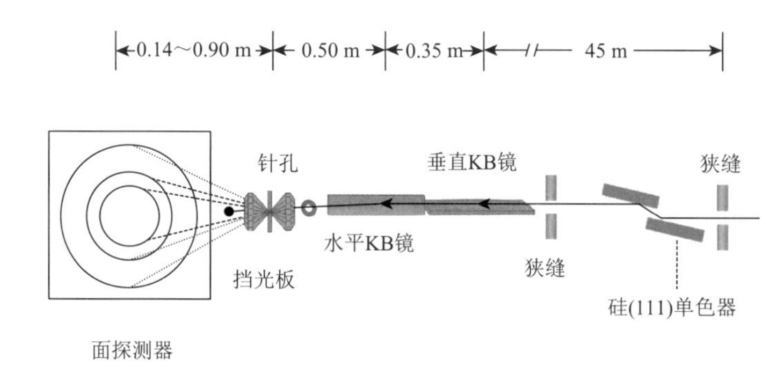

图 2.35　美国 APS BMD 线站束线示意图

首先，由于 DAC 中样品直径通常为 20～150 μm，所以 X 射线需要聚焦至 5～40 μm，以有效地聚焦在样品上，同时也避免衬垫材料（通常是金属）的散射。在极高压实验中（例如，压力大于 100 GPa），样品直径需进一步减小到 5～30 μm，因此整个光束需要被限制在狭窄的垫圈直径内。

其次，使用厚的金刚石砧（通常一对砧厚度共 4 mm）会导致低能量 X 射线的显著衰减，因此入射 X 射线能量需要足够高才能有效穿透砧并使衰减校正最小化。

微束 XAFS

在大比例压缩光斑尺寸的同时往往会降低光的通量，影响实验的分辨率，因此微束 XAFS 常常要求光束线光源的通量较高。Diamond 光源的 I18 光束线后端配备 KB 镜，可将光束进一步汇聚，最后的光斑尺度减至 2 μm×1.8 μm。在日本 SPring-8 BL37XU 线站，光斑尺寸可减小至 100 nm。微束 XAFS 需首先确定样品表征的区域，一般可采用其他谱学辅助确定的方式，例如拉曼光谱、X 射线荧光等。首先，利用可调的单色光束，在不同的入射能量下产生微荧光图，利用获得的信息确定元素的分布位置、相对丰度以及可能与之关联的其他元素信息；然后可以通过 XAFS 对感兴趣的区域进行分析。

2.3.5 同步辐射光电子能谱

发生在材料界面处的反应极大地依赖材料的表面性质，例如金属铝表面发生自限制氧化。同时，在一些工艺技术领域如材料的改性处理中，材料表面也十分重要。因此，越来越多的科学家致力于探究与发展表面分析技术。表面分析技术可以帮助人们认识、了解并利用材料表面特性，实现材料性能的提升。

X 射线光电子能谱（X-ray photoelectron spectroscopy，XPS）是在样品表面进行化学分析的一项十分重要的技术。光电效应是 XPS 的基本原理（图 2.36）。被测试材料的原子或分子吸收入射的 X 射线光子，使得电子能量升高，被激发出来。这种被激发出来的电子也称为光电子。通过收集光电子并测量其特征结合能，可以实现元素种类以及价态的分析。

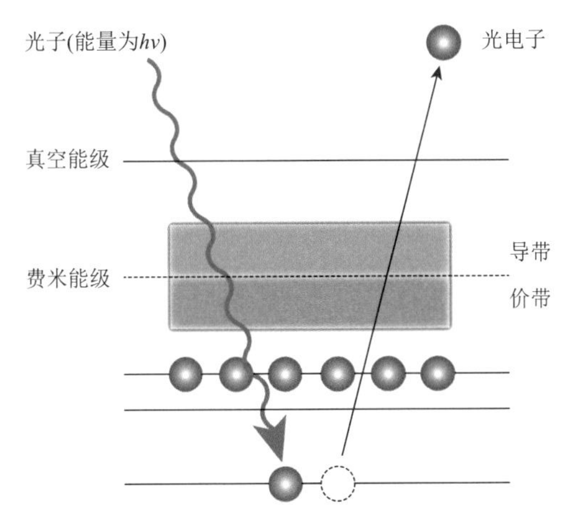

图 2.36　光电发射过程

同步辐射 XPS 的优势

与传统 X 射线源 XPS 相比，同步辐射 XPS 具有显著提高的分辨率和信噪比。同时，由于能量可调，同步辐射 XPS 可直接进行不同深度的分析（图 2.37）[25]。

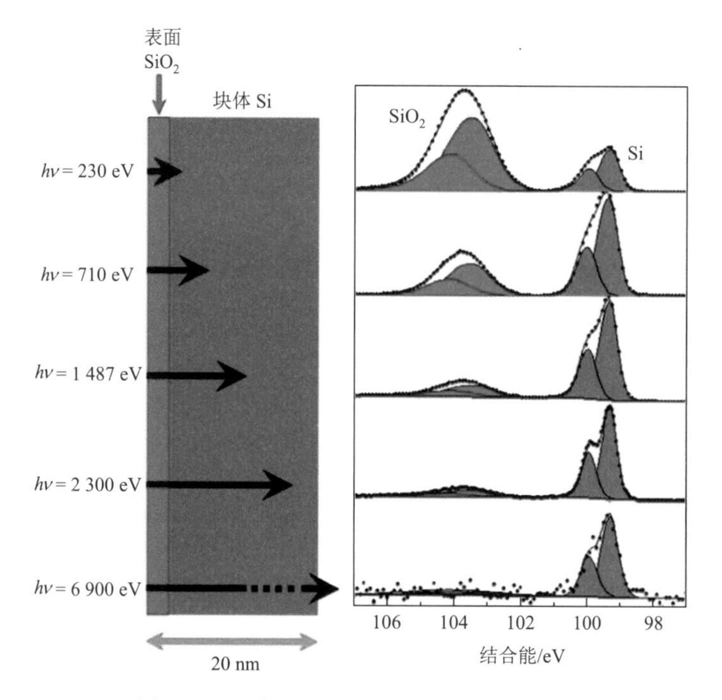

图 2.37　同步辐射 XPS 的入射光能量可调性

XPS 需要在高真空的环境下进行测试，以保证 X 射线入射源的低损耗。但是许多材料的性质以及界面只有在常压环境下才能得以保留。因此，发展一种在常压下就可以实现的 XPS 技术是十分有意义的。

基于同步辐射光源的环境压力，XPS 安装了差分泵装置以及静电透镜系统，它可以将样品池与电子能量分析仪分开。穿过样品池后，一部分光电子到达差分泵的入口，接下来通过静电透镜系统到达电子能量分析仪。差分泵的应用使得光电子在气相中的传输路径最小化，静电透镜系统能显著提高光电子的收集汇聚效率（图 2.38）[26]。

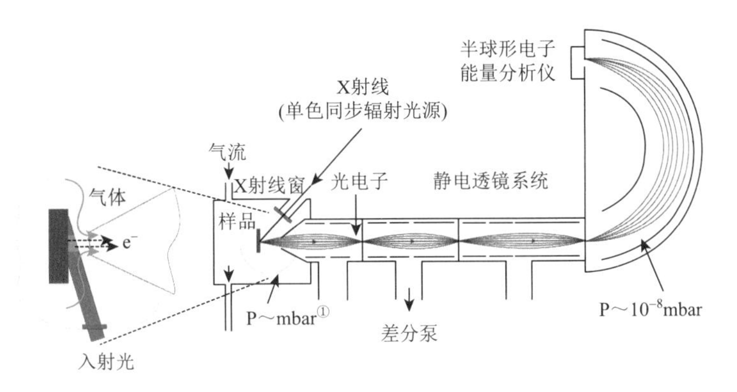

图 2.38 环境压力同步辐射 XPS 光路示意图

2.3.6 同步辐射角分辨光电子谱

角分辨光电子谱（angle-resolved photoemission spectroscopy，ARPES）是研究晶体表面电子结构（如能带、费米面等）的重要工具。

实验装置

ARPES 实验常用的光源有气体光源、激光光源以及同步辐射光源。相对于其他光源来说，同步辐射光源具有亮度高、准直性好、偏振波长连续可调等优点，并且其光斑可以聚焦到微米甚至亚微米量级，这可以大大提高 ARPES 的能量和动量分辨率，甚至可以实现亚毫电子伏特量级的测量以及微尺度区域的测量。

图 2.39 是日本广岛同步辐射光源 BL-1 线站的可旋转高分辨率 ARPES

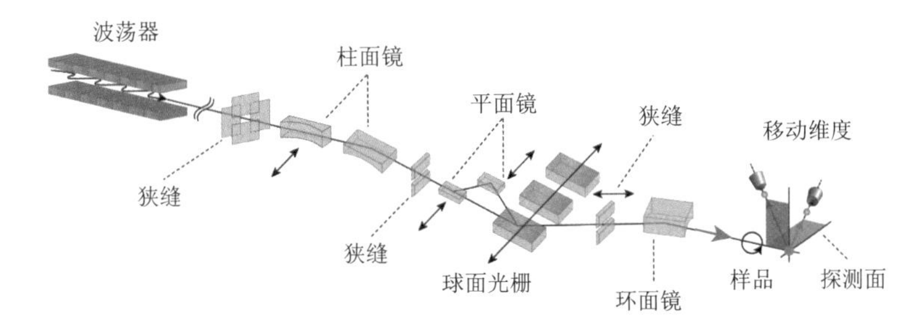

图 2.39 同步辐射 ARPES 光路示意图

① 1mbar = 100 Pa

的光路示意图。线性波荡器（linear undulator）产生X射线，经过柱面镜，光束得到聚焦；平面镜可以调节X射线入射光栅的角度，根据使用的能量不同选用不同的球面光栅，同时光栅对光束进行单色化；环面镜的作用是聚焦，包括水平聚焦和垂直聚焦；光缝可以调整光束截面尺寸。

通过旋转 ARPES 测量系统，光电子探测面可以连续地由平行变为法向，能在测试过程中不断地改变几何维度[27]。电子能量分析仪是 ARPES 系统最核心的部件之一，分析仪中安装的电子探测系统可以将电子记录为一个二维像，像的一个维度代表电子动能，另一维度代表电子离开样品表面的角度。

此外，上海同步辐射光源 BL03U 线站构建了基于同步辐射的原位 ARPES 观察装置，这在世界范围内仍是较为少见的。该装置集成了高分辨率 ARPES 仪器、超低温扫描隧道显微镜和氧化物分子束外延装置，可以实现外延薄膜生长的高分辨率原位电子结构测量。

实验方法

同步辐射 ARPES 已经在石墨烯、二维过渡金属硫族化合物以及二维异质结构的研究中得到广泛应用。样品安装在电动平台上，同步辐射光聚焦于样品上，通过扫描 X、Y 方向收集逸出的光电子（图 2.40）。这些光电子可以与样品的位置信息相联系，从而实现对样品特定位置的表征。其分辨率与光束光斑尺寸直接相关，光斑越小，空间分辨率越高。

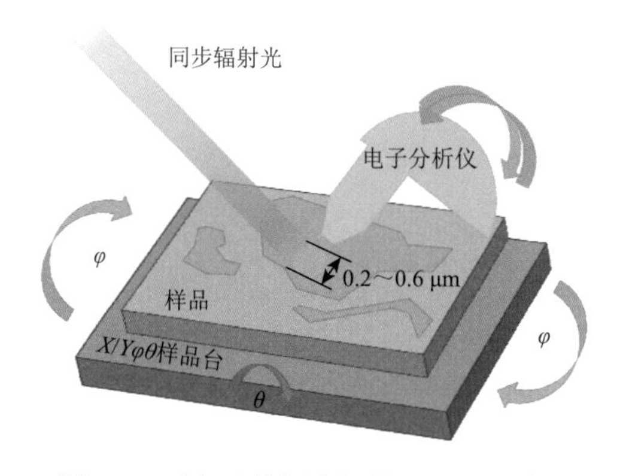

图 2.40　空间定位同步辐射 ARPES 示意图

为了进行角度分辨采集，可以移动电子分析仪（橙色箭头所示）或旋转样品（蓝色箭头所示）[28]。

2.4 物质世界里的视觉盛宴

1895年，威廉·康拉德·伦琴为其夫人的手指拍摄了世界上第一张X射线照片。此后，X射线成像技术不断发展，在医学、生物学、材料科学、信息科学、工业等领域有广泛的应用。但是，基于吸收衬度成像的传统X射线成像技术只对重元素比较灵敏，对于一些由轻元素组成的样品，其分辨率很低。

同步辐射光源具有高亮度、高通量、高准直性、能量连续可调的特点，为成像技术注入了新的活力，使成像的时间和空间分辨率大大提高。成像技术从最初只能对物质的形貌成像发展到对物质的化学态、局域电子态成像，从二维成像发展到三维、四维成像，是认识物质强有力的工具。

同步辐射成像技术可根据成像原理分为：X射线投影成像、透射式X射线显微镜成像、相干X射线无透镜成像和谱学成像等。

2.4.1 X射线投影成像

投影成像是一种无需使用任何透镜放大元件的成像技术，在医学、生物学、材料学、考古学、环境科学等领域扮演着重要角色。投影成像技术利用物质对X射线的吸收差异进行成像，也可以利用X射线照射到样品上后发生的相位变化成像。当使用同步辐射光源时，X射线投影成像的分辨率可以达到10 nm，这进一步拓展了投影成像的应用。

X射线吸收衬度成像

X射线投影成像装置主要由X射线源、样品台、检测器和探测器组成。吸收衬度成像（传统投影成像）依靠样品本身对X射线的透过度不同来解析样品结构。X射线投影放大原理与针孔照相机类似，其放大效果是利用聚焦元件对X射线进行汇聚，然后将样品放置在焦点之后，利用小孔对光束的几何放大作用在探测器上获得放大的图像。投影放大倍数取决于光源到样品的距离L_1和样品到探测器的距离L_2，L_2越大，放大倍数越大。投影成像的分辨率与光斑直径有关（图2.41）。

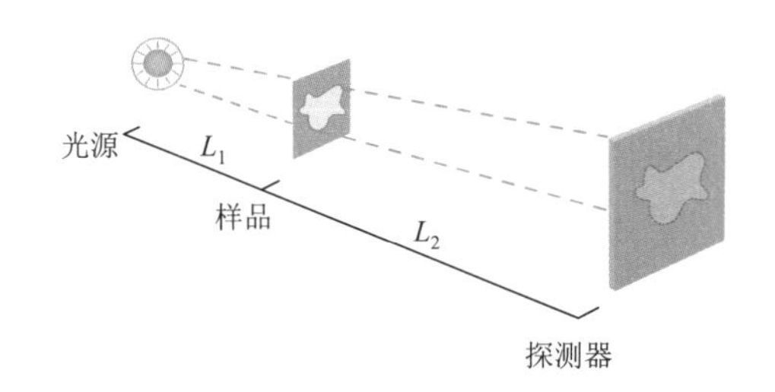

图 2.41　X 射线投影放大原理示意图

X 射线吸收衬度成像最初应用于人体探测时，由重元素组成的骨骼可以被清楚地成像，而由轻元素组成的肌肉、器官的内部结构较为模糊。因此，科学家们探索了新的成像模式，即相位衬度成像。

相位衬度成像

相位衬度成像技术主要是依赖于 X 射线的折射作用，把相位信号转换成强度信号实现相位探测，与样品对 X 射线吸收无关。一束 X 射线穿透样品时，一方面，因为被样品吸收，光的振幅（强度）会减弱；另一方面，由于 X 射线在样品不同部分的相速差异，它的相位会发生偏移。也就是说，除了光强的变化，相位的改变也可以帮助我们理解样品信息。

同步辐射光源能量很高，样品中很小的厚度或者密度变化也可能产生足够大的相位改变。但探测器只能获得光强信息，无法直接对相位信号进行测量，因此需要把相位信号转换成光强信号。

将相位信号转变成光强信号主要是基于 X 射线穿过样品时，样品发生的三种信号变化，即波面弯曲、波面倾斜和波面移动（图 2.42）。具体是这样实现的：①利用晶体干涉仪探测相位移动信号；②利用角度分辨方法探究折射角，得到相位一阶导数；③利用光在一段距离的自由传播，将波面弯曲信号变换成光束的聚焦和发散信息，将相位二阶导数转换为光强的二阶导数。

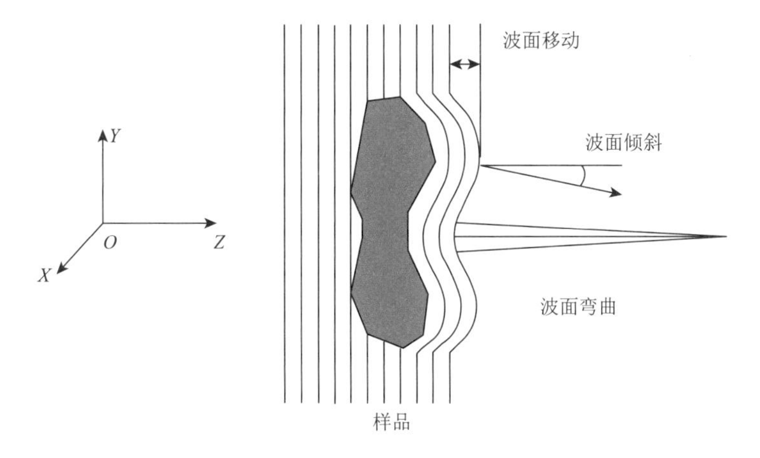

图 2.42　X 射线穿过样品后波面发生的三种面形变化

根据不同的光源和样品特点，目前基于相位衬度成像的投影成像有 4 种方法：晶体干涉仪成像、衍射增强成像、光栅剪切成像和相位传播成像。表 2.3 对这 4 种相位衬度的投影成像方法的优缺点进行了总结。

表 2.3　4 种相位衬度的投影成像方法的优缺点

方法	优点	缺点
晶体干涉仪成像	对于相移灵敏度高，对密度变化的灵敏度达 10^{-9} 量级	①要求准单色光照明 ②晶体元件位置需要精确校准，易受机械和热不稳定性的影响 ③干涉图样难以解析，通常需要几个周期的干涉图 ④成像视场范围比较窄
衍射增强成像	①对相位梯度灵敏度高 ②图像易于解析，不需要图像处理 ③可以实现散射成像	①要求准单色光照明 ②需要完整的晶体和精密的角度控制 ③样品尺寸受限于晶体元件的尺寸 ④空间分辨率受限于分析晶体的消光长度
光栅剪切成像	①对相位梯度灵敏度高 ②图像易于解析 ③光源相干度要求低，可在同步辐射光源和常规光源上实现 ④可以实现散射成像	①使用一维光栅时只对某个方向的相位变化敏感 ②需要精准对准光栅 ③对光栅周期性和高宽比要求严格 ④空间分辨率受限于光栅周期
相位传播成像	①对突变的相位（如样品边缘处）灵敏度高 ②对光源时间相干性要求低 ③图像易于解析 ④装置简单 ⑤可以实现超高空间分辨率	①光源需要很高的横向相干长度，光路很长 ②成像衬度低 ③成像时间长，对样品辐射损伤大

较之吸收衬度成像，相位衬度成像大大减少了样品对 X 射线的吸收剂量，降低了高剂量辐射对样品的损伤。对于由低原子序数元素组成的物质，相位衬度成像具有更高的灵敏度和图像衬度，利用相位衬度可以更好地探测物质的结构信息。

相位衬度 CT

相位衬度 CT 是将相位衬度投影成像与计算机断层扫描术（computer tomography，CT）结合形成的，可以获得样品的三维信息。从多个角度观察物体就可以获得关于物体的三维信息，相位衬度 CT 获得样品三维信息的原理与之类似，即通过重建样品多个角度的投影图像获取样品的三维信息。

传统的 CT 成像只能达到亚毫米级的分辨率，同步辐射相位衬度 CT 具有高分辨、高亮度、高频谱的优点，可以对样品进行三维的精细结构成像。

2.4.2 透射式 X 射线显微镜成像

透射式 X 射线显微镜（transmission X-ray microscopy，TXM）成像是一种全场成像技术，可以通过一次曝光获得样品的二维投影信息，大大缩短了成像时间，可以很好地与 CT 结合，获得纳米级样品的三维成像图案。TXM 成像具有诸多优势：穿透能力强，能够对较厚样品进行高分辨无损三维成像；可以提取样品的多种信息，如吸收、相位、散射信息等。

本小节将对 TXM 成像的基本原理、泽尼克（Zernike）相衬显微成像以及基于硬 X 射线和软 X 射线的 TXM 成像进行介绍。

TXM 成像基本原理

TXM 成像的原理包括两部分：空心聚焦光束照明和放大成像。1980 年，世界上第一台全场透射式 X 射线显微镜搭建完成。TXM 的成像原理与普通光学显微镜类似（图 2.43）。单色 X 射线经过准直处理后，照射到聚焦镜上，产生空心聚焦光束，然后照射到位于焦点处的样品上，再通过物镜波带片聚焦在探测器上留下放大像。通常，在样品前面需要放置一个挡光片，以去除杂散光。

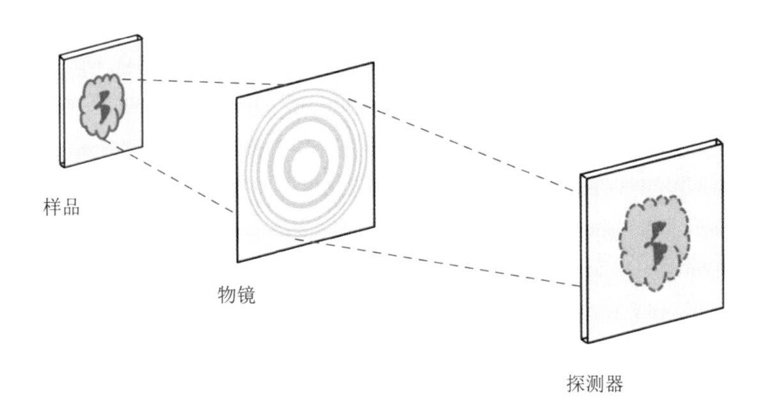

图 2.43　TXM 成像原理示意图

在 TXM 成像中，聚焦镜和物镜是两个关键光学元件。聚焦镜的主要作用是将 X 射线形成空心的聚焦光束，一般由波带片和光阑组合、锥形毛细管或 KB 镜构成。物镜一般由菲涅耳波带片充当，在放大成像过程中，成像的空间分辨率受波带片最外圈的宽度影响。此外，X 射线源的相干性和成像的几何关系都影响 TXM 成像的空间分辨率。TXM 成像的视场由聚焦的 X 射线束的尺寸决定，目前的视场一般为 15～25 μm。

TXM 成像时间很短，一次曝光时间可以短到几十毫秒，这就为与 CT 技术结合、获得样品的三维信息提供了可能。同时，得益于其高时间分辨率，TXM 成像在原位探究晶体生长、物质结构转变、化学反应机制等领域具有广泛应用[29]。目前，其最高分辨率已经达到 10 nm，但是成像的分辨率越高，其成像的视场越小。

泽尼克相衬显微成像

TXM 成像除了利用物质的吸收衬度成像外，将泽尼克相衬成像的原理应用到 TXM 成像中，TXM 成像还可以利用相位衬度进行成像，提高探测信号的灵敏度。

泽尼克相衬显微成像利用样品的透射光和衍射光的干涉实现相位信号探测[30]。与吸收衬度 TXM 成像的区别在于，泽尼克相衬成像系统在物镜波带片的后焦面上增加了一个相移环（phase ring），其作用是将直通光的相位反转，直通光经过相位反转与通过样品的衍射光发生干涉，将样品的相位信息转化为光强信息记录在电荷耦合元件（charge-coupled device，CCD）上。

透射式硬 X 射线显微镜成像

由于硬 X 射线的波长短，穿透能力比较强，能够对较厚的样品进行成像，目前应用比较广泛的 TXM 成像是基于硬 X 射线的 TXM 成像，分辨率能达到 20 nm[31]。透射式硬 X 射线显微镜成像的实验装置示意图（图 2.44）显示，同步辐射单色光经过椭球聚光镜之后穿过样品，经过菲涅耳波带片，最后到达闪烁计数器被 CCD 探测。由于硬 X 射线的穿透性比较强，目前装置中使用的波带片多为振幅和相位混合型波带片，其制作工艺较复杂。

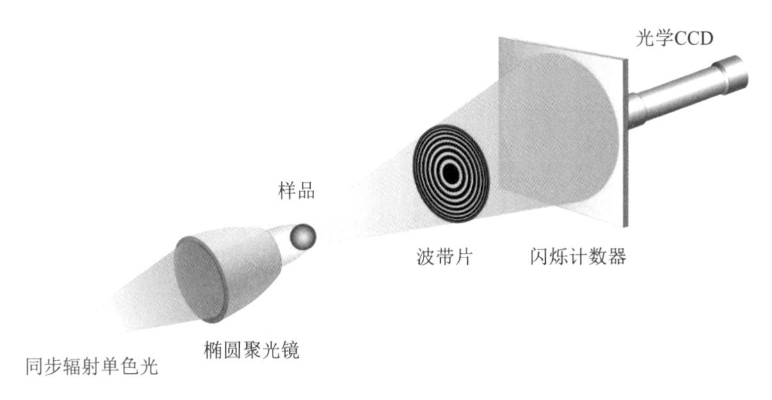

图 2.44　透射式硬 X 射线显微镜成像的实验装置示意图

透射式软 X 射线显微镜成像

透射式软 X 射线显微镜的波带片一般为振幅型波带片。目前，透射式软 X 射线显微镜成像的分辨率可以达到 10 nm。X 射线能量在 284～543 eV 的“水窗”（水不会吸收此能量范围的 X 射线）为含水生物样品提供了一个天然的衬度增强机制，能够不借助染色剂和化学固定，对含水生物样品进行无损成像。测试时，含水的生物样品一般放置于毛细玻璃管中，装载在三维平移台上。由于软 X 射线的穿透能力比较弱，透射式软 X 射线显微镜成像系统一般置于真空环境中。

“水窗” X 射线的能量比较低、波长短、焦深小，难以对直径 5 μm 以上的样品进行三维成像，能量更高的软 X 射线成像也在逐步发展。

2.4.3 相干 X 射线无透镜成像

相干 X 射线无透镜成像利用样品对 X 射线的衍射获得成像图案，是目前最有希望实现 X 射线波长量级的三维空间分辨率的成像方法。TXM 成像、扫描透射式 X 射线显微镜成像等方法的分辨率受成像系统中光学元件的数值孔径、像差等因素的限制。而相干 X 射线无透镜成像的空间分辨率不受光学元件数值孔径等因素的影响，其分辨率理论上仅受限于 X 射线的波长，且这种成像方法没有焦深的限制，能够在实现高分辨率成像的同时获得较大的视场。

根据是否需要参考波，相干 X 射线无透镜成像分为 X 射线全息成像和相干 X 射线衍射成像。

X 射线全息成像

X 射线全息成像（X-ray holography imaging）的基本原理与可见光波段全息成像类似，参考波（激光点光源直接照射在记录平面上的波）与物波（物点的衍射波）发生干涉，物波的幅度和相位分别被记录在干涉条纹的幅度和位置中。但由于 X 射线的穿透能力强、相互作用弱，X 射线全息成像的光路和成像结果发生了一些变化。首先，由于 X 射线的波长比较短，X 射线全息成像的结果不能被肉眼所观察到，而是通过计算机进行再现的。再者，因为 X 射线的相互作用弱，大角度的物波非常弱，只有～0.1°的衍射波能被记录，在这么小的范围内，只能得到物体的二维图像。

X 射线全息成像的基本光路有两种：加博（Gabor）全息和傅里叶

(Fourier)全息(图 2.45)。加博全息技术的参考波为平行光，其空间分辨率由探测器和光源相干性决定。而傅里叶全息技术的参考光为点光源，其空间分辨率由点光源的尺寸决定，点光源一般为小孔或傅里叶波带片。由于点光源相较于平面波更容易获得，目前常用的是傅里叶全息技术。

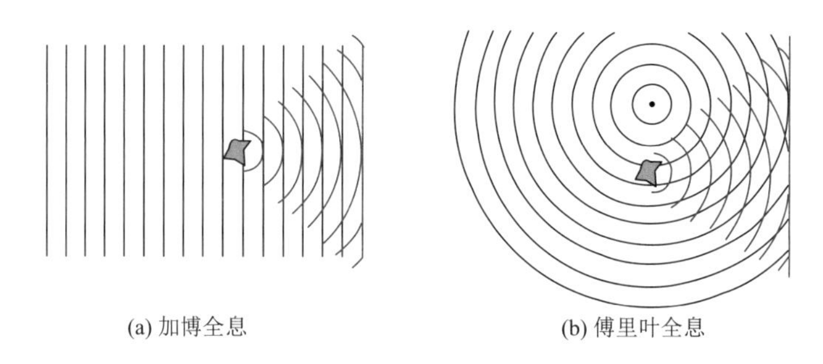

(a) 加博全息　　(b) 傅里叶全息

图 2.45　全息成像的两种基本光路

目前，已经利用软 X 射线和硬 X 射线全息术实现了对物质的二维成像，其空间分辨率可以达到 10 nm 以下[32]。同时，X 射线全息成像对空间和时间相干性都提出了很高的要求。对于傅里叶全息成像术，如何提高参考波的光源通量、信噪比，仍然是一个挑战。

相干 X 射线衍射成像

相干 X 射线衍射成像(coherent X-ray diffraction imaging，CXDI or CDI)利用倒易空间来重构样品信息，能够以仅受衍射波空间频率限制的分辨率对晶体和非晶样品进行结构测定[33]。同时，CDI 的工作距离相对比较大，能在实现亚纳米分辨率的同时为原位和工作条件下的成像提供了可能。

相干光通过针孔后获得比样品稍大的光束后照射在样品上，探测器收集远场衍射图样，再通过重建算法计算出样品的吸收和相位信息(图 2.46)。通常需要在探测器前放置一块挡光板，以防止高强度的直通光破坏探测器对衍射图样的记录。将样品放置在旋转的样品台上可以获得样品的三维图像。此外，整套实验装置需置于真空中，以避免空气对 X 射线造成的吸收衰减及空气中浮尘的干扰。

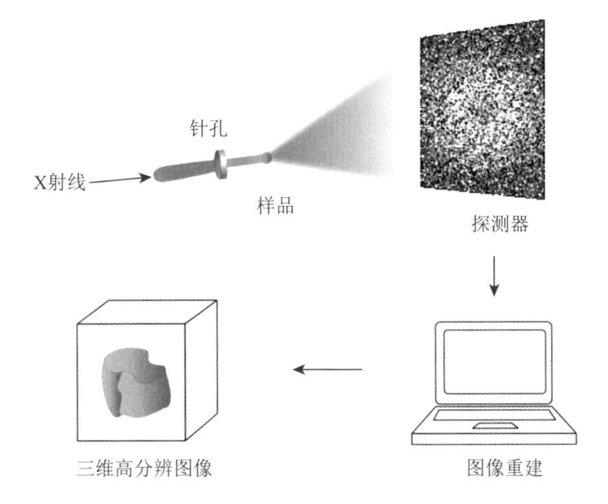

图 2.46　相干衍射成像方法原理示意图

目前，CDI 发展出了多种方法：平面波 CDI（plane-wave CDI）、菲涅耳 CDI（Fresnel CDI）、布拉格 CDI（Bragg CDI）、叠层 CDI（ptychography CDI）、反射 CDI（reflection CDI）等。

1）平面波 CDI

平面波 CDI 是传统的 CDI 方法，平行光照射到物体上，在样品后面放置面阵探测器记录衍射图样（图 2.47）。将样品旋转不同的角度，获得样品在不同方向上的一系列衍射图样，然后分离相位信号，就可以得到样品的三维结构信息。平面波 CDI 要求样品是孤立样品且其横向尺寸小于

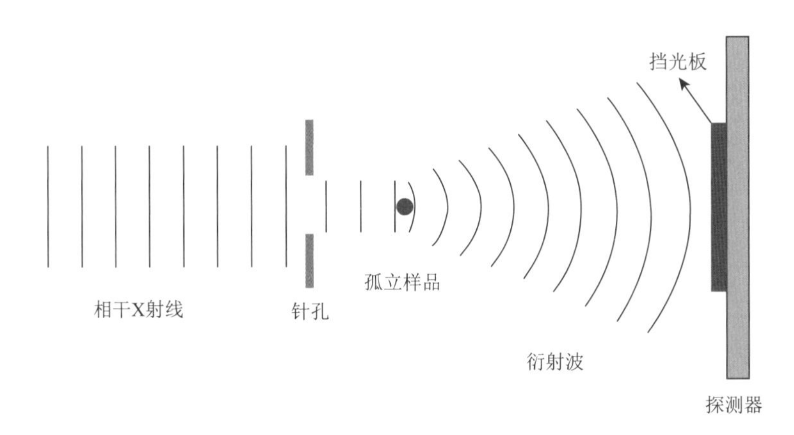

图 2.47　平面波 CDI 原理示意图

光斑的尺寸。由于实验中的光亮度很高，而孤立样品对光的衍射很弱，所以需要在探测器前加一个挡光板提高信噪比。

平面波CDI对样品的漂移和振动不敏感,对设备的稳定性要求较低,目前可以达到2 nm的二维分辨率和5.5 nm的三维分辨率[34, 35]。平面波CDI在利用相位恢复迭代算法进行样品形貌重建的过程中，存在重建算法收敛慢、结果难收敛或者重建停滞、重建结果非唯一等问题。

2）菲涅耳CDI

菲涅耳CDI的入射光是经过菲涅耳波带片调制的曲面波，样品放置于焦平面之前或者之后，经过调制的入射光照射在样品表面，并由探测器获取菲涅耳衍射图样（图2.48）。菲涅耳波带片之后通常放置一个级选光阑，以滤除不需要的衍射次级光波，得到具有固定相位分布的曲面波。若实验中采用的波带片是带有中心挡板的，应采用尺寸小于中心挡板尺寸的级选光阑，探测器前就无需加入挡光板。

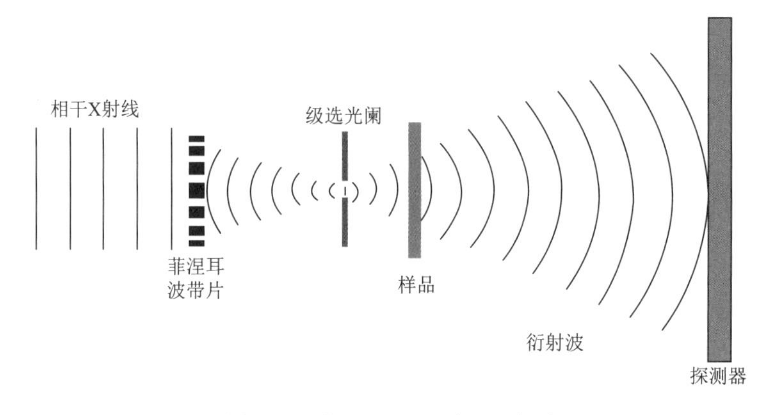

图2.48　菲涅耳CDI原理示意图

相较于平面波CDI，菲涅耳CDI的相位恢复和图像重建收敛速度都比较快,样品可以是孤立样品也可以是横向尺寸比光束稍大的扩展样品,对设备稳定性要求较高。

3）布拉格CDI

布拉格CDI获取的是样品布拉格峰附近的信息，对晶体的晶格畸变敏感。在布拉格CDI中，相干X射线束照射纳米晶体，测量布拉格峰周围的衍射图样（图2.49）。衍射图样的反演产生一个复杂的三维图像，其相位与晶格的位移和应变场有关。当使用高能量X射线时，样品中随机取向的单个晶体的布拉格峰将被充分分离，从而可以对单个晶体进行成像。布拉格CDI对应变的灵敏度为10^{-4}量级，能够反映出皮米量级的晶格畸变。

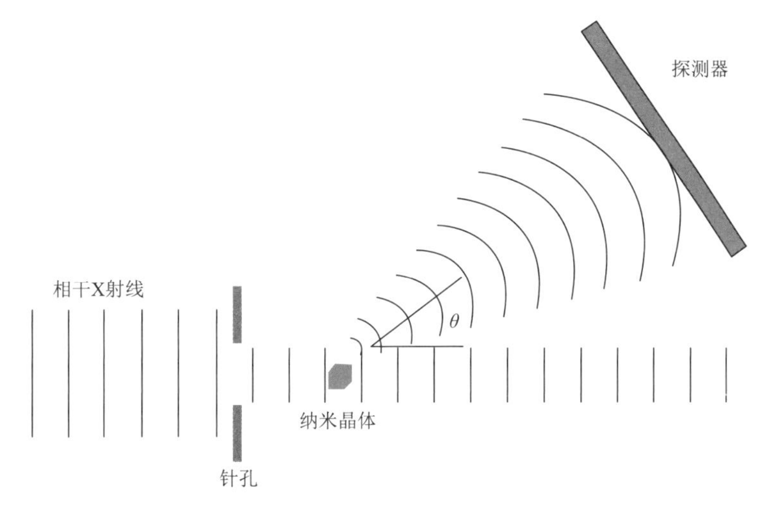

图2.49　布拉格CDI原理示意图

布拉格CDI主要用于研究纳米晶体，要求纳米晶体的尺寸小于光斑尺寸。此外，样品也可以是粉末或多晶样品，样品中随机取向的晶粒同时暴露在光束中，不同取向的晶粒的布拉格峰在倒易空间是互相分离的，单个粒子可以与邻近粒子的信号相分离。利用布拉格CDI，可以对三维位错和应力场的分布进行成像。

4）叠层CDI

叠层CDI也被称为扫描CDI，它可以在反射或透射模式下对扩展样品成像，通过移动样品记录多幅衍射图（图2.50）。每次移动样品时，保证相邻物体被照射区域有重叠，以提高迭代反演过程的收敛性。叠层CDI可以克服传统CDI收敛速度慢或停滞的问题，在水平方向可以达到近波长级（～1.3λ）的空间分辨率，垂直方向上可以达到亚纳米级的分辨率[36]。叠层 CDI 成像可以用于非孤立的晶体样品，样品的尺寸不再受限制，但是其对设备的稳定性和扫描位置的精确度要求较高。

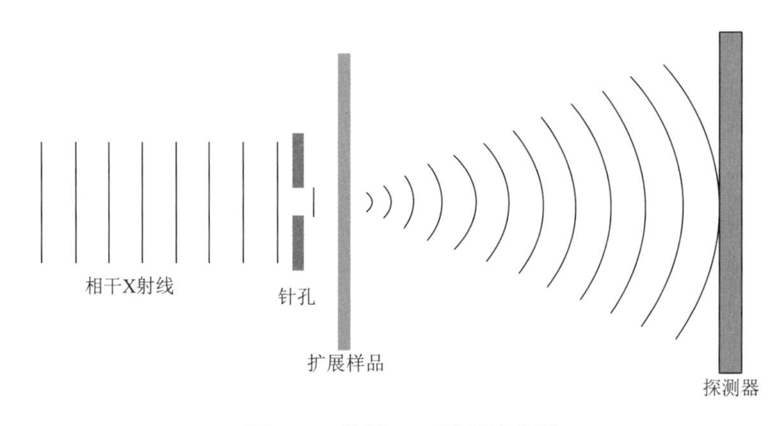

图 2.50　叠层 CDI 原理示意图

5）反射 CDI

反射 CDI 是一种表界面的成像方法。反射 CDI 不同于传统 CDI 正入射透射模式，在成像过程中，一束相干 X 射线光斑扫过样品表面，然后用探测器收集带有样品表面形貌衍射信息的反射信号。通过相位恢复重建，反射 CDI 可以对样品表面的三维起伏成像，达到近波长的横向空间分辨率，亚纳米的垂直空间分辨率。由于入射光的波长短，成像的相位和振幅都具有很高的对比度[37, 38]。

与叠层成像相结合时，反射 CDI 可以获得扩展样品的高质量图像。与扫描电子显微镜和原子力显微镜等表面成像方式相比，反射 CDI 的工作距离大于 3 cm，对样品的损伤更小，具有更高的对比度。

经过 30 多年的发展，CDI 成像技术已经被广泛应用于生物学、材料科学、物理学等领域，但仍然存在着很多亟待解决的问题。例如在对厚样品进行成像时，成像的分辨率会受到埃瓦尔德球效应（相干的电子散射波成像在一个球面上的效应）造成的失焦影响；对生物样品的成像则存在衍射信号质量差的问题；对于表面起伏比较大的样品，样品表面的起伏会导致各扫描邻域位置处的光斑一致性下降，影响最终的重建质量。在进行高时间分辨的相干衍射成像时，超快脉冲的相干性是制约成像质量的重要因素。

2.4.4 谱学成像

谱学成像技术是将X射线显微成像技术与光谱技术结合，同时得到样品的形貌和元素、价态等信息。根据获取的信号，下面介绍几种比较常用的谱学技术：扫描透射式X射线显微镜成像、X射线光发射电子显微镜成像和红外显微成像。

扫描透射式X射线显微镜成像

扫描透射式X射线显微镜（scanning transmission X-ray microscope，STXM）成像是空间分辨谱学的基础。单色X射线经过菲涅耳波带片后被聚焦成远小于样品尺寸的探针（通常是微米级或几十纳米），通过探针扫描整个样品或移动样品，探测器记录样品的信息进行成像（图2.51）。

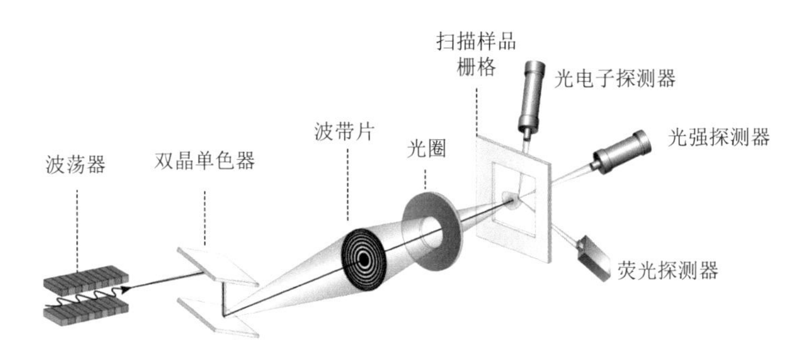

图2.51　STXM成像原理示意图

STXM通常与谱学技术联用，通过在系统中集成多个探测器，如荧光探测器、光强探测器、光电子探测器等，获取关于样品的X射线吸收精细谱成像、X射线荧光成像等。数据采集速度受限于样品的机械扫描速度。成像的分辨率取决于波带片的聚焦能力，一般在10～40 nm。

当研究含水样品时，样品可以夹在两个对X射线透明的氮化硅窗口中。但是样品必须对相应的 X 射线能量波段部分透明，所能成像样品的厚度与样品的透明度有关。STXM 的辐射损伤比电子显微镜小两个数量级，适合对辐照比较敏感的聚合物和生物样品。STXM 采用能量比较低的软 X 射线作为光源时，对物质的穿透深度有限。对重元素组成的体系，硬 X 射线显微谱学技术也在不断发展。

X 射线光发射电子显微镜成像

X 射线光发射电子显微镜（X-ray photoelectron emission microscope，XPEEM）成像是一种表面灵敏的探测技术，其基本原理为具有一定能量的光子入射到样品表面而引发的光电效应。样品激发产生的光电子可以在电场的加速作用下进入电磁透镜系统，然后在传感器上将强度信号转换成电信号，反映样品表面的相关信息。XPEEM 系统的分辨率主要由电子光学系统的球差和色差决定，照射到样品上的 X 射线光斑一般为几十微米，通过像差矫正，可以达到 10 nm 的空间分辨率。

将 X 射线的能量调到某一元素的吸收边，实现元素的选择成像。XPEEM 中安装能量分析器后，具有光电子能谱的功能，使微尺度化学状态和磁畴分析成为可能。利用磁二次色性成像时，采用被一次光电子激发产生的二次电子成像更加有利[39]。

用于 XPEEM 成像的样品一般要求具有比较好的导电性，这是因为电子在表面导电性比较差的材料上的迁移能力比较弱，电子会发生聚集并导致光电子的进一步发射而无法成像，甚至会引发放电破坏样品和仪器表面。

随着第三代和第四代同步辐射光源的发展，XPEEM 成像取得了新的进展。配备脉冲同步辐射光源，发展了时间分辨光电子发射显微术（photoelectron emission microscopy，PEEM），可以实时观察表面上的快速过程。飞行时间 PEEM 可以在飞秒时间分辨、空间分辨、电子能量分辨和电子密度四个维度研究材料的电子动力学。多光子 PEEM 还能对光场模式进行成像，研究纳米团簇中的局域表面等离子体激发，或使用飞秒激光器直接观察薄膜中的热电子寿命。

XPEEM 还有一些扩展方法，如与扫描透射显微镜结合，波带片聚焦后再将 X 射线聚焦在样品上，对样品进行扫描，这种方法被称为扫描 PEEM；如果同时记录光子的能量和电子的运动方向，可以获得对物体表面能带结构的成像，这种技术被称为角分辨光电子能谱。

红外显微成像

红外光谱作为一种分子振动光谱，通过探测样品中分子的特征振动模式，可以确定样品中分子的空间分布信息和结构组成。将傅里叶变换红外光谱仪和显微镜技术结合，发展为红外显微光谱技术，可以实现微尺度的测量。

然而，常规红外光源的亮度低，导致空间分辨率与信噪比较差，而同步辐射光源在中红外光波段的亮度有 100～1 000 倍的提高，可以大幅提升红外谱图的质量。

红外光谱成像技术是在显微红外光谱基础上产生与发展起来的，目前主要采用焦平面阵列（focal plane array，FPA）检测技术。光源发出的红外光进入系统，经过干涉仪后依次通过上聚焦镜、物镜、样品台、聚光镜和下聚焦镜后进入 FPA 检测器（图 2.52）。该技术不需要移动样品载物台就可以完成红外光谱的采集，大大加快了红外成像速度[40]。

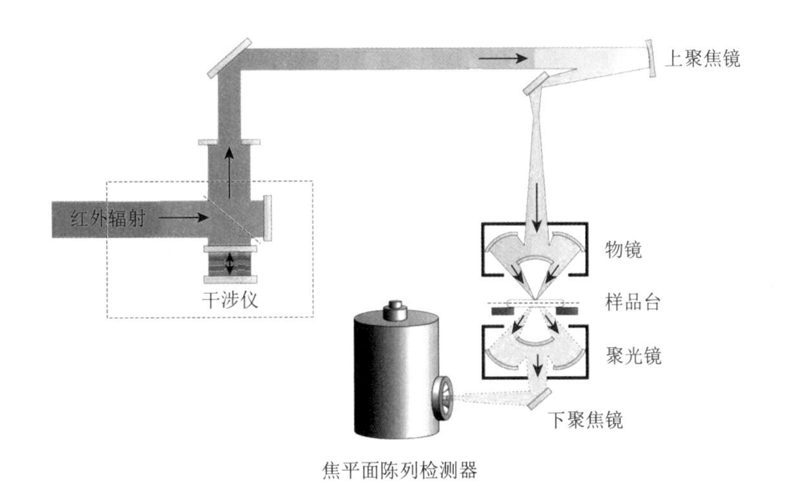

图 2.52　采用 FPA 检测器红外显微光谱仪的结构示意图

同步辐射红外显微成像技术已经在生物医学、材料科学、地质学、化合物鉴定与分析等领域得到了广泛应用，尤其是在生物医用领域对于动植物细胞和组织的研究具有广阔的应用前景[41]。

强大的同步辐射技术为我们认知丰富的物质世界提供了广阔的平台。借助多种多样的同步辐射成像方法，我们对物质科学的认知跨入了新的历史阶段，从对物质的结构进行成像发展成为可以同时对物质的化学状态成像；成像分辨率从微米级提高到 X 射线波长量级；从对物体单一状态的成像发展到在变温、高压等极端条件下及工作条件下的原位成像。表 2.4 对不同同步辐射成像方法进行了总结。

表 2.4　不同同步辐射成像方法

成像方法	工作原理	成像维度	分辨率	是否能对化学状态成像	成像特点
投影成像	透射模式	2D/3D	～10 nm	否	全场成像，成像速度快
TXM 成像	透射模式	2D/3D	10～30 nm	是	全场成像，成像速度快
CDI	散射模式	2D/3D	亚纳米级	否	晶格和应变信息，分辨率高
谱学成像	STXM 成像	2D	10～40 nm	是	能够同时对样品形貌和化学态成像
	PEEM 成像	2D/3D	10 nm	是	
	红外成像	2D/3D	—	是	

随着世界各地同步辐射设施的建设，相应的应用迅速发展，其中一些同步辐射设施有多种成像技术。此外，随着成像能力的提高，同步辐射成像技术可以解决的科学问题的范围也在不断扩大。高亮度、飞秒级光源的出现将为纳米和飞秒科学领域的动力学研究打开全新的大门。

参 考 文 献

[1] ATTFIELD J P，SLEIGHT A W，CHEETHAM A K. Structure determination of α-$CrPO_4$ from powder synchrotron X-ray data[J]. Nature，1986，322（6080）：620-622.

[2] FRENKEL A I，CROSS J O，FANNING D M，et al. DAFS analysis of magnetite[J]. Journal of

synchrotron radiation，1999，6（3）：332-334.

[3] CHANG C，WU M H，HE D S，et al. 3D charge and 2D phonon transports leading to high out-of-plane ZT in n-type SnSe crystals[J]. Science，2018，360（6390）：778-783.

[4] HE W K，WANG D Y，WU H J，et al. High thermoelectric performance in low-cost $SnS_{0.91}Se_{0.09}$ crystals[J]. Science，2019，365（6460）：1418-1424.

[5] HWANG H J，SEOUNG D H，LEE Y J，et al. A role for subducted super-hydrated kaolinite in Earth's deep water cycle[J]. Nature geoscience，2017，10（12）：947-953.

[6] JENG U S，SU C H，SU C-J，et al. A small/wide-angle X-ray scattering instrument for structural characterization of air-liquid interfaces，thin films and bulk specimens[J]. Journal of applied crystallography，2010，43（1）：110-121.

[7] LIU D G，CHANG C H，LIU C Y，et al. A dedicated small-angle X-ray scattering beamline with a superconducting wiggler source at the NSRRC[J]. Journal of synchrotron radiation，2009，16（1）：97-104.

[8] REN Y，MA Z，BRUCE P G. Ordered mesoporous metal oxides：synthesis and applications[J]. Chemical society reviews，2012，41（14）：4909-4927.

[9] BREBLER I，KOHLBRECHER J，THUNEMANN A F. SASfit：a tool for small-angle scattering data analysis using a library of analytical expressions[J]. Journal of applied crystallography，2015，48（5）：1587-1598.

[10] ILAVSKY J，JEMIAN P R. Irena：tool suite for modeling and analysis of small-angle scattering[J]. Journal of applied crystallography，2009，42（2）：347-353.

[11] PEDERSEN M C，ARLETH L，MORTENSEN K. WillItFit：a framework for fitting of constrained models to small-angle scattering data[J]. Journal of applied crystallography，2013，46（6）：1894-1898.

[12] LI X，SHEW C Y，HE L L，et al. Scattering functions of platonic solids[J]. Journal of applied crystallography，2011，44（3）：545-557.

[13] SENESI A，LEE B. Scattering functions of polyhedra[J]. Journal of applied crystallography，2015，48（2）：565-577.

[14] TAKAHASHI Y，ZETTSU N，NISHINO Y，et al. Three-dimensional electron density mapping of shape-controlled nanoparticle by focused hard X-ray diffraction microscopy[J]. Nano letter，2010，10（5）：1922-1926.

[15] GANN E，YOUNG A T，COLLINS B A，et al. Soft X-ray scattering facility at the advanced light source with real-time data processing and analysis[J]. Review of scientific instruments，2012，83（4）：045110.

[16] YOUNG A T，ARENHOLZ E，MARKS S，et al. Variable linear polarization from an X-ray undulator[J]. Journal of synchrotron radiation，2002，9（4）：270-274.

[17] 丁洪. 共振非弹性 X 射线散射：一种新型的 X 射线谱学探测方法的介绍[J]. 物理，2010，39（5）：324-330.

[18] SINGH J，LAMBERTI C，VAN BOKHOVEN J A. Advanced X-ray absorption and emission spectroscopy：in situ catalytic studies[J]. Chemical society reviews，2010，39（12）：4754-4766.

[19] KOTANI A，SHIN S. Resonant inelastic X-ray scattering spectra for electrons in solids[J]. Reviews of modern physics，2001，73（1）：203-246.

[20] 段佩权. 同步辐射 X 射线高分辨吸收谱和发射谱及其在核能材料中的应用研究[D]. 上海：中国科学院大学（中国科学院上海应用物理研究所），2016.

[21] BRISCOE W H，CHEN M，DUNLOP I E，et al. Applying grazing incidence X-ray reflectometry（XRR）

to characterising nanofilms on mica[J]. Journal of colloid and interface science，2007，306（2）：459-463.

[22] ZHOU L Z，FOX L，WŁODEK M，et al. Surface structure of few layer graphene[J]. Carbon，2018，136：255-261.

[23] LYTLE F W. The EXAFS family tree：a personal history of the development of extended X-ray absorption fine structure[J]. Journal of synchrotron radiation，1999，6（3）：123-134.

[24] SAYERS D E，STERN E A，LYTLE F W. New technique for investigating noncrystalline structures：Fourier analysis of the extended X-ray：absorption fine structure[J]. Physical review letters，1971，27：1204-1207.

[25] PHILIPPE B，DEDRYVERE R，ALLOUCHE J，et al. Nanosilicon electrodes for lithium-ion batteries：interfacial mechanisms studied by hard and soft X-ray photoelectron spectroscopy[J]. Chemistry of materials，2012，24（6）：1107-1115.

[26] KNOP-GERICKE A，KLEIMENOV E，HÄVECKER M，et al.，Chapter 4 X-ray photoelectron spectroscopy for investigation of heterogeneous catalytic processes. Advances in catalysis，2009，52：213-272.

[27] LWASAWA H，SHIMADA K，SCHWIER E F，et al. Rotatable high-resolution ARPES system for tunable linear-polarization geometry[J]. Journal of synchrotron radiation，2017，24（4）：836-841.

[28] CATTELAN M，FOX N A. A perspective on the application of spatially resolved ARPES for 2D materials[J]. Nanomaterials（Basel），2018，8（5）：284.

[29] CAO C T，TONEY M F，SHAM T K，et al. Emerging X-ray imaging technologies for energy materials[J]. Materials today，2020，34：132-147.

[30] VILA-COMAMALA J，PAN Y S，LOMBARDO J J，et al. Zone-doubled fresnel zone plates for high-resolution hard X-ray full-field transmission microscopy[J]. Journal of synchrotron radiation，2012，19（5）：705-709.

[31] HOLZNER C，FESER M，VOGT S，et al. Zernike phase contrast in scanning microscopy with X-ray[J]. Nature Physics，2010，6（11）：883-887.

[32] TAKAHASHI Y，SUZUKI A，ZETTSU N，et al. Coherent diffraction imaging analysis of shape-controlled nanoparticles with focused hard X-ray free-electron laser pulses[J]. Nano letters，2013，13（12）：6028-6032.

[33] MIAO J W，ISHIKAWA T，ROBINSON I K，et al. Beyond crystallography：diffractive imaging using coherent X-ray light sources[J]. Science，2015，348（6234）：530-535.

[34] XU R，JIANG H D，SONG C Y，et al. Single-shot three-dimensional structure determination of nanocrystals with femtosecond X-ray free-electron laser pulses[J]. Nature communications，2014，5：4061.

[35] TAKAHASHI Y，NISHINO Y，TSUTSUMI R，et al. High-resolution projection image reconstruction of thick objects by hard X-ray diffraction microscopy[J]. Physical review B，2010，82（21）：214102.

[36] SIEMENS M E，LI Q，YANG R G，et al. Quasi-ballistic thermal transport from nanoscale interfaces observed using ultrafast coherent soft X-ray beams[J]. Nature materials，2010，9（1）：26-30.

[37] SUN T，JIANG Z，STRZALKA J，et al. Three-dimensional coherent X-ray surface scattering imaging near total external reflection[J]. Nature photonics，2012，6（9）：586-590.

[38] ROY S，PARKS D，SEU K A，et al. Lensless X-ray imaging in reflection geometry[J]. Nature photonics，2011，5（4）：243-245.

[39] 郭方准. 解说低能量/光电子显微镜（LEEM/PEEM）[J]. 物理，2010，39（3）：211-218.

[40] MILLER L M，DUMAS P. Chemical imaging of biological tissue with synchrotron infrared light[J]. Biochimica et biophysica acta，2006，1758（7）：846-857.

[41] WANG Y D，DAI W T，LIU Z X，et al. Single-cell infrared microspectroscopy quantifies dynamic heterogeneity of mesenchymal stem cells during adipogenic differentiation[J]. Analytical chemistry，2021，93（2）：671-676.

揭开物质的面纱

天为什么是蓝色的？草为什么是绿色的？水是什么？空气又是什么？从远古走来，人类一直在探索这个世界的真相。20 世纪 50 年代中后期，同步辐射的发现为这份未知的好奇注入一股强大的动力，使得人类对世界的认知扩展至微观，甚至是原子水平。蓝色的天是大气对阳光的散射导致，绿色的草源自叶绿素的存在，水是氢、氧两种元素组成的，空气是氧气、氮气、稀有气体等混合而成的……人类的征途是星辰大海，对宇宙的探索永无止境，同步辐射必将在人类探索史上留下浓墨重彩的一笔。

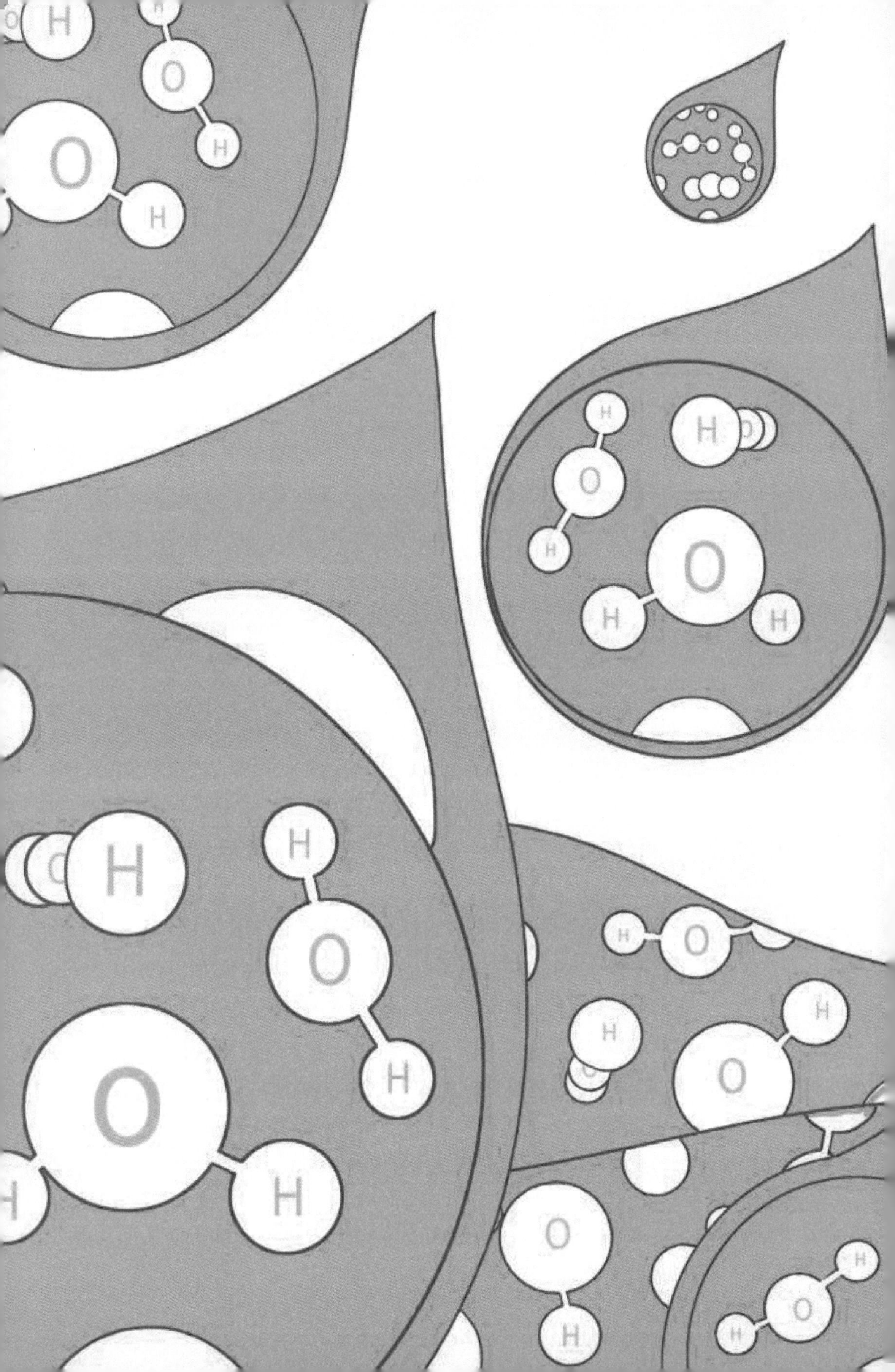

3.1 物质结构：万象之基

3.1.1 畅游“代码”世界

食盐、雪花、钻石是天然的晶体。科学进步的同时，也出现了人工晶体。科幻电影中的激光剑，是非线性光学晶体；手机里的电子芯片，是半导体晶体；小孩子玩的磁铁，是磁性晶体。晶体是指内部原子、离子或分子在三维空间周期性地重复排列构成的固体物质。其中，周期性排列形成规则的小格子，称为晶格。

原子、离子、分子是组成晶体这栋建筑的重要“部件”，而晶格则是这些部件规则排列形成的“特定代码”。这些特定的代码，随着内部环境或外部因素的扰动，会产生“牵一发而动全身”的效应，极大地影响了晶体这栋建筑的状态，精确测量晶格常数及其变化情况，是非常重要的。

自20世纪初威廉·康拉德·伦琴发现X射线以来，

X 射线衍射或广角散射（X-ray diffraction/wide-angle X-ray scattering，XRD/WAXS）方法成为表征晶体结构的最有效手段。然而，传统 X 射线亮度较低、能量固定，限制了对材料结构进行更精细的表征。

同步辐射光束具有高亮度、高时空分辨率、高灵敏度的特性，这赋予了研究者“超能力”，借助 X 射线来“感知”晶体的晶体结构，能在各个尺度了解晶体的结构信息。在这个部分，我们主要阐述同步辐射在表征晶格结构和晶格常数的变化这两个方面的应用。

晶格结构

XRD 断层扫描技术可以监测反应中的物质结构和性质，在空间上解析物理量，如晶体尺寸，但难以对尺寸在 3 nm 以下的材料进行有效表征，这限制了对结构复杂的纳米级催化材料的动力学研究。对分布函数计算机断层扫描（pair distribution function computed tomography，PDF-CT）技术利用高能入射辐射，不受原子种类、数目的限制，可以得到纳米晶体和非晶材料的局部结构信息，在三维空间内对纳米粒子的大小（＜2 nm）和分布进行解析。

【示例 3.1】PDF-CT 技术在提供纳米晶体和非晶材料信息方面具有强大潜力。研究者研究了分散在毫米大小的 γ-氧化铝（γ-Al_2O_3）催化剂内的钯/氧化钯（Pd/PdO）纳米颗粒[1]。利用 PDF-CT 技术，可以在三维空间内解析纳米粒子的大小和分布，不仅可以得到 4.5 nm 的 Pd 纳米颗粒的信息，还可以解析 1.4 nm 的 Pd 纳米颗粒的信息（法国格勒诺布尔，欧洲同步辐射光源，ESRF-ID15A）。

二维材料和薄膜是透明触摸屏、手机芯片、太阳能电池等器件的重要组成材料。研究各类薄膜或者异质结材料，需要对它们的结构进行精确的分析。对于界面上生长的材料，需要集中在小角度范围内研究，这要求入射光源角度可调。受限于实验室 X 射线能量和装置，对复杂的材料界面的精细研究存在挑战。

同步辐射掠入射X射线衍射（grazing incidence X-ray diffraction，GIXRD）方法，其入射光与样品表面近平行，只会与表面或近表面的原子相互作用发生衍射。一方面当入射角变小时，其入射深度变浅，有利于降低基底信号，增强材料信号；另一方面，改变入射角可改变X射线穿透物质的深度，从而可以对外延层与衬底接触的界面进行研究，也可以对材料进行深度分析。

【示例3.2】研究者利用GIXRD技术揭示了非常规计量比的超薄氧化锑（$Sb_2O_{1.93}$）的结构（图3.1）[2]。由于超薄$Sb_2O_{1.93}$与β-锑的XRD谱图相似，将β-锑的结构作为超薄$Sb_2O_{1.93}$结构的初始模型，可获得晶胞的粗参数，并可解析出晶胞的初步结构。再利用广义结构分析软件进行精修，可推出材料的精细晶格参数等信息（中国上海，上海同步辐射光源，SSRF-BL14B1）。

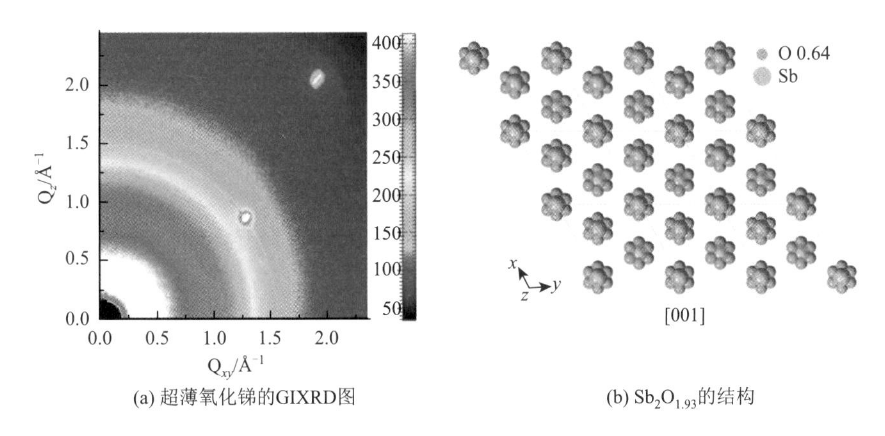

(a) 超薄氧化锑的GIXRD图　　(b) $Sb_2O_{1.93}$的结构

图3.1　GIXRD用于表征二维材料的晶格结构

XRD技术能测定的晶格间距为零点几到几纳米，获取的是原子尺度上的排列信息；然而，对于一些具有长周期结构（几纳米到几十纳米）的物质，如胶体超晶格、蛋白质、有序介孔材料，就要求在1°～2°内记录衍射图样。

当X射线透过样品时，电子会在入射光束0～5°的小角度范围内对X射线产生漫散射作用，这被称为X射线小角散射。凡是在纳米尺度上存在电子密度不均匀区域的物质均会产生小角散射现象。与普通 X 光源的小角散射仪器相比，借助高强度和高准直性的同步辐射源，能使得溶液等弱散射体系的研究和原位动态表征成为可能。

【示例 3.3】SAXS 被用于研究大面积铁酸钴-四氧化三铁（$CoFe_2O_4$-Fe_3O_4）二元纳米晶的组装现象[3]。测试获得尖锐的衍射峰，说明该纳米晶具有长程有序的结构，相纯度高（图 3.2）。通过计算，该组装体的晶格常数为 48 nm（中国上海，上海同步辐射光源，SSRF-BL16B1）。

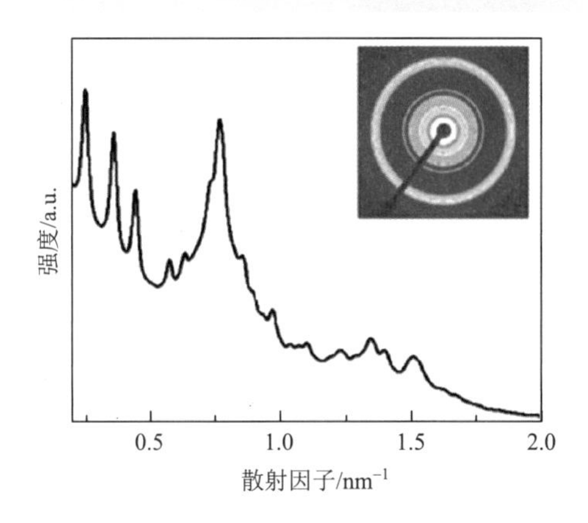

图 3.2　SAXS 用于研究界面组装

因此，虽然 XRD 和 SAXS 都能用于表征晶体结构，但却“各有千秋”。表 3.1 总结了 XRD 和 SAXS 在表征晶体结构方面的异同点。

表 3.1　XRD 和 SAXS 的异同点

项目	XRD（散射角 $2\theta = 5°\sim165°$）	SAXS（散射角 $2\theta<5°$）
原理	周期性结构的相干散射	非周期性结构对 X 射线的漫散射
研究对象	固体（晶体结构）	生物大分子、聚合物、有序介孔材料，组装行为
研究尺度	原子尺度上的排列	微区尺度上的排列
计算公式	$2d\sin\theta = n\lambda$	$q = 4\pi\sin\theta/\lambda$（$q$ 为散射因子）

传统 X 射线与物质是电子相互作用，对轻元素辨别很不灵敏，且极易被样品吸收，不能用于研究活体生物样品。中子粉末衍射（neutron powder diffraction，NPD）技术原理和 XRD 类似，是基于中子通过晶态物质时发生的布拉格衍射。中子散射可以直接辨认核素；可穿透较厚和特殊装置中的样品，且不会损伤细胞和病毒；具有磁矩，利于研究材料磁性。

同步辐射光源的出现，极大地提高了 XRD 技术的分辨率，在表征物质结构时，起到了与 NPD 技术“相辅相成，取长补短”的效果。

【示例 3.4】利用同步辐射 XRD 技术，研究者们探测到了磁性材料 α-亚锰酸铜（α-$CuMnO_2$）的细微结构变化[4]。同步辐射 XRD 衍射图谱显示衍射峰分裂且对称性降低，表明存在两相结构。通过收集不同温度下 α-$CuMnO_2$ 的同步辐射 XRD 和 NPD 谱图，来研究（100）面 Bragg 反射的演化行为。在相同温度下，通过同步辐射 XRD 谱图可以明显地观察到晶格常数随温度的变化情况，说明其分辨率更高（法国格勒诺布尔，欧洲同步辐射光源，ESRF-ID31）。

表 3.2 总结了 XRD 和 NPD 在表征晶体结构方面的异同点。因此，XRD 是用来表征纳米粒子、二维材料、薄膜等物质的周期性晶格结构的主要手段，利用同步辐射 X 射线，即可“透视”其原子尺度上的信息，获取的是一栋建筑的每个部件信息。SAXS 主要用于表征具有非周期性结构的纳米晶等微小样品的堆积排列过程，获得的是微区尺度上的信息，即一栋建筑中各个部件的排列信息或每个房间的信息。NPD 技术对于轻元素以及磁性样品具有优势，结合同步辐射 XRD 技术，可以更好地表征晶体结构，获取的是一栋建筑中某些特殊部件的信息。

表 3.2　XRD 和 NPD 在表征晶体结构方面的异同点

项目	XRD	NPD
光源	X 射线	中子
作用机制	X 射线与电子相互作用	中子与原子核相互作用；中子具有磁矩，可发生磁衍射
研究内容	原子尺度上的排列	邻近元素位置，磁结构（磁矩大小和取向）
优缺点	分辨率高；研究对象局限于晶态物质	对轻元素辨别灵敏，穿透性强；需要特殊的强中子源，样品尺寸要大，采集时间长

晶格常数的变化

实验和理论研究表明，纳米颗粒的晶格常数与颗粒尺寸相关。随着颗粒尺寸的减小，比表面积增大，会极大地影响纳米颗粒的晶格常数。

【示例 3.5】2014 年，研究者通过同步辐射 XRD 解释了 Pt 纳米粒子的晶格常数与其尺寸的依赖性[5]。块体 Pt 的晶格常数值为 3.923 Å，当其平均粒径减小到约 2 nm 时，晶格常数减小了约 0.03 Å，相对于块体 Pt 减小了 0.7%。当纳米粒子的粒径在 2～10 nm 时，尺寸效应最为显著；当纳米粒子的粒径大于 20 nm 时，晶格常数变化则相对较小，可以忽略不计（法国格勒诺布尔，欧洲同步辐射光源，ESRF-SNBL）。

对于在室温空气中不稳定的材料，在原位高压合成时，压强的改变会使得其组分变化，最终导致晶格常数的变化。相较传统的表征手段，高时空分辨率的同步辐射为实时获取上述细微晶格常数的变化信息提供了可能。

【示例 3.6】研究者利用同步辐射原位高压设备合成了氢化钕（NdH_x）化合物并研究了其结构（图 3.3）。通过 XRD 衍射图样和谱图得到，理想 $P6_3/mmc$-NdH_9 结构的计算体积与实验值接近，但理论晶格参数与实验值有一定偏差，如 a(exp) = 3.639 Å，a(theory) = 3.459 Å，c（exp）= 5.560 Å，c（theory）= 5.935 Å[6]（中国北京，北京同步辐射光源，BSRF）。

压强还往往容易引起物质相变，相变过程中物质的晶格参数会发生更为显著的变化。利用同步辐射技术实时对材料相转变过程进行监测，可实现对相转变机理的深入挖掘，为后续材料的合成提供了新思路。

【示例 3.7】研究者采用高压同步辐射 XRD，利用两个透明金刚石顶砧施加压力，监测了 CoCrFeMnNi 高熵合金压缩过程中由面心

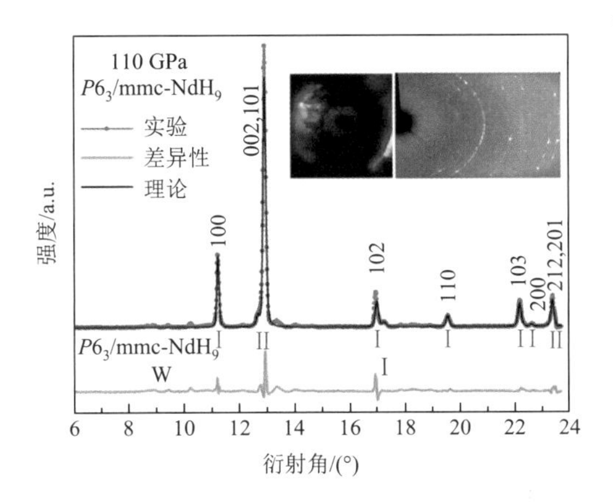

图 3.3 晶格常数随压强的变化

立方（face centered cubic，fcc）结构向六方最密堆积（hexagonal closestpacked，hcp）结构的转变。当压强接近 22.1 GPa 时，fcc（111）峰旁出现了额外的衍射峰（图 3.4），表明发生了相变。随着压强的进一步增加，fcc 峰的强度明显降低，新衍射峰的强度明显增加。当压力达到 41 GPa 时，相变基本完成[7]（美国芝加哥，先进光子源，APS-13-ID-D）。

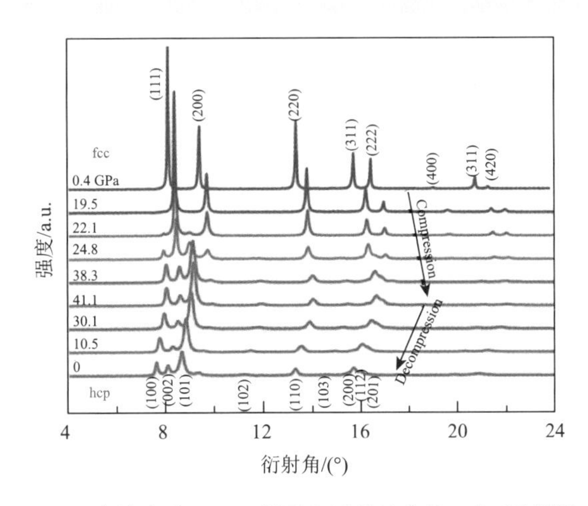

图 3.4 高熵合金 XRD 谱图随压强的变化（相变过程）

除了相变机理的研究，传统手段无法捕捉的一些材料的压强响应行为，通过借助高灵敏度、高时空分辨率的同步辐射技术，可以实现一些材料晶格膨胀过程的研究。

【示例 3.8】研究者通过高压 XRD 研究了偏硼酸锂（$LiBO_2$）的晶格膨胀过程，其结构在 0～2.52 GPa 保持不变，没有新的 XRD 峰出现或消失[8][图 3.5（a）]。根据提取的晶格常数，可以看到在测量的压强范围内，a 轴异常拉伸了约 1%，沿该方向表现出负压缩行为；b 轴仅收缩 0.4%，几乎保持不变；c 轴的收缩非常明显，为 3.1%。该材料沿 y 轴的可压缩性远小于大多数材料，具有零压缩系数特性[图 3.5（b）]（中国北京，北京同步辐射光源，BSRF-4W2）。

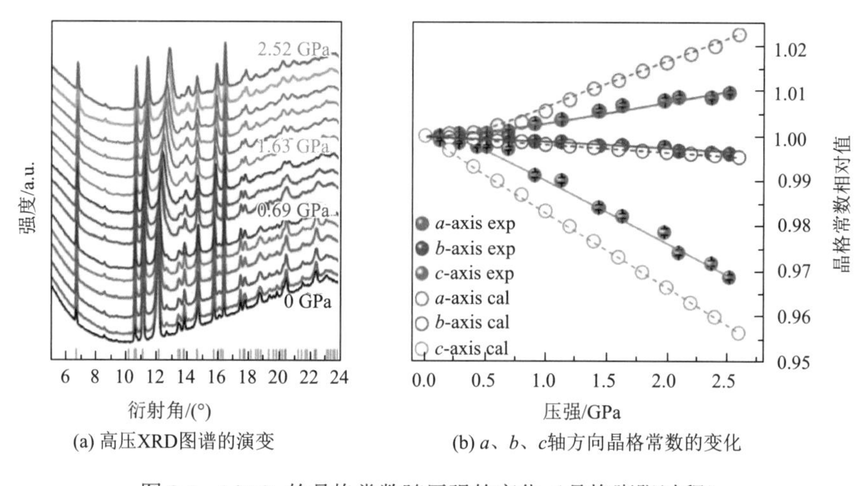

图 3.5 $LiBO_2$ 的晶格常数随压强的变化（晶格膨胀过程）

温度和组分也会引起材料晶格常数的变化。基于同步辐射光源的宽光谱范围（从红外到硬 X 射线）、高强度、高准直性的优势，结合原位技术可以清晰地判断临界温度，揭示温度引起的晶格常数变化。

【示例 3.9】研究者利用原位 XRD 研究了 Ti-cNb 合金（Nb 质量分数 c = 16%，21%，28.5%，36%）体系中 α''相产物的热膨胀行为[9]。以 10℃/min 速率加热时，Ti-16Nb 和 Ti-36Nb 的晶格常数随温度发生变化[图 3.6（a），（b）]。由于热膨胀，α''相产物的晶格常数随温度变化发生位移，Nb 含量越高，位移越强。50℃时，$b_{\alpha''}/a_{\alpha''}$和 $c_{\alpha''}/a_{\alpha''}$的 α''正交单胞的形状也随 Nb 含量的变化而变化。当 Nb 质量分数从 c = 16%增加到 c = 36%时，$b_{\alpha''}/a_{\alpha''}$和 $c_{\alpha''}/a_{\alpha''}$分别从 1.686 和

1.567 下降到 1.514 和 1.460。因此，Nb 缺乏的 α''相产物在结构上更接近 hcp α'相产物（$b_{\alpha''}/a_{\alpha''} = 1.732$），而富 Nb 的 α''相产物更类似于 bcc β 相产物（$b_{\alpha''}/a_{\alpha''} = c_{\alpha''}/a_{\alpha''} = 1.414$）(法国格勒诺布尔，欧洲同步辐射光源，ESRF-ID11)。

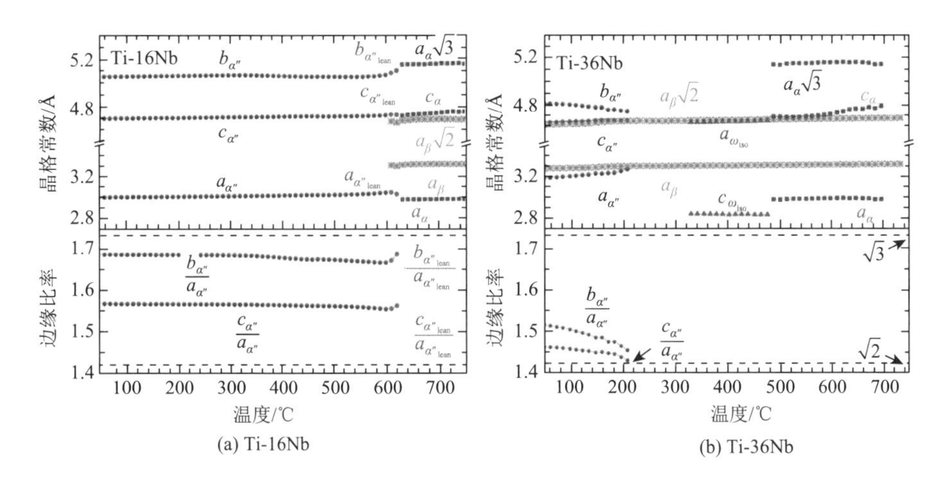

图 3.6 不同组分的 Ti-Nb 合金晶格常数随温度的变化

单一的表征手段无法对材料结构进行全方位探索，这个时候就需要发展联用技术。高亮度的 X 射线纳米束可以研究样品的微区结构；X 射线荧光发射(X-ray fluorescence，XRF)/X 射线吸收光谱（X-ray absorption spectroscopy，XAS）可实现超灵敏的元素检测。

【示例 3.10】研究者利用 XRF 对 Co 离子注入的氧化锌纳米线（ZnO NWs）进行了成分分析，但很难获取 Co 离子周围的短程有序结构或由离子注入引起的 ZnO 晶格的变化信息。利用 XAS，可以得到离子注入后 ZnO NWs 晶格的变化信息[10]。在单色模式下，对同一根 NW 的不同点进行 XAS 测试（XANES 和 EXAFS），表明 Co 成功注入到了 ZnO 晶格的 Zn 位点上。对注入损伤的 ZnO 进行热退火处理，采集 EXAFS 谱图。研究发现退火后的 Co 离子注入的 ZnO 中 Zn—O 和 Zn—Zn 的距离与纯 ZnO 中的距离（1.98 Å

和 3.25 Å）相等，这表明退火可修复注入损伤（法国格勒诺布尔，欧洲同步辐射光源，ESRF-ID22）。

本小节主要介绍了利用同步辐射技术解析晶格常数，获得了晶体这栋“建筑”的基本信息，涉及纳米粒子、纳米线、二维材料和合金材料。XRD、SAXS、XRF、XAS 等单一或联用技术，可以实现晶格结构的原子级精细表征和实时原位的监测，为后续探索材料的构效关系以及其在各领域的应用奠定了基础。

3.1.2 引航的罗盘

罗盘，作为古代劳动人民的智慧结晶，在航海活动中被用来测定方位和辨认航向，它的发明和传播开启了一段波澜壮阔的航海探险史。而在晶体世界中，晶体取向如罗盘般存在，它描绘了晶体的晶轴在给定的参考坐标系中的相对方位，让我们对晶体本身有了更深入的认识。

晶体取向的研究对于探索构效关系具有重要意义，它能够指导对晶体取向的控制从而实现晶体性能的调控。此外，对晶体取向的分析有助于理解晶体的生长及相变等微观过程的本质，对于材料的发展及工艺的合理选择也具有指导价值。本节围绕多种晶体取向表征技术展开，着重阐述同步辐射在研究晶体取向中的优势并结合案例进行分析。

晶体取向表征技术

随着科学技术的进步，与晶体取向相关的表征技术也在不断发展更新，这有助于发掘晶体的奥妙，推进对晶体世界的探索。目前，测定晶体取向的技术主要有 XRD、TEM、电子背散射衍射（electron backscattering diffraction，EBSD）以及同步辐射散射技术。

常规的测试手段存在一些不足。比如，在 XRD 测试中，取向信息与微观组织形貌不能对应，不能获得取向分布状况；TEM 制样难度较高，对样品要求高，且只能反映样品局部信息；而对于 EBSD 测试，由于对样品的要求比较苛刻，一般需要样品有良好的导电性。

同步辐射散射技术在晶体取向分析中十分具有优势。同步辐射源具有强度高（比常规 X 射源高 10^3～10^6 倍或更高）、偏振性高、光斑小、稳定性高及再现性良好的特点，这赋予该技术高的分辨率和快速采谱的能力。该技术可以获得原子尺度和微区尺度的取向信息。此外，同步辐射散射测试对样品破坏性小，适用于各种样品。

多尺度晶体取向

同步辐射散射技术为研究者们戴上了一副精巧的“眼镜”，帮助研究者探索隐藏于晶体背后的结构和取向信息。X 射线散射信号主要来源于材料中的电子对 X 射线的散射作用。通过调节探测器到样品的距离和 X 射线的波长可以改变收集到的散射信号的出射角度，不同出射角度对应的散射矢量不同，进而可以反映出不同尺度的结构信息。

散射矢量 $\boldsymbol{q}$、出射角度 2θ 和波长 λ 满足如下关系式：

$$|\boldsymbol{q}| = 4\pi\sin\theta/\lambda$$

根据散射的角度范围将其分为 WAXS 和 SAXS。不同大小的散射矢量处的散射信号反映了不同尺度的信息。因此，WAXS 和 SAXS 可满足不同尺度下晶体信息的探测需要。

WAXS 可探测的散射角度较大，得到的结构尺度较小（<1 nm），主要用于原子尺度的表征。WAXS 为原子尺度下晶体取向的分析提供了强有力的支持。

【示例 3.11】通过 GIWAXS 能够测定甲脒离子对准二维钙钛矿薄膜结晶动力学过程的影响[11]。GIWAXS 测试得到了不同 FA 比例（x =0，0.2，0.4 和 0.6）的有机无机杂化钙钛矿$(BA)_2(MA_{1-x}, FA_x)Pb_4I_{13}$膜（其中 FA 是甲脒离子，BA 是丁胺离子，MA 是甲胺离子）的散射图样[图 3.7（a）～（d）]。当 FA 比例为 0 时，薄膜显示出清晰且离散的布拉格斑点，表明高度取向的晶粒暴露出与基底表面平行的（111）晶面。随着 FA 比例的提高，观察到衍射环的出现，表明高度取向的 2D 层状结构发生转变，取向程度降低（中国上海，上海同步辐射光源，SSRF-BL14B1）。

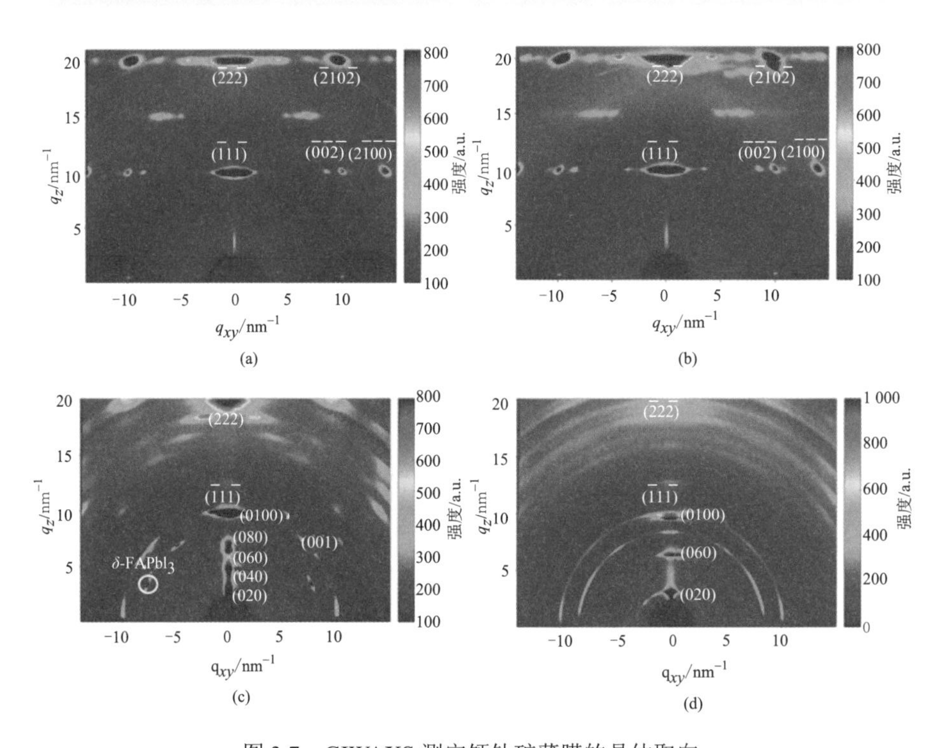

图 3.7　GIWAXS 测定钙钛矿薄膜的晶体取向

（a）～（d）FA 比例 x 分别为 0，0.2，0.4 和 0.6 时，钙钛矿$(BA)_2(MA_{1-x}, FA_x)Pb_4I_{13}$膜的散射图样

相对于 WAXS，SAXS 可以探测到更小的 q 值，从而可以实现实空间内更大的探测尺度。SAXS 主要用于表征一纳米至数百纳米的结构。SAXS 可以获取纳米尺度的晶体取向信息，反映纳米尺度下晶体排列的有序程度，比如聚合物微晶的堆叠程度、取向度等。

SAXS/WAXS 联合技术采用两个探测器同时测量位于小角度区（$<5°$）的 X 射线小角散射信号和位于大角度区（$>5°$）的 X 射线衍射信号。该技术能同时获取样品在纳米尺度的微结构信息和分子原子尺度的长程有序结构信息，从而实现多个尺度的材料结构信息的获取。

【示例 3.12】SAXS/WAXS 联合技术能够研究由量子点平移有序组装获得的超结构晶体和单个量子点的原子取向排列信息[12]。将量子点超结构晶体[图 3.8（a）]放置在测试装置[图 3.8（b）]上，可同时采集到一套完整的 SAXS 和 WAXS 图样。测定得到了沿三个代表性晶体取向（即$[001]_{bcc}$，$[\bar{1}11]_{bcc}$和$[\bar{1}10]_{bcc}$）的 SAXS 和 WAXS 二维图样[图 3.8（c）～（d）]，两者旋转对称的阶数相同，分别在$[001]_{bcc}$，$[\bar{1}11]_{bcc}$和$[\bar{1}10]_{bcc}$投影处具有四、六和二重对称性（美国纽约，康奈尔大学高能同步加速器研究中心，CHESS-B1）。

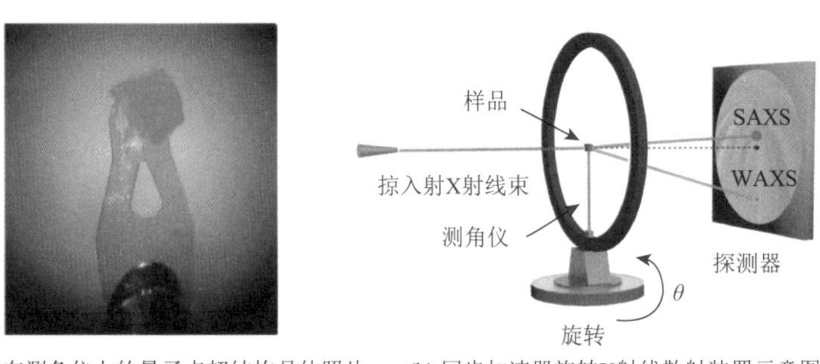

(a) 装在测角仪上的量子点超结构晶体照片　(b) 同步加速器旋转X射线散射装置示意图

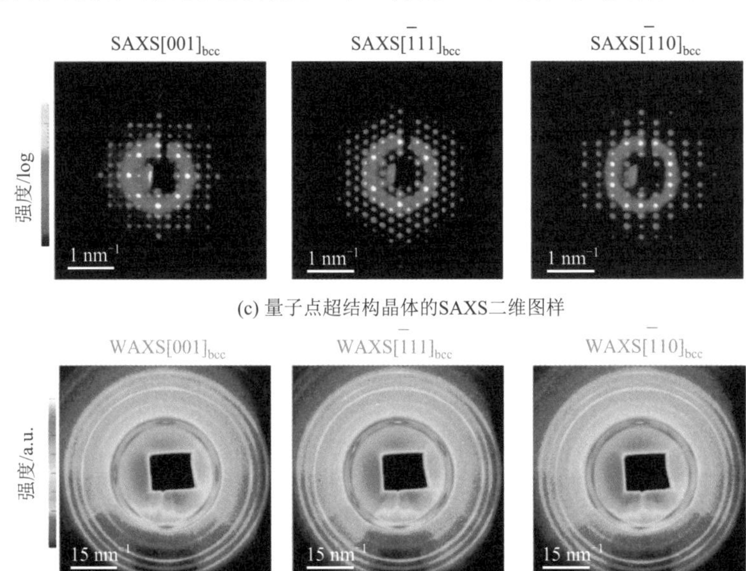

(c) 量子点超结构晶体的SAXS二维图样

(d) 量子点超结构晶体的WAXS二维图样

图 3.8　SAXS/WAXS 联合技术表征三维团簇超晶体

晶体取向分布

同步辐射散射技术，不仅可以提供不同尺度下的取向信息，还能将取向分布的信息呈现出来。我们可以得到各种晶体取向在物质中的比例，在不同深度下的晶体取向的分布情况，以及对晶体取向的直观成像，这对于研究晶体整体信息是非常重要的。

掠入射X射线散射技术为探测垂直空间上晶体取向的分布提供了技术支持。当X射线掠入射到样品表面，入射X射线同材料表面夹角在全反射临界角附近时，消光距离显著降低，其贯穿深度仅为纳米量级，使得表面信号增大几个量级。

调整X射线的掠入射角度，能够探测薄膜不同深度处的晶体结构。当探测器靠近样品时，获得的是GIWAXS信息，探测尺度在0.01～1 nm；当探测器距离样品较远时，获得的是GISAXS 信息，探测尺度在 1～100 nm。

【示例 3.13】GIWAXS 可用于研究碘离子的引入对钙钛矿薄膜垂直方向上组分分布的影响[13]。在入射角分别为0.05°和0.3°时，能够获得近表面和全深度的信息。通过探测沉积有碘离子的甲脒铅碘盐（$FAPbI_3$）层的取向和结晶度，证明了薄膜中α-$FAPbI_3$、δ-$FAPbI_3$和碘化铅（PbI_2）的存在。表面和全深度的散射强度信息反映出不同组分在垂直方向上的分布差异（图3.9）。与不加碘离子的情况相比，在加入碘离子的$FAPbI_3$样品中，PbI_2对应的信号在表面处消失，在全深度范围内显著减少，而α-$FAPbI_3$对应的信号在表面处和全深度范围内强度均增加，表明碘离子的引入增加了结晶α-$FAPbI_3$相的比例（韩国浦项，浦项加速器实验室，PAL-6D）。

白光劳厄微衍射技术是基于微聚焦的白光照射晶体发生衍射实现的。其中，微聚焦的X射线保证了微米或亚微米量级的空间分辨率；同步辐射X射线高通量的特点，保证了能够产生足够强度的衍射信号。通过解析劳厄衍射谱，可以获得晶体取向及取向分布信息。

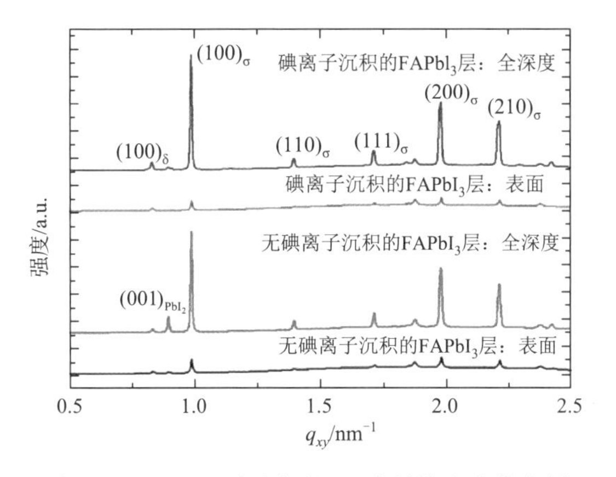

图 3.9　GIWAXS 探测不同深度晶体取向信息图

【示例 3.14】白光劳厄微衍射技术可用于研究 $Nd_2Ir_2O_7$ 晶体的取向分布[14]。通过该技术测定了晶体磁畴在磁场强度为 3.0 T 和 9.0 T 时的分布情况[图 3.10（a），（b）]。通过白光劳厄微衍射技术测定了 $Nd_2Ir_2O_7$ 多晶中各晶粒的取向[图 3.10（c）]，其中图 3.10（a），（b）中蓝色小三角和红色小三角标注的晶粒分别表现出单畴和多畴的磁畴结构，晶粒取向分别接近[111]和[001]方向。该技术为理解 $Nd_2Ir_2O_7$ 晶体中磁序与晶体取向的依赖关系提供了支持（美国伯克利，劳伦斯伯克利国家实验室先进光源，ALS-12.3.2）。

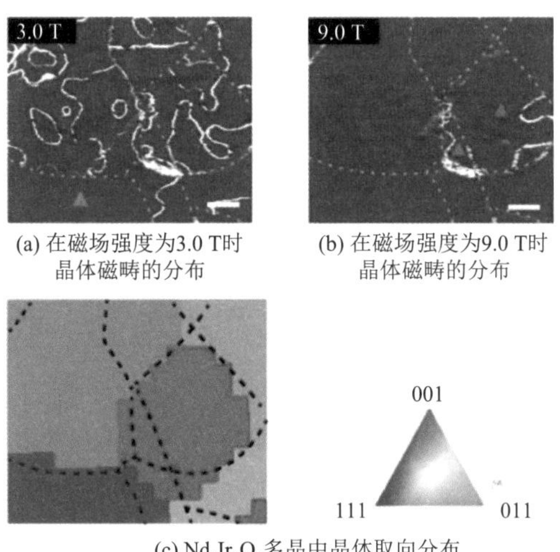

图 3.10　白光劳厄微衍射技术被用于研究 $Nd_2Ir_2O_7$ 晶体的取向分布

晶体取向演变

晶体取向演变过程的捕捉需要一台“录像机”，把整个过程中材料的变化都记录下来。高通量、高准直性的同步辐射 X 射线为原位测定提供了足够的信噪比，因此借助同步辐射技术，研究者能够快速地原位收集样品的衍射结构信息和微观形貌散射信息，并全方位地认识晶体取向演变过程。

【示例 3.15】原位 GIXRD 可用于研究聚二噻吩并噻咯-苯并噻二唑（PSBTBT）晶化过程中晶体取向的演变[15]。通过该技术测定了不同干燥时间下的取向信息，反映出（100）取向的分布随方位角的变化（图 3.11）。在 PSBTBT 晶化的过程中，随着干燥时间的增加，定向排列的微晶散射强度逐渐增强，同时，由取向不一致的微晶群产生的衍射环（表现为基线背景）的强度随时间的推移也变得更强（法国格勒诺布尔，欧洲同步辐射光源，ESRF-ID10B）。

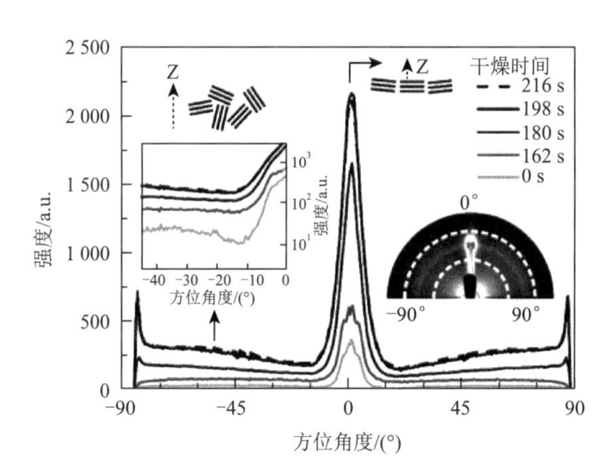

图 3.11　原位 GIXRD 测定 PSBTBT 晶体取向演变过程

相较于传统表征技术，同步辐射 X 射线散射和衍射技术在研究晶体取向上具有明显的优势，该技术空间分辨和时间分辨的能力更强，能够实时原位地表征晶体的动态演化。研究者们可以获取不同尺度晶体取向、取向空间分布、取向演变过程等信息，可以实现多尺度、多种类的结构信息的同步获取，这对于解析物质结构及揭示结构形成机制的探索具有重要意义，在化学、生物和材料科学等多个学科领域具有广泛的应用前景。

3.1.3 断臂维纳斯

1820年，在希腊米洛斯岛上，一位农民在挖地时挖掘到一尊女性雕像，并告知岛上的法国领事。经考古专家鉴定，这尊精美绝伦的雕像是爱神雕像。该意外发现引起了各国的关注。在运输雕像的过程中，维纳斯雕像的双臂被摔断，成为现在我们熟知的“断臂维纳斯”，给人们留下无限的遐想空间。

正如“断臂维纳斯”，残缺更有一番美感，事物本身也因残缺而显得更加珍贵，晶体也是如此。在理想状态下，晶体中的原子按照规律排列在各自的位置上，具有周期性。然而，在实际情况下，由于晶体形成过程中的高温或高能辐照等外界因素影响，以及自身的变形、原子热运动等内在因素影响，原子往往偏离原始位置，形成局部不规则的排列，即晶格缺陷。

根据晶体中缺陷的形状及大小，晶格缺陷主要分为点缺陷、线缺陷和面缺陷。点缺陷是最简单的晶体缺陷，发生在晶体中几个原子范围内，是热振动能量的涨落造成的。线缺陷是整排原子异常排列造成的，也称一维缺陷，其表现形式为位错。面缺陷是由于相邻区域的原子取向不一致，导致晶粒不适配拼接，形成界面。

近年来，对缺陷的研究如火如荼，但大多数研究仍处于初步阶段。缺陷的存在可以使物质的电学、光学、热学及力学性能发生巨大的改变。对缺陷的探索与研究有助于我们深入了解缺陷与物质特性之间的关系，通过合理地设计与构造缺陷，有助于提升物质的某一特性或制造新型的结构。

本章将会介绍同步辐射在研究物质缺陷方面的应用，包括对缺陷种类的鉴别、缺陷形貌的表征及缺陷密度的分析等。

点缺陷

对照理想晶格偏离的几何位置及成分来分类，点缺陷可分为空位、间隙原子和杂质原子。由于热运动和杂质的存在，几乎所有晶体都存在点缺陷，所以对点缺陷的研究尤为重要。点缺陷通常发生在几个晶格常数范围内，需要利用高精度的仪器来表征其存在形式及状态。

目前已经发展了一些表征手段去表征点缺陷，包括 XPS、TEM 等。XPS 能够提供元素组成、含量、化学键等方面的信息，但是光斑较大，无法探测到精细结构。高分辨的 TEM 虽然能够清晰地分辨原子级的点缺陷，但分析范围小。

XAFS 是基于同步辐射发展起来的先进技术，可以得到物质在原子尺度上的结构信息及电子信息，如吸收原子的价态、配位数，吸收原子所处位置及与邻近原子的间距等。因此 XAFS 是检测点缺陷的有效手段，集定量与定性于一体，能高效快速地得到所需信息。空位缺陷是最典型的催化活性位点，由于能量起伏，一些原子克服周围原子的相互作用力，移动到别处，在原来的平衡位置上形成空位。通过引入和调控空位可以实现对催化活性的调节，从而提高催化性能，因此对空位的研究有助于指导催化剂的设计。

【示例 3.16】同步辐射 X 射线吸收谱可以对催化剂中原子的配位状态进行表征，证明空位的存在。研究者探究了具有可控氧空位缺陷态的氧化钨（WO_3）纳米结构[16]。通过傅里叶变换 W-L_3 边的 EXAFS 谱[图 3.12（a）]可以发现，相较于没有缺陷的 WO_3（D-WO_3）和商用 WO_3，富含缺陷的 WO_3（R-WO_3）的 W—O 特征峰强度变弱，表明其具有不同的局部原子排列。从 EXAFS 曲线拟合中得知，引入缺陷后，R-WO_3 的 W—O 配位数降低，说明缺陷的引入导致了不饱和配位 W 原子的出现，产生了大量的氧空位[局部结构，图 3.12（b）]（中国上海，上海同步辐射光源，SSRF-BL14W1）。

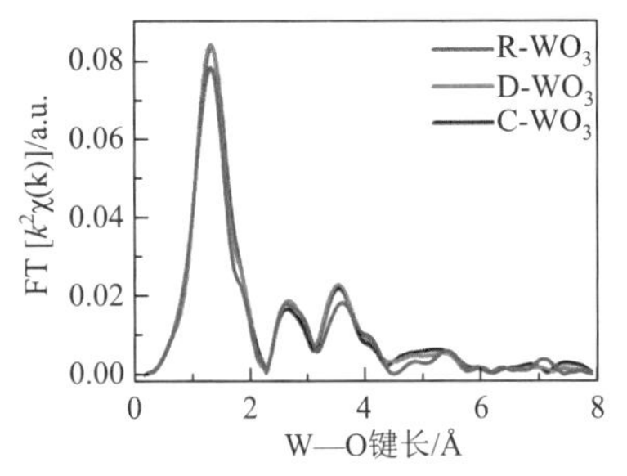

(a) 三种WO_3的傅里叶变换W-L_3边EXAFS谱对比

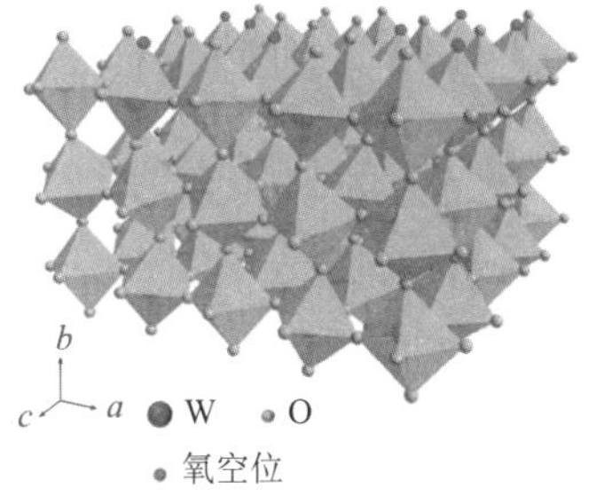

(b) WO_3晶格中氧空位位置示意图

图 3.12 EXAFS 光谱表征空位

间隙原子是指原子脱离平衡位置，进入晶格的间隙而形成的多余的原子，可以分为自间隙原子（同类原子）和杂质间隙原子（外来杂质原子）。由于晶格间的间隙较小，一般间隙原子都是原子半径较小的原子，如碳、氢、氧、氮等。

间隙原子可以改变催化剂的电子性质，这直接影响其费米能级和态密度，因此能够调控其催化行为。许多过渡金属催化反应是由亚稳态间隙原子的产生控制的，因此探究过渡金属催化剂中的间隙原子以调节其催化性能具有重大意义。

【示例 3.17】XAFS 对中心吸收原子的局域结构和化学环境敏感，它是描绘局域结构、揭露电子特性强有力的工具。研究者们报道了一种部分嵌在有序介孔碳（ordered mesoporous carbon，OMC）孔壁中的金催化剂（C-Au/OMC），其中碳作为间隙原子占据了金晶格中的间隙位置[17]。XANES 测定的是电子的态密度，对于贵金属而言，*d* 电子空位数越多，L_3 吸收边特征峰强度越强。因此，与 Au/TiO_2 相比，C-Au/OMC 的特征峰强度进一步降低，表明 *d* 电子密度的增加，这是 Au 晶格中的间隙碳原子导致的（图 3.13）（中国上海，上海同步辐射光源，SSRF）。

杂质缺陷指外来原子取代晶格中的原子或进入根本就没有原子的间隙。将杂质原子引入催化剂可以增加活性位点，或调节催化剂电子结构，从而提高催化活性。研究者们有意地向晶体中引入杂质原子，希望实现可控的性质调节，这在提高催化剂效率中至关重要。

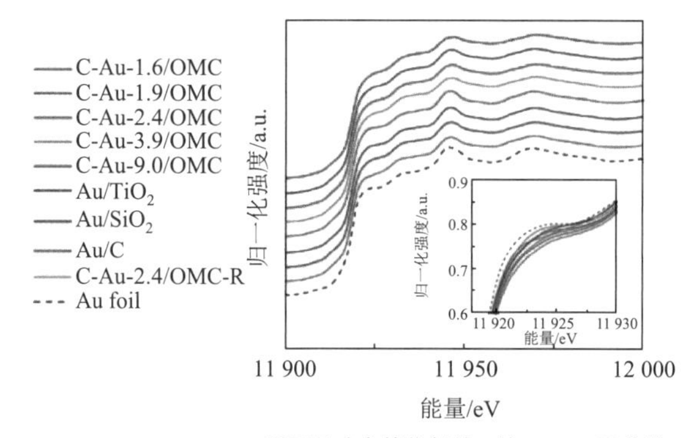

(a) 不同尺寸金催化剂的L_3边XANES吸收谱

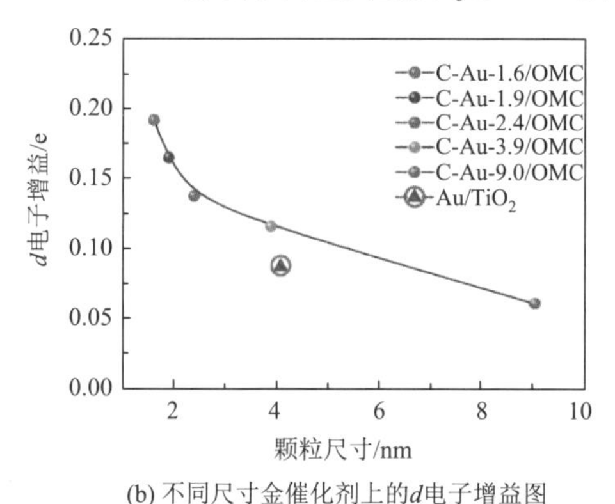

(b) 不同尺寸金催化剂上的d电子增益图

图 3.13　XANES 光谱表征间隙原子

【示例 3.18】XAFS 表征技术能对催化剂中的杂质进行高效捕捉，是研究杂质的有力手段。研究人员利用自发的界面氧化还原技术在 MoS_2 晶体中掺杂低剂量的单原子 Pd，并利用 EXAFS 光谱研究了 Pd 的局部键合环境。Pd 原子作为杂质原子锚定在 Mo 空位，形成更稳定的 Pd—S 键，实现掺杂[图 3.14（a）]。Pd-MoS_2 的 Pd 的 K 边 EXAFS 光谱的傅里叶变换显示[图 3.14（b）]，在 1.84 Å 处观测到的峰证实了 Pd—S 键的存在。Mo 的 K 边 EXAFS 光谱[图 3.14（c）]显示，Pd 掺杂后 Mo—S 和 Mo—Mo 峰强度降低[18]（中国上海，上海同步辐射光源，SSRF-BL14W1）。

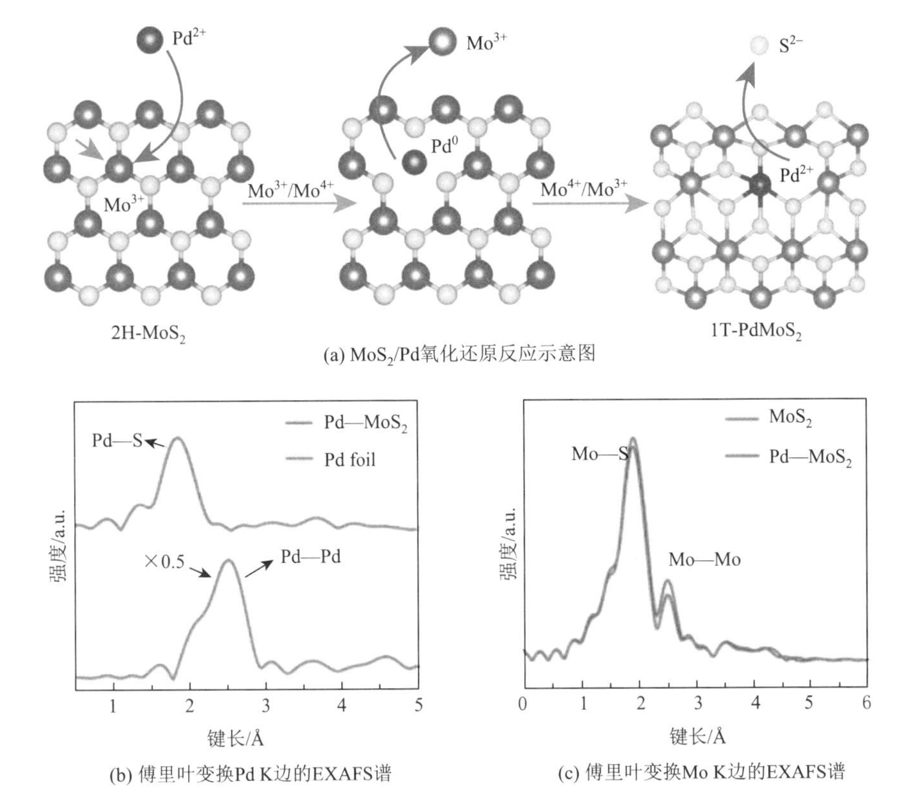

(a) MoS_2/Pd氧化还原反应示意图

(b) 傅里叶变换Pd K边的EXAFS谱

(c) 傅里叶变换Mo K边的EXAFS谱

图 3.14　EXAFS 光谱表征杂质原子

位错

从几何结构分类，位错可分为刃型位错和螺型位错。当一个晶面在晶体内部突然终止于某一条线处，这种不规则排列就是刃型位错。当晶体中一部分相对其余部分发生滑移之后，原子平面沿着一根轴线盘旋上升，类似螺旋上升的阶梯，就形成了螺型位错。

TEM 是观察位错形貌最直接的方法，电子通过样品时发生衍射，位错存在的区域，衍射强度发生变化，因此成像具有衬度差。但 TEM 对于混合型位错难以区分，并且观察区域较小，得到的数据缺乏统计性。

X 射线形貌术（X-ray topography，XRT）是利用 X 射线在晶体中传播及衍射时的衬度变化及消光规律来表征物质表面及内部位错的有力手段。XRT 能够无损地、直观地对大块晶体进行整体观察，便于辨认位错类型及在晶体中的位置。然而，XRT 的缺点是曝光时间过长，分辨率也有待提高。

同步辐射 XRT 不仅克服了常规 XRT 曝光时间长的缺点，而且能够在大范围内快速成像，提高了成像的分辨率，有利于进一步研究位错的结构、密度、类型和其在晶体中的分布。

XRT 根据不同的实验方法分为反射形貌术和透射形貌术。反射形貌术的入射光线与反射光线位于衍射面的同侧，而透射形貌术的入射光和反射光光线分别位于衍射面的两侧。当测试吸收率高的晶体时，可选择反射形貌术，但仅能采集到来自表层的信息。对于低吸收率的材料，透射技术提供的信息更多。

【示例 3.19】在反射形貌术中，通过对 X 射线波长的选择，可以控制穿透的深度并清楚观察位错的位置。研究者利用同步辐射 XRT 观察了 4H-SiC 衬底和外延层中的位错类型及分布，发现位错分布具有明显差异[19]。4H-SiC 外延层的反射形貌图中 A，B，C 三种类型的缺陷分别是螺型位错、边缘位错和基面位错[图 3.15（a）]。4H-SiC 基底的反射形貌图中 A 和 B 的白点分别代表螺型位错和边缘位错[图 3.15（b）]。同步辐射 XRT 提供了出色的形貌分辨率，并成功区分外延层与基底中的基面位错（新西兰奥克兰，光子工厂，15C）。

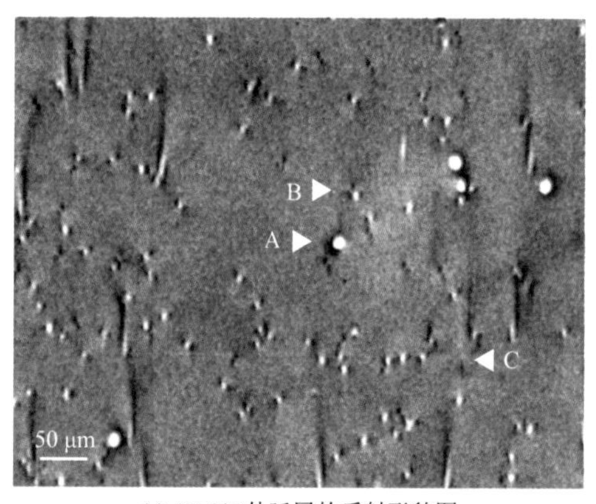

(a) 4H-SiC外延层的反射形貌图

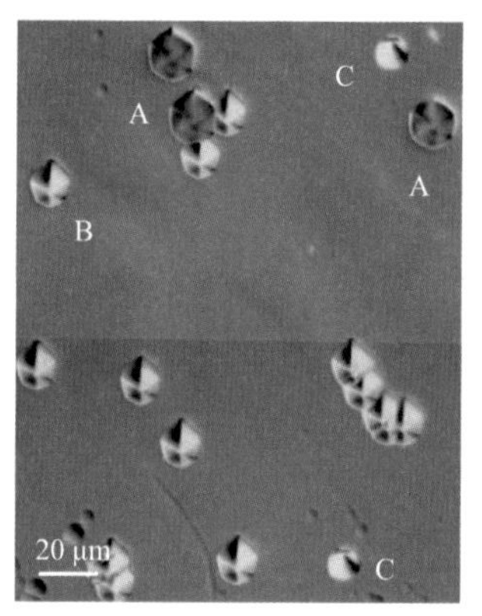

(b) 4H-SiC基底的反射形貌图

图 3.15　同步辐射 XRT 表征位错形貌

当利用透射形貌术观察位错时，可以得到位错的方向信息。根据照相方法不同，透射形貌术又分为截面形貌术、投影形貌术和限区形貌术。

【示例 3.20】研究人员利用同步辐射 XRT 的衍射图样可以确定位错的晶体学方向[20]。在长 450 mm 的硅晶体中心发现位错方向与生长方向一致。在 Si（001）样品的透射 X 射线衍射图中[图 3.16（a）]，通过选择合适的衍射晶面，得到了六张形貌图[图 3.16（b）]。在每张形貌图中可以看见五个平行的位错线，将其延长相交于 P 点，由 P 点的 x、y 轴分量即可算出位错的方向。由此可知，同步辐射 XRT 技术可以确定位错的方向，有助于识别并定位位错（德国卡尔斯鲁厄，卡尔斯鲁厄加速器，KARA-TOPO-TOMO）。

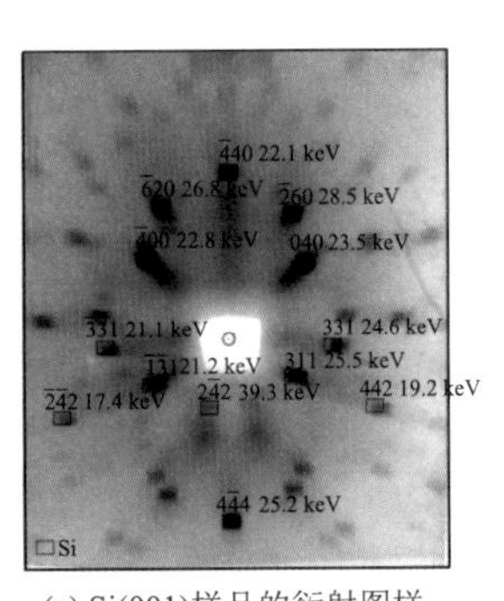

(a) Si(001)样品的衍射图样

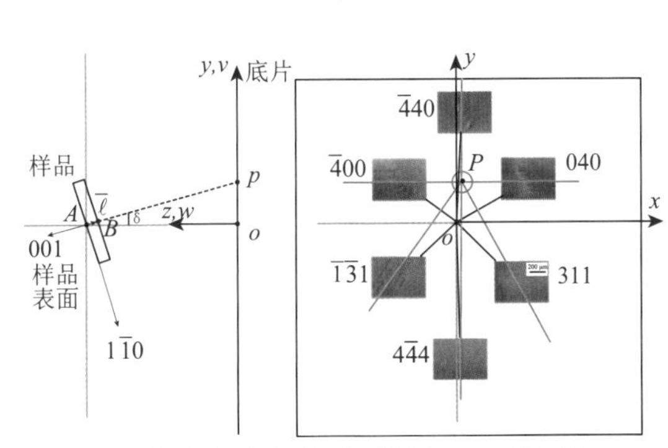

(b) 六个不同衍射晶面得到的放大后的形貌图

图 3.16　同步辐射 XRT 表征位错方向

堆垛层错

堆垛层错是指在晶体点阵中，重复性规则密排的原子面的堆垛次序发生错乱引起的一种宏观晶体缺陷，例如，（111）面的规则堆垛次序是 …ABCABCABC…，当局部出现 …ABCA/CABC… 或 …ABCAB/A/CABC…，斜线处便是堆垛层错。层错主要出现在利用外延法生长的晶体中。

XRD 是检测堆垛层错的有力手段，如果存在堆垛层错，XRD 峰的位置会移动或峰宽会变宽。fcc 晶体结构出现堆垛层错时，峰位会按一定规律向低角度或高角度移动，通过分析峰的偏移程度，可以评估堆垛层错密度。

【示例 3.21】研究人员使用同步辐射 XRD 研究了催化纳米颗粒（nano particle，NP）的晶体结构[21]。他们评估了 fcc Ru NP 的堆垛层错密度，每层的堆垛层错为 2～4。通过拟合 3.9 nm fcc Ru NPs XRD 谱[其中图 3.17（a）为正态拟合结果，图 3.17（b）为利用层错模型的拟合结果]，并将两者进行比较发现，层错模型的拟合结果 R 因子较小，更接近真实值[图 3.17（a），（b）]。研究者还模拟了无堆垛层错和有堆垛层错的 fcc Ru NP 结构[图 3.17（c），（d）]（日本兵库，同步辐射光源，SPring-8-BL04B2）。

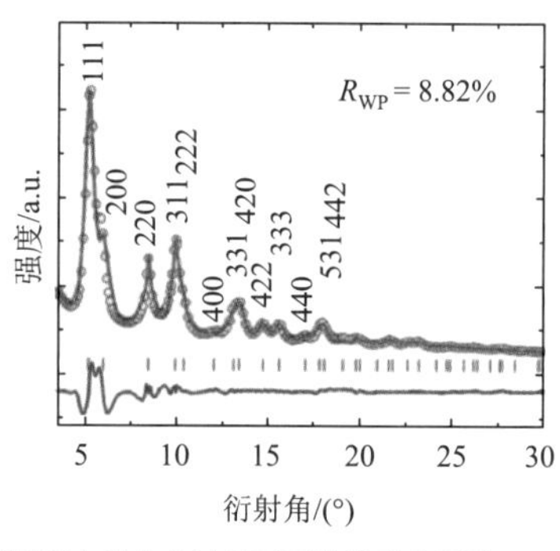

(a) 利用正态拟合方法及无层错模型获得的XRD谱线

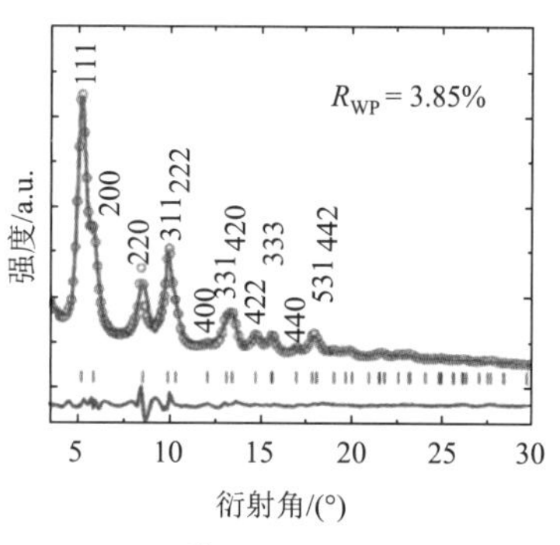

(b) 层错模型拟合获得的XRD谱线

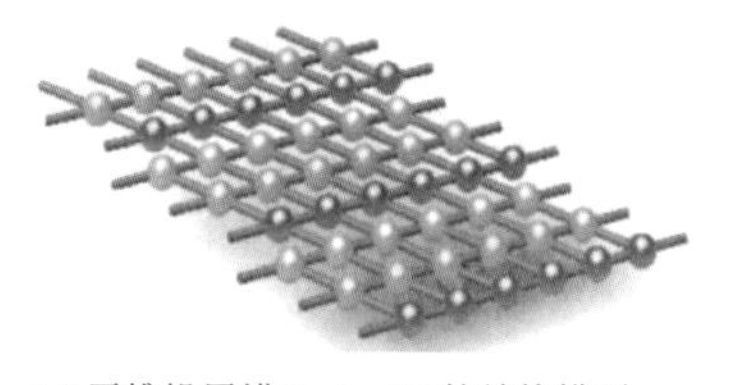
(c) 无堆垛层错fcc Ru NP的结构模型

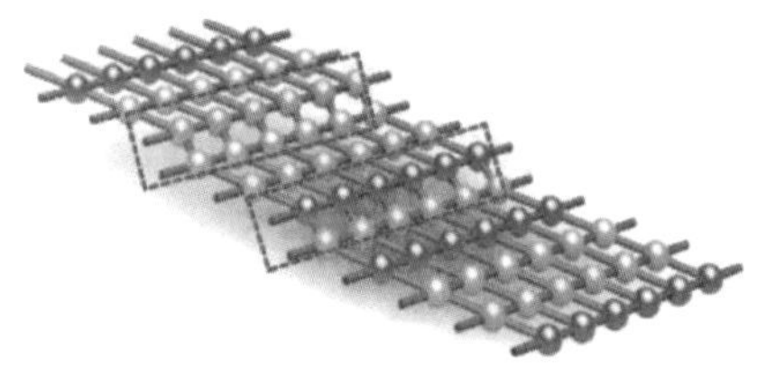
(d) 有堆垛层错fcc Ru NP的结构模型

图 3.17　同步辐射 XRD 表征堆垛层错

随着同步辐射技术的快速发展，我们对于缺陷的认知更加深入，既可以了解原子级缺陷的组成及结构特征，又能得到宏观上缺陷对物质性质的影响。同步辐射技术因其不同于常规实验室技术的高分辨率和高灵敏度的特点，在缺陷种类的鉴别、缺陷形貌的表征及缺陷密度的分析等方面大放异彩。

3.2 原子抱团的无限可能

婚礼上，闪耀的钻石象征坚定和永恒，另一旁，画家手执铅笔将这一场景定格。钻石是一种天然的金刚石，而铅笔芯则是金刚石的同素异形体——石墨，即使他们来自同一个碳家族，却拥有着截然不同的性质和用途。

除了元素组成，物质的内部结构差异也是导致物质多样性的重要原因。在物质内部，中心原子会与周围的原子发生配位。配位信息主要包括原子化合价、成键原子数、键长、键角，其差异会直接影响物质的性质。因此，探究物质内部的结构显得尤为关键。

XAFS 对吸收原子周围局域结构敏感，并且可以识别吸收原子的配位数、键长和无序度，在探测不同物态和特殊环境下的配位信息时都展现出显著的优势。与此同时，掠入射 X 射线散射（grazing incident X-ray scattering，GIXS）、DAFS 等技术的发展也满足了研究者们对更精细信息的获取需求。本节将对上述同步辐射表征技术展开介绍并进行比较，帮助读者更好地选择合适的技术解决实际问题。

3.2.1 包罗万象的雄心

XRD 常用于表征结构，但它要求结构长程有序，且需要通过计算才能得到配位信息。与 XRD 不同，XAFS 是获取配位信息的首要方式。在获取配位信息时更加直接，不要求结构的长程有序，因而适用于许多不同状态的材料，如固态、液态等。

当 XAFS 用于表征固态材料时，根据谱线峰位、强度的变化等信息，不仅可以清晰地解析其配位结构，还可以对同一物质从三维到二维的结构变化进行对比。

【示例 3.22】利用 XAFS，研究者对块体和二维的氮化锆（ZrN）

进行了配位结构的探索[22]。从测试的结果中可以看到具有三维各向同性的 c-ZrN 块体和二维的范德瓦耳斯(van der Waals，vdW)-ZrN 纳米片在配位结构上的差别。他们的光谱形状虽然十分相似，但是 vdW-ZrN 纳米片的振荡幅度却明显降低，说明维度的降低导致了配位数的降低[图 3.18（a），（b）]（中国上海，上海同步辐射光源，SSRF-BL14W1）。

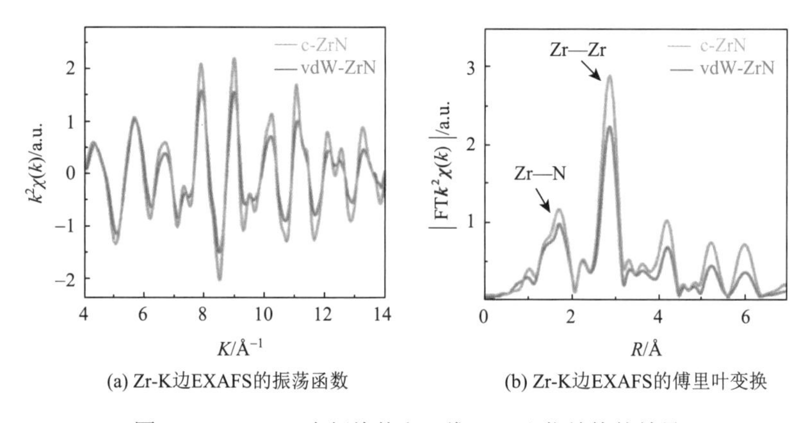

图 3.18　EXAFS 表征块体和二维 ZrN 配位结构的差异

由于XAFS主要对吸收原子周围最邻近的几个配位壳层原子敏感，不用依赖晶体结构，所以也可以用于溶液中材料配位信息的获取。

【示例 3.23】EXAFS 可以研究水溶液中的水合铜离子的配位情况。溶液和固体水合物由于水的辐解作用是最容易受到辐射损伤的物质。在这种情况下，当发现气泡快速形成或观察到 EXAFS 光谱的异常变化时，说明产生了辐射损伤，这时候就需要增加扫描速度。在合适的表征条件下，可以得到三氟甲烷磺酸铜（$C_2CuF_6O_6S_2$）水溶液的 EXAFS 数据。通过拟合就能够得到 Cu—O 的键长信息[23]（瑞典隆德，瑞典 MAX-Lab 国家实验室，MAX-Lab-Balder）。

XAFS 对于某些材料的表征仍具有局限性。例如，由于到达硅和氧的特定吸收边的光子能量太低，XAFS 无法得到二氧化硅（SiO_2）的配位结构。XRS 利用高能量的硬 X 射线光子，能有效地测量吸收边能量位于软 X 射线范围内的吸收光谱，最终获得与 XAFS 类似的信息。

【示例 3.24】XRS 可以用于获取高压下石英中硅原子周围配位数的变化[24]。在此之前，研究者根据 SiO_2 的 O-K 边的 XRS 测试，推测高压会导致硅的配位数从 4 变为 6。在此基础上，测试了散射角为 20°和 145°[图 3.19（a），（b）]的石英和超石英的 Si-L 边，得到了相似的 XRS 光谱。不同压强下特征光谱和预期边缘位置的能量发生偏移，表明其处于不同的配位环境中[图 3.19（c）]（日本兵库，同步辐射光源，SPring-8-BL12XU）。

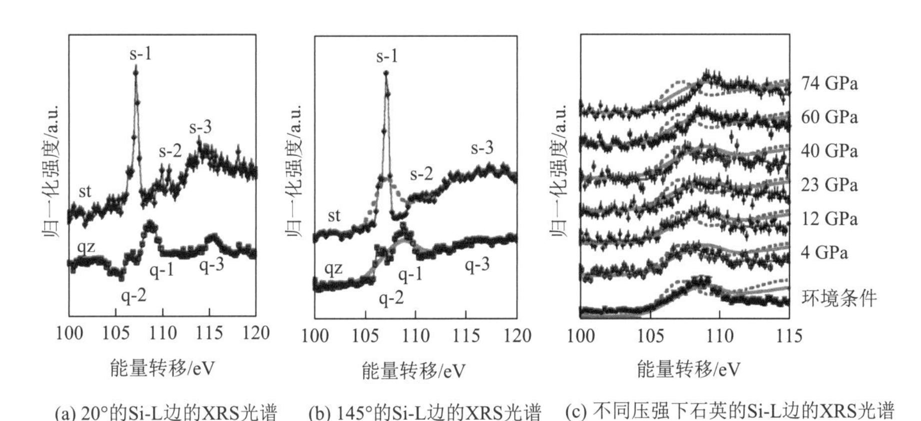

(a) 20°的Si-L边的XRS光谱　(b) 145°的Si-L边的XRS光谱　(c) 不同压强下石英的Si-L边的XRS光谱

图 3.19　不同条件下石英和超石英的 XRS 光谱

对于厚度在几百纳米以下的非晶薄膜，容易从衬底处观察到相当大的散射，特别是在更高的散射角时，这种情况将变得更加严重。这种来自衬底的散射通常很难修正，因此普通的 XRD 无法获得来自非晶薄膜本身的信号，从而无法进行进一步的结构分析。GIXS 通过调整入射角即可控制穿透深度，是更适用于非晶薄膜材料研究的表面技术。

【示例 3.25】GIXS 可以用于获取非晶氧化铟（In_2O_3）薄膜的配位环境[25]。根据非晶 In_2O_3 薄膜的衍射图，通过计算可以得到 $ki(k)$ 和径向分布函数（radial distribution function，RDF）。以 In_2O_3

晶体为参照，推测非晶 In_2O_3 的 RDF 中的几个特征峰分别对应 In—O 键和两种类型的 In—In 对。再结合分子动力学和反向蒙特-卡罗（Monte-Carlo）模拟对非晶 In_2O_3 的结构模型和 RDF 数据预测，可以详细描述非晶态薄膜的原子排列。研究表明非晶 In_2O_3 中 In 周围的平均氧配位数为 6，证明薄膜内部是由 InO_6 八面体构成（日本兵库，同步辐射光源，SPring-8-BL12XU）。

综上所述，在环境条件下 XAFS 表征绝大多数固态和液态材料的配位环境是一种十分有用的技术，而 XRS 和 GIXS 则可以弥补 XAFS 技术的缺陷，进一步拓展同步辐射在不同物态下原子配位环境的研究。

3.2.2 “刀山火海”亦无畏

虽然一般条件下 XAFS 已经可以用于较多物态的测试，拥有广泛的适用性，但是物质所处的外界环境并非一成不变的，化学反应和高温高压等特殊环境也会对配位结构产生影响。当检测的要求变得特殊时，常规的 XAFS 往往无法达到要求，只有结合一些实验装置才能满足这些非常规的需求。

大多数情况下物质的结构变化过程就像一个黑匣子，而原位技术则是探究动态过程的重要手段。利用 XAFS 的原位技术能够看到黑匣子里的情况，反映物质结构的演变过程，并找到结构相变点，这对指导和实现材料的可控制备至关重要。

【示例 3.26】原位 XAFS 可以解析具有催化活性的磷化镍（NiP）纳米粒子在合成时的相变过程[26]。在整个数据采集的过程中，配位峰随着时间推移逐渐右移。拟合数据后，发现原先的 Ni—O 逐步转变为 Ni—P，Ni—Ni。同时，原位 XAFS 表明整个合成过程大致经历了四步，相变发生在第三步（中国北京，北京同步辐射光源，BSRF-1W2B）。

同时，原位技术在监测电化学过程中物质的结构转变方面也展现了突出的优势。原位同步加速 X 射线粉末衍射（*operando* synchrotron X-ray powder diffraction，*operando* SXRPD）技术能对处于真实的工作状态下的样品进行测量，通过获取晶格常数即可得到原子位置和配位原子的键长等信息，进而揭示电极结构的演变特点。

【示例 3.27】*operando* SXRPD 技术可以探究电池充放电过程中电极材料 $Mg_xV_2O_5$ 中 V 的配位环境变化[27]。在电化学反应过程中，由于 Mg^{2+}在电极材料中的嵌入和脱出，材料会表现出不同电荷状态。研究者对这一过程进行了 *operando* SXRPD 检测，从同步辐射 XRD 等值线图中看到了明显的晶格膨胀过程，这是导致 V 的配位环境发生改变的原因（西班牙加泰罗尼亚，西班牙同步辐射光源，ALBA-BL04）。

此外，同一原子的配位结构会受环境（如温度、压强、反应介质等）的影响而发生改变，尤其是严苛的极端环境对结构的影响可能更明显。通常极端条件下的样品尺寸非常小，需要极强的光才能产生足够照射到样品表面的光子。同步辐射 X 射线满足了这一需求，非常适合高压和高温条件下原子的配位环境研究。

高压环境下的测试通常需要依靠金刚石压砧来实现。通过与 XAFS 结合，可以在高压条件下获得物质结构变化情况。

【示例 3.28】高压 XAFS 可以揭示具有光感现象的玻璃状硫化砷（As_2S_3）由压强引起的结构变化[28]。XAFS 的结果中给出了在 0～60 GPa 的 As—S 键长的变化。随着压强的变化，As—S 键长增大（法国格勒诺布尔，欧洲同步辐射光源，ESRF-ID24）。

高压砧座与同步辐射 XRD 结合也可以得到高压条件下的晶体结构变化，利用广义结构分析软件（generalized structure and analysis software，GSAS）对谱图进行分析，可以得到原子详细的配位信息。不同于上文中提到的高压 XAFS 技术，高压 XRD 是先直接获取晶体结构，再间接推导配位信息。

【示例 3.29】研究者利用原位高压同步辐射角色散 XRD（angle dispersive XRD, AD-XRD）在原子水平上研究了铬锗碲（$Cr_2Ge_2Te_6$）配位结构对压强的依赖性[29]。$Cr_2Ge_2Te_6$ 层间是微弱的范德华层间耦合，很容易在中等压强下即被压缩（图 3.20），施加的压强超过转折点时会导致异常的键角变化。得到 XRD 谱图后，进一步通过 GSAS 软件对其进行细化分析，便可以得到详细原子配位结构信息（中国上海，上海同步辐射光源，SSRF-BL15U1）。

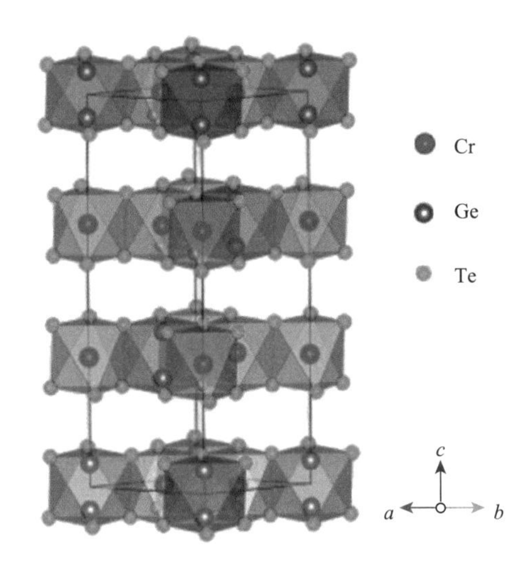

图 3.20　$Cr_2Ge_2Te_6$ 的晶体结构示意图

如同高压需要砧座的辅助，高温条件往往也需要特殊的装置来维持。以熔融 Si 为例，其高的融化温度和化学反应性，会与几乎所有已知的材料发生反应进而影响本征的凝固，使得难以在宽的温度范围内使用 X 射线和中子束对其进行精确的衍射实验。

将电磁悬浮技术与同步辐射 XRD 联用，不仅可以将样品保持在过冷状态，同步辐射高时间分辨的特性还可以保证检测的快速性，从而实现了对高温及过冷状态下高活性材料的结构研究。

【示例 3.30】同步辐射 XRD 与电磁悬浮技术结合可以获得 Si 在过冷熔融状态下的衍射图样[30]。研究者利用成像板采集衍射信号后获得了衍射角分布，并从中提取得到了结构因子。随后，他们基于不同温度下熔融 Si 的密度值，经过傅里叶变换后分析得到了 RDF，推出相应温度下熔融 Si 的第一近邻距离和配位数分别为 2.48 和 5.00。随着温度的降低，配位数保持不变或者微小地增加，而第一近邻距离保持不变，说明在过冷状态下，其短程有序性并没有发生改变（日本兵库，同步辐射光源，SPring-8-BL11XU）。

由于 XAFS 本身具有超常的研究材料配位结构的优势，结合原位台、高压装置后，它的功能进一步得到提升，进而可以推测和判断物质结构转变的原理和条件。这些信息的获取有助于通过改变外界环境实现对材料结构的调控，进而获得具有特定性能的材料，这为材料的实际应用奠定了良好的基础。

3.2.3 执笔绘星河

目前大多数技术可以基本实现对物质的定性和定量分析。如上文所述，XAFS、XRD 等技术可以直接或者间接地得到材料中原子的配位情况，包括价态、配位数等。但是，想“看到”这些信息的真实分布仅依赖上述的技术还很难实现。

XRF 能利用合理的时空分辨率在大视场中进行化学元素的测绘，得到不同元素或处于不同化学状态的同一元素在物质中的分布情况，提供微量金属原子的化学信息和配位环境信息，实现对配位信息的“可视化”[31]。

【示例 3.31】镍锰酸锂（$LiNi_{0.5}Mn_{1.5}O_4$）尖晶石是一种很有前景的高能电池材料，由于过渡金属浸出产生的化学状态和形貌的不均匀性会导致容量衰减等问题。研究者利用 XRF 技术观察了 $LiNi_{0.5}Mn_{1.5}O_4$/碳复合电极中 Ni 和 Mn 元素的分布和状态[32]。在 Ni-K 边能量附近获取元素图来绘制 Ni 氧化状态图，从而对电荷分布进行成像。通过在 Ni-K 边能量附近采集多个选定能量的二维 XRF 图，进行光谱成像，从而得到其中 Ni 原子的分布情况（德国汉堡，德国电子同步加速器，DESY-P06）。

3.2.4 抽丝剥茧的神探

随着科技的发展和研究的深入，研究者对物质的了解逐渐加深，也发现物质内部世界存在着更多更微小的差异。基于此，测试技术要求能够对这些微小的差异进行特异性识别，并区分出相应的配位环境差异。

以纳米粒子为例，由于它们能够产生显著增强的表面效应，在催化领域有着广泛的应用前景。粒子纳米化可能带来局部结构的变化，因此需要发展一种技术阐明纳米晶体的结构特点。

DAFS 可以先通过 XRD 了解样品的晶格信息，然后通过选择特定的能量范围，将不同晶面中的中心原子完全区分，并为其分别提供类似 EXAFS 的信息。

【示例 3.32】DAFS 可以获取纳米粒子四氧二铁酸钴（$CoFe_2O_4$）不同晶面的配位信息[33]。利用 DAFS 和 EXAFS 分别对仅含四面体的（220）晶面、同时含有四面体和八面体配位的（311）晶面进行测试。EXAFS 显示 Fe 的配位数为 0.87，而 DAFS 得到的（220）和（311）晶面配位数分别为 0.88 和 0.76。除此之外，两种技术得到的 Fe 与周围配位原子的键长、配位数也不尽相同。说明 EXAFS 得到的是整个样品的平均配位信息，并不能区分不同晶面的平均配位数，这也充分展现了 DAFS 在局部结构表征上的优势（巴西坎皮纳斯，巴西同步辐射光源实验室，LNLS-W09A-XDS）。

DAFS 相较于 EXAFS 而言，在表征局部结构方面表现出明确的优势。XAFS 尤其是 EXAFS 往往记录的是样品中所选元素的所有种类原子的平均信息，然后给出一个平均的信号。因此，要得到原子的特异性配位信息时，XAFS 就有点无能为力了。

X 射线激发发光光谱（X-ray excited optical luminescence，XEOL）

能够实现位置特异性的分析，因此可以使用 XEOL 作为 XAFS 的检测模式，在样品对 X 射线激发具有光学发光响应的前提下，对样品中特定吸收原子进行检测。

银团簇（AgCLs）在基体中具有显著的发光性质，但是由于大量非发光 Ag 物种的存在，利用透射模式的 EXAFS 表征时，只能提供发射团簇和非发射团簇的平均信息。相比之下，利用 XEOL-XAFS 检测时，可以特异性检测基质中发光的 Ag 物种信号，从而了解其结构信息。

【示例 3.33】研究者利用 XEOL-XAFS 检测沸石中限域的 Ag 团簇时[34][图 3.21（a）]，观察到发光物种来源于 Ag 团簇，其 Ag—Ag 的键长为 2.82 Å。而对于透射模式的 EXAFS 采集的数据[图 3.21(b)]，对其进行傅里叶变换后发现在 2.70 Å 处出现肩峰，对应一个较弱 Ag—Ag 键。两种探测方法发现 Ag—Ag 的键长存在 4%的差异，表明 XEOL 能够优先测量团簇的激发态结构（法国格勒诺布尔，欧洲同步辐射光源，ESRF-LISA）。

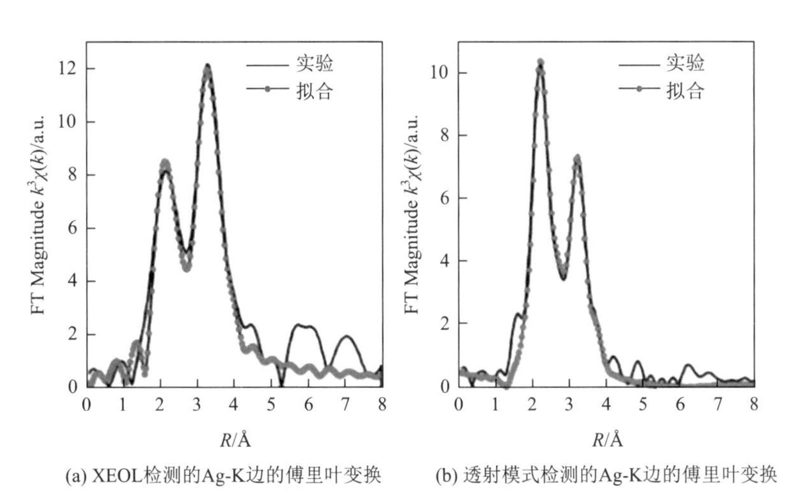

(a) XEOL检测的Ag-K边的傅里叶变换　　(b) 透射模式检测的Ag-K边的傅里叶变换

图 3.21　XEOL 及透射模式对 Ag 团簇的测试对比

配体配位数和过渡金属离子对称性的测定对于理解无机化学反应机理具有重要意义。在大多数情况下，中心原子周围不止有一种配体存在。

因此，配体情况的判断就变得更为复杂。常用的研究手段有衍射技术或光谱学，包括紫外/可见（ultraviolet-visible，UV-Vis）吸收光谱、光学吸收谱、RXES。

【示例 3.34】研究者利用 3 种配位场表征技术对 4 种不同配体的钴酸盐进行分辨。在 XAS 谱中 4 种样品的谱线强度无法明显区分；UV-Vis 吸收光谱中各样品谱线的差别比较明显，但是该方法能表征的能量范围没有 RXES 宽，灵敏度也没有 RXES 高；而在一个较宽的能量范围内，利用 RXES 谱可以明显区分谱线差异[35]。这说明了 RXES 更适用于配体场的分辨。利用得到的光谱图结合配体场理论，可以获得配体场的参数，进一步计算就可以确定金属离子的配位数（瑞士苏黎世，瑞士光源，SLS-ADRESS）。

总之，同步辐射在表征配位结构方面具有不可替代的作用。利用其高通量、高纯净、宽波段、高准直性的优势可以快速精准且有针对性地获取配位信息。同步辐射也应用到了不同的材料和特殊场景研究中，具有强大的普适性。物质的配位环境研究对材料合成过程中的机理解释、结构转变以及性质的研究至关重要，也为材料科学的蓬勃发展带来了无限可能。

3.3 追本溯源

电子结构是物质的“基因编码”，深入理解电子结构有利于理解物质的电、热、磁、光等性质。目前获取电子结构信息（能量、动量和自旋）的主要手段是光电子能谱，基本原理是光致电离。同步辐射光源可以产生高亮度、高通量、高强度和高准直性的光子束。其光子能量连续可调的特点有利于选择合适的光电离截面来探测特定的核心能级，获得电子结合能信息。

利用 ARPES 和自旋分辨角分辨光电子能谱（spin-resolved angle-resolved photoemission spectroscopy，SR-ARPES）可分别获得动量和自旋的信息。本节将以电子能带结构和自旋结构为例介绍不同种类 ARPES 的应用。

3.3.1 能带的奥秘

测量电子的能量和动量分布，可以得到相关的电子能带结构、费米面、费米速度以及载流子的类型、浓度和有效质量等信息。这对理解材料的性质并以此为依据去设计材料是非常重要的。目前主要是通过 ARPES 来描述电子的能带结构。

ARPES 是一种强大的分析晶体电子结构的技术，推动着凝聚态物理的发展，如铜基和铁基高温超导体、拓扑量子材料和过渡金属硫化物（transition metal dichalcogenides，TMDCs）。然而随着对未知事物的不断探索，现有的 ARPES 技术已不能满足需求，研制具有高通量、超高分辨率的 ARPES 迫在眉睫。

在所有 APRES 的仪器参数中，最重要的参数是入射光子的能量。当入射光子的能量在 20～100 eV 的真空紫外（vacuum ultraviolet，VUV）区时，电子非弹性平均自由程最小，约 0.4 nm。这时主要得到的是表面电子的信息。当进一步提高入射光子的能量至 100～5 000 eV 的软 X 射线（soft X-ray）区时，有可能探测到表面和体相的综合信息。

目前真空紫外区的光源主要有三种：惰性气体放电灯、激光光源和同步辐射光源。

惰性气体放电灯通过电离气体来放电。惰性气体放电灯装置简单，光束位置和强度稳定，目前已被广泛应用于层状材料和薄膜样品的 ARPES 测试。但惰性气体放电灯也存在一些缺点：光子通量较低、分辨率较差，光子能量不可调谐，样品表面需要非常平坦均匀，存在气体泄漏等问题。

为了追求更高的分辨率，2008 年第一套基于 VUV 激光的 ARPES 问世。该系统具有 1 meV 的超高分辨率、超高光子通量和体积灵敏度。这将 ARPES 技术提升到一个更高的水平[36]。然而激光 ARPES 也存在一些问题，如较窄的可调谐光子能量范围和光电离界面。

随着同步辐射光源的出现，基于同步辐射的 VUV ARPES 不断完善，逐渐成为一种强大的分析手段。具有许多显著的优点：

（1）利用椭圆极化波荡器和高分辨单色器，可以很容易地调谐光子的能量和偏振（线偏振或圆偏振）；

（2）连续可调的光子能量使其可以测量三维动量空间的电子结构，区分表面和体相的电子信息；

（3）通过相关偏振的测量可以区分不同特性的轨道。

尽管如此，基于同步辐射的 VUV ARPES 也有一些不足：建设和维护成本很高、实现超高分辨率（<1 meV）仍然是一个挑战。表 3.3 为用于 ARPES 的不同光源的基本参数。

表 3.3　用于 ARPES 的不同光源的基本参数

光源	光子能量	分辨率/meV	光子通量/s^{-1}	光斑尺寸	偏振	探测范围
气体放电灯	离散 几个到数十电子伏特	约为 1	10^{12}	1 mm	不可调谐	第一、二布里渊区
激光	离散或离散可调 几个到数十电子伏特	小于 1	10^{9}～10^{15}	100 μm	可调谐	第一、二布里渊区
同步辐射	连续可调 几个到数千电子伏特	1～30	10^{12}～10^{13}	数十纳米至数十微米	可调谐	几个布里渊区

基于同步辐射的 ARPES 采用了连续可调的 VUV 光，同时具有可视化和区分表面电子态和体电子态的独特能力，这使其在研究拓扑材料性质方面取得了许多重要突破。

【示例 3.35】能量连续可调的同步辐射 VUV ARPES 可研究拓扑半金属砷化锶（$SrAs_3$）表面的拓扑电子结构[37]。通过改变光子能量，同步辐射可以在极低光子能量下（9～20 eV）直接观测 $SrAs_3$ 中布里渊区 Y 点附近的节点环拓扑电子结构（图 3.22）。第一性原理计算表明，该节点环是由 As 的 4p 轨道能带翻转导致，并受到 C2/m 对称性材料空间、时间对称性和晶面对称性的保护。实验发现，$SrAs_3$ 具有较弱的荷电效应，且不干扰费米面附近复杂的拓扑态（中国合肥，国家同步辐射实验室，NSRL-13U；中国上海，上海同步辐射光源，SSRF-Dreamline 和 BL03U）。

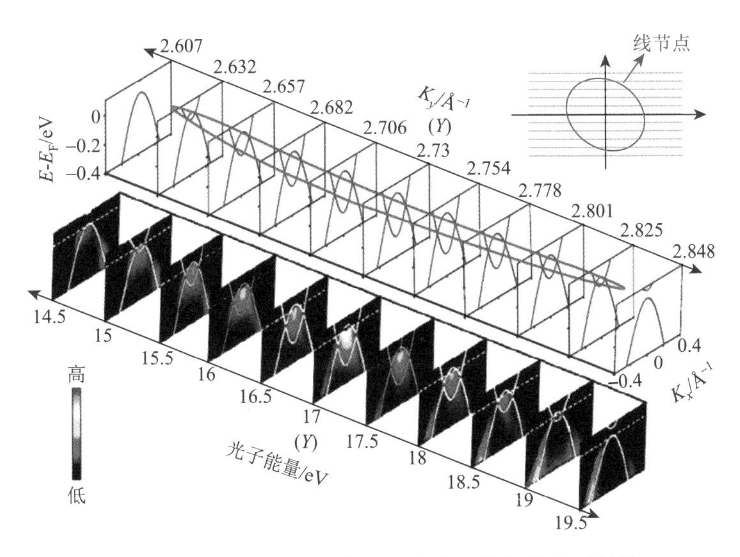

图 3.22　不同能量下 Y 点附近节点环的拓扑电子结构

同步辐射的 VUV ARPES，光子能量通常大于或等于 20 eV，是研究拓扑材料表面电子结构的理想手段。然而，由于产生的光电子逃逸深度极短，在 VUV 光下很难探测块体材料的总体状态。为了研究体相的电子结构，特别是沿 $k_\perp$ 方向的能带色散必须使用能量更高的激发源——软 X 射线。

与 VUV ARPES 相比，基于软 X 射线的角分辨光电子能谱（soft X-ray angle-resolved photoemission spectroscopy，SX-ARPES）具有三个优点：①软 X 射线提供的光电子能量高，使其逃逸深度比 20 eV 的 VUV 增加了 2～4 倍，大大提高了对体电子态的灵敏度；②$k_\perp$ 分辨率提高；③SX-ARPES 对特定界面或异质结中的杂质原子有响应。

【示例 3.36】超高探测深度的 SX-ARPES 可研究块体磷化钼（MoP）的能带结构[38]。块体 MoP 的最上层可以视作非晶层[图 3.23（a）]。由于 VUV ARPES 探测深度有限，加上非晶层的散射效应，在 60 eV 时没有观察到清晰的体相费米面结构[图 3.23（b）]。然而，当使用位于软X射线波段的X光（453 eV）入射时，可以清晰地检测到体相的能带结构[图 3.23(c)](中国上海，上海同步辐射光源，SSRF-Dreamline；瑞士苏黎世，瑞士光源，SLS-ADRESS)。

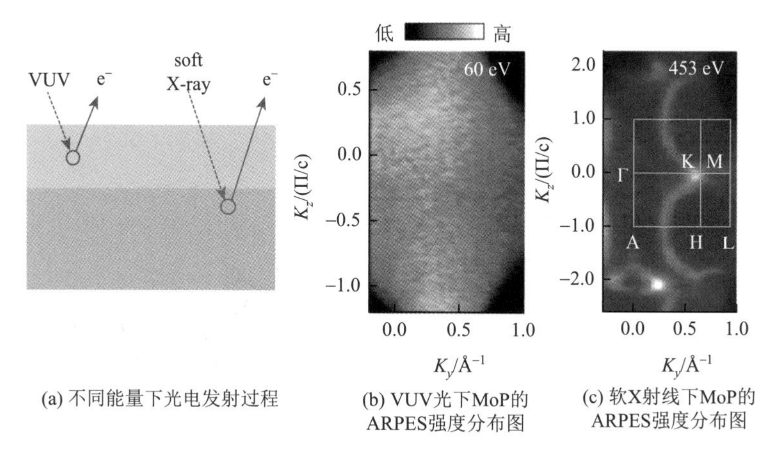

(a) 不同能量下光电发射过程　(b) VUV光下MoP的ARPES强度分布图　(c) 软X射线下MoP的ARPES强度分布图

图 3.23　块体 MoP 的能带结构

由于常规的同步辐射 ARPES 的空间分辨率约为 100 μm，所以要求样品尺寸大于 100 μm 且表面平坦均匀，然而这对拥有奇异电子特性的低维材料是十分苛刻的。为了研究尺寸较小的低维材料，目前已经研制出基于同步辐射光源的具有微米或纳米空间分辨率的 ARPES。

空间分辨 ARPES 一般可以分为两类：第一类通过减小光斑尺寸来实现；第二类可以看作 ARPES 和扫描光电发射显微镜的结合，通过使用强电场提取电子，实现实空间和 k 空间可视化。

在第一种空间分辨 ARPES 中，主要是利用先进的光学技术将射线光斑缩小至微米尺寸或纳米尺寸。此外，还需要一个高精度的样品台来保证样品的精确扫描和定位。最终的空间分辨率是由 X 射线光斑尺寸、样品台的机械运动精度和热稳定性决定的。

在第二类空间分辨 APRES 中，光电子被一个提取电极加速，指向光电发射电子显微镜，通过可视化光电子在 k 空间的运动，在真实空间中对样品进行成像。这类空间分辨 ARPES 不需要在实空间或倒易空间中移动样品，解决了超高压条件下样品对齐、旋转和移动的问题，但能量分辨率（>100 meV）和角分辨率（～1°）较低。

二维异质结构是一个充满前景的研究领域，通过将不同的二维材料组装在一起，可以探索新型的性质，并基于此构建具有超高性能的新型超薄器件。设计异质结构的前提在于需要充分地理解不同材料间的耦合状态。由于常规的 ARPES 的空间分辨率大于 100 μm，二维异质结构在尺寸上很难满足这一条件，纳米级空间分辨 ARPES 则可以解决这一问题。

【示例 3.37】研究者采用 ARPES 方法研究了二硒化钼($MoSe_2$)/二硒化钨（WSe_2）范德华异质结的能带结构[39]。与单层 $MoSe_2$ 和 WSe_2 价带顶的图像进行对比[图 3.24（a），（b）]，$MoSe_2/WSe_2$ 范德华异质结在 Γ 点附近表现出明显的色散，表明 $MoSe_2$ 和 WSe_2 之间存在较强相互作用[图 3.24（c）]（意大利里雅斯特，Elettra 同步辐射光源实验室，Elettra-Spectromicroscopy）。

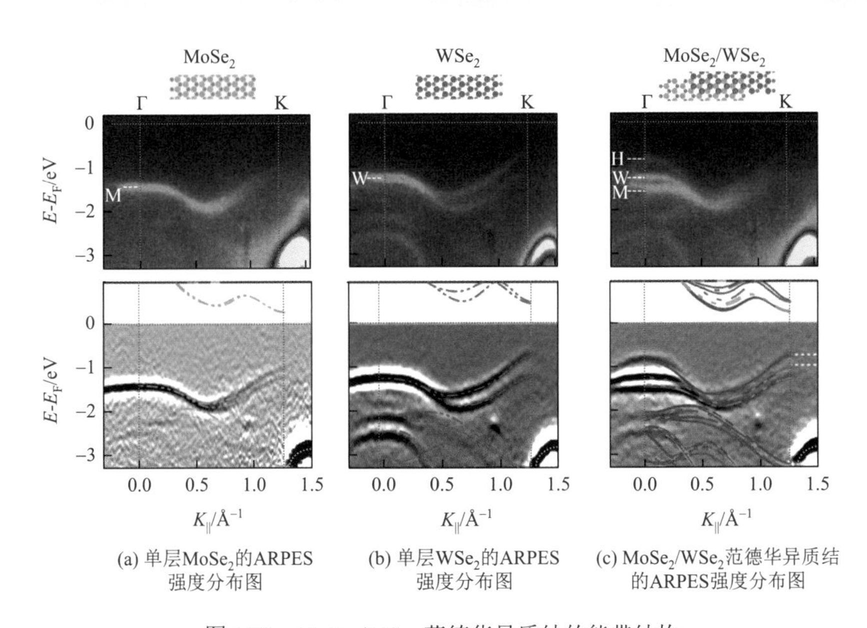

(a) 单层$MoSe_2$的ARPES强度分布图　(b) 单层WSe_2的ARPES强度分布图　(c) $MoSe_2/WSe_2$范德华异质结的ARPES强度分布图

图 3.24　$MoSe_2/WSe_2$ 范德华异质结的能带结构

非时间分辨的角分辨光电子能谱是一个用来探测固体中动量和能量

函数的强有力工具。然而，它不能直接提供激发态电子的反应和散射过程信息。在传统材料中电子可以近似单独处理。但在强关联电子体系中，电子、离子、自旋和轨道之间存在较强、不可忽略的相互作用。理解强关联体系中电子和电子、电子和自旋、电子和声子的相互作用是十分重要的。

时间分辨角分辨光电子能谱（time-resolved angle-resolved photoemission spectroscopy，TR-ARPES）将泵浦探针光谱学与 ARPES 结合，通过改变泵浦脉冲和探针脉冲之间的时间延迟 Δt，有可能观察到激发和弛豫过程中所涉及的时间依赖性过程。此外，TR-ARPES 还可以用来研究费米能级以上的未占据的能级。

三维拓扑绝缘体（topological insulators，TIs）将绝缘体电子能带结构与跨越费米能级的表面态结合在一起，常具有新奇的电子特性。然而，在测试中，体相的电子占据主导地位，所以很少有实验研究关注表面态。对于拓扑绝缘体，理解自旋极化表面电子与非自旋极化体电子的相互作用是非常重要的，这有利于发掘自旋电子学的潜在应用。

【示例 3.38】 TR-ARPES 可以揭示拓扑绝缘体硒化铋（Bi_2Se_3）的体电子和表面电子在时域中的直接耦合[40]。图 3.25 描述了激发电子如何填充未占据的能带的情况。由于体相带隙的存在，它们无法立即回到平衡状态。这些激发电子聚集在体相导带边缘，作为一个电子库，持续填充自旋极化表面态。这一过程大约持续 10 ps 以上。这一发现为发展自旋偏振传导通道的超快光开关铺平了道路。

要想准确地理解三维拓扑绝缘体中光子是如何与电子耦合，就必须了解未被占据的电子结构。采用双光子光电子发射能谱（2PPE）技术可以实现这一目的[41]。2PPE 利用两个超快的激光脉冲，首先一个光子使电子占据未填充的能级，随后该电子被光致电离再被探测器检测[图 3.26（a）]。1PPE 只能获得非常窄的能带结构，但 2PPE 可以获得从费米能级到真空能级完整的能带结构[图 3.26（b）]，且与理论模拟的结果一致[图 3.26（c）]。

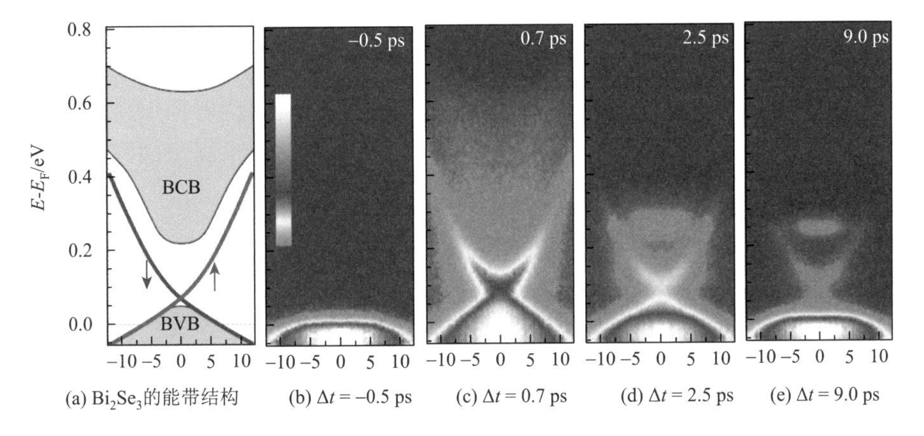

图 3.25 不同时间延迟下 Bi_2Se_3 的 TR-ARPES 光谱

红蓝线条表示自旋的表面态

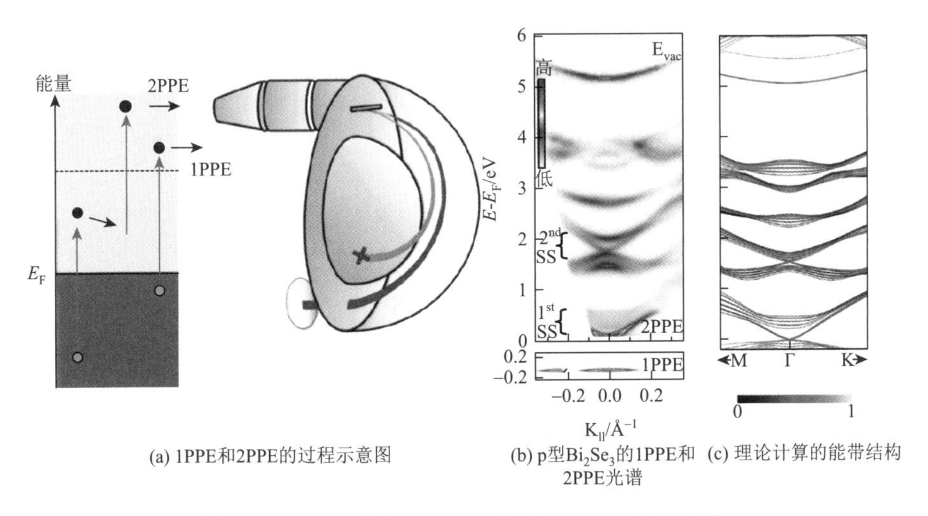

图 3.26 2PPE 研究 Bi_2Se_3 未被占据轨道的电子结构

3.3.2 与生俱来的“运动”

电子自旋在理解量子材料的特殊性质如磁性、超导等方面起着重要作用。然而，目前电子自旋在其中充当何种角色尚不清楚。例如在强关联体系中，电子自旋可以与电荷、轨道和晶格相互作用，从而产生各种不同状态。为了满足先进自旋电子学应用的需求，我们必须理解和调控各种材料中的自旋相互作用。

将具有自旋分辨的探测器和 ARPES 相结合可实现对电子自旋的分

辨，但也存在一些问题。首先由于自旋探测器的效率低，探测器散射界面小，非常耗时，只能检测小范围内的光电子；其次探测器的能量和角度分辨率较低。得益于现代同步辐射光源的高亮度和高效的电子自旋探测器，SR-ARPES 现已可以有效地检测电子奇特的自旋结构。

【示例 3.39】SR-ARPES 可以解析拓扑绝缘体 Bi_2Se_3 的电子结构[42]。带隙约为 220 meV 的六方 Bi_2Se_3 具有以 Γ 点（布里渊区中心）为中心的拓扑非平凡态。从能带结构描述中看到，在 Γ 点处，体相价带和导带是有间隙的，但拓扑表面态是连续的[图 3.27（a）]。

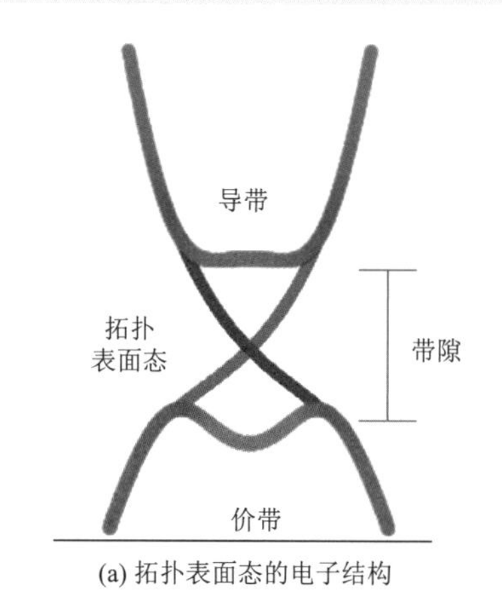

(a) 拓扑表面态的电子结构

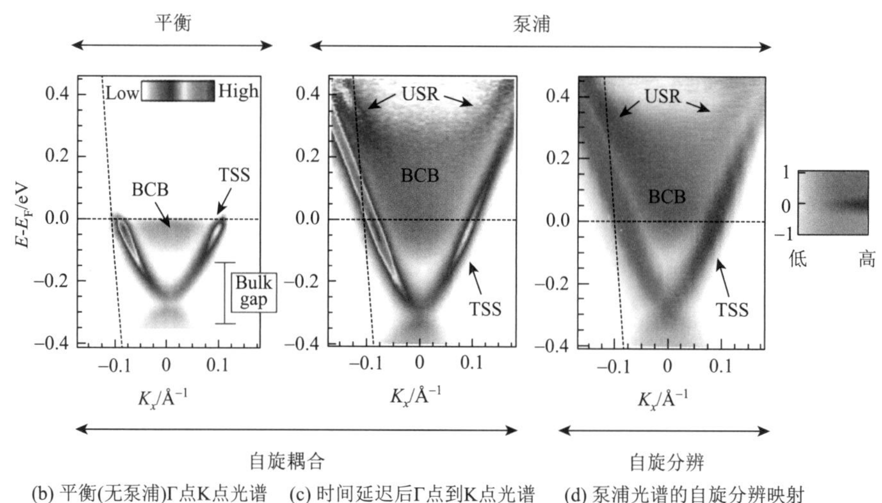

(b) 平衡(无泵浦)Γ点K点光谱　(c) 时间延迟后Γ点到K点光谱　(d) 泵浦光谱的自旋分辨映射

图 3.27　拓扑绝缘体 Bi_2Se_3 的自旋电子结构

当自旋向上和自旋向下能带重叠时，这些自旋分裂态将再次在狄拉克点处发生简并，证实了 Bi_2Se_3 拓扑表面态具有自旋极化的能带结构[图 3.27（b）～（d）]（美国伯克利，劳伦斯伯克利国家实验室先进光源，ALS-10.0.1）。

上面介绍了四种 ARPES，表 3.4 汇总了每种类型的 ARPES 各自的优缺点，希望对读者利用同步辐射技术研究电子结构有所帮助。

近些年来，同步辐射和角分辨光电子能谱的结合，极大地拓宽 ARPES 的应用领域，特别是在解析材料电子结构方面。随着聚焦光学系统的不断改进，空间分辨 ARPES 的效率也不断提高。对于时间分辨 ARPES，开发重复性高的、稳定的、探测光子能量可调的高光子通量光源仍然是必要的。对于自旋分辨的 ARPES，提高自旋探测器效率是必要的。

表 3.4　不同类型角分辨光电子能谱的优缺点

类型	优点	缺点
角分辨光电子能谱	设备操作简单；能量分辨率最佳	要求样品尺寸较大；需要旋转样品
空间分辨角分辨光电子能谱	空间分辨率可以达到纳米级	要求精确的样品移动和旋转
时间分辨角分辨光电子能谱	检测载流子动力学、带隙、未占据轨道的能级和时间分辨的相关现象	信号弱，仅限于大晶体或薄膜；激发源复杂；空间电荷效应
自旋分辨角分辨光电子能谱	检测电子自旋自由度	信号弱；仅限于大晶体或薄膜

3.4　每个物质都是五彩斑斓的

敦煌壁画（图 3.28）壮美辉煌，画中神灵栩栩如生，让人仿佛置身于一个五彩斑斓的奇妙世界。敦煌壁画为何能保持千年不褪色？颜料由什么组成？颜色由什么产生？

从宏观的角度来说，行走的地面、呼吸的空气、仰望的星空，都是由元素组成的。科学的研究离不开对元素的观察和探索。由于同步辐射光具有高通量、高准直性等优点，将其用作元素分析的光源时可提高灵

图 3.28 敦煌壁画

敏度和时空分辨率。接下来，从已知元素和未知元素的角度，本节将详细介绍同步辐射技术在表征元素组成、分布和化学态方面的应用。

3.4.1 元素盒子里的巧克力

“生活就像盒子里的巧克力，我们永远不知道下一块是什么”，生活充满未知，而科学研究的魅力则在于探索未知。大千世界，总有许多未知的事物，引人遐想，激发人类的探索欲望。想要解读这份未知的美好，必然离不开对其组成元素的分析。同步辐射表征技术在元素解析上发挥着重要的作用，广泛应用于化石、地质等多领域的未知元素的研究。

探寻化石里的生命起源

古生物学的挑战主要是将化石中的残留物与生命形式的理解联系起来。分辨飞行类物种的羽毛颜色是理解其进化时期自然选择的关键，有助于辨别伪装、交流、求偶等非飞行的生理行为。在化石研究中，虽然研究者们根据黑色素的色素分子或含有该色素的细胞器重建了化石中羽毛的颜色，但是这些结构容易发生改变，难以长期保存，因此需要寻找一种新的方法能可视化黑色素的分布。

生物体中许多金属离子（如 Ca^{2+}、Cu^{2+}等）容易与黑色素螯合，而且在黑色素体的结构被毁之后这些金属仍然能够固定在原处。基于此，研究者们借助微量金属的分布可以间接获取羽毛化石中黑色素的化学成像。以前，在不破坏样品的情况下对化石进行化学分析是具有挑战性的，但是得益于同步辐射 XRF 的优点，可以无损绘制出大型标本中微量元素的分布图。

XRF，顾名思义就是 X 射线辐照物质后发出的荧光。由于每一种元素的原子或分子能级结构都是独一无二的，所以它受到激发后以 X 射线荧光形式放出的能量也是独特的，通过测定特征 X 射线的能量，便可以确定相应元素的存在。虽然 X 射线荧光发展了很多年，但由于传统的光源亮度较弱，使其应用大大受到限制。

同步辐射光源代替传统 X 射线光源后，既保留了传统 XRF 分析法的多元素分析、不损伤样品的特点，又大大提高了微量元素分析的灵敏度和空间分辨率，在微量未知元素的测定上发挥了很大的作用。

【示例 3.40】XRF 可通过检测孔子鸟标本的化学元素分布，来间接了解黑色素的分布[43]。XRF 图像显示，铜明显集中在身体羽毛（红色区域）中，并且在翅膀羽毛内呈现为离散的拉长斑块；钙在骨骼（蓝色区域）中含量很高；而锌分布在整个沉积岩（绿色区域）中，其含量高于铜（图 3.29）。此外，还比较了玉门甘肃鸟以及现代

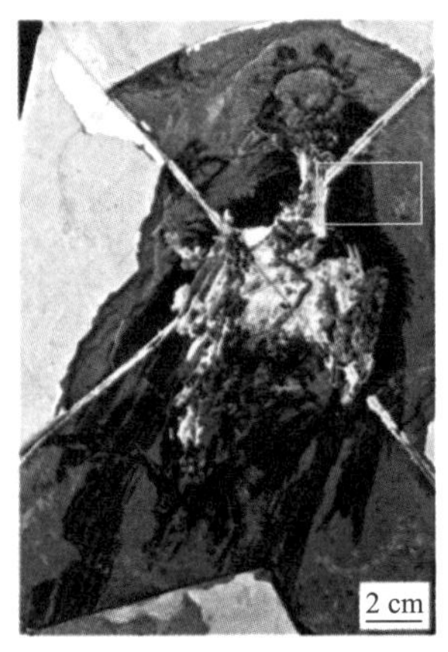

(a) 光学图像

(b) SRS-XRF伪彩色图像

图 3.29　孔子鸟标本的光学显微镜图和 XRF 图

鸟类的羽毛。这些结果均显示，铜是在不同鸟类羽毛化石样品中有着最明显分布的金属元素。基于铜的存在，能够了解孔子鸟中黑色素的分布。由此可见，XRF 检测微量元素是获得化石中黑色素分布的一种有效方法（美国门洛帕克，斯坦福同步辐射光源，SSRL-BL 2-3）。

追击墙体受损的元凶

硫酸盐侵蚀是影响水泥砂浆和混凝土耐久性的重要原因之一。硫酸盐与水泥发生化学反应，生成钙矾石和石膏，使墙体膨胀并开裂。此外，天然存在于地壳中的黄铁矿（FeS_2）在氧气和水分存在下很容易被氧化成硫酸和硫酸铁。因此，存在有黄铁矿的地域亦易发生墙体膨胀，影响建筑物的耐久性。

据报道，位于泰国呵叻的一栋房屋被发现内墙受损，人们观察到部分砂浆膨胀以及一层致密的黑色物质。这种黑色物质仅在受损区域附近发现，表明可能与墙体开裂有关。分析这种黑色物质的化学成分是追击使墙体受损“元凶”的关键，对于理解墙体受损的机制以及制定将来施工的预防措施至关重要。

基于光电效应，XPS 通过测定光电子能谱峰的位置就能分辨样品表面存在的元素。XAS 根据原子内层电子跃迁的能量或波长对元素进行特定分析，还可以提供由光电子的多次散射而产生的局部对称信息。因此，结合 XPS 和 XAS 两项技术可以完成未知化合物元素的氧化态和局部结构的鉴定，正好适用于墙体受损内未知黑色物质的化学研究。

【示例 3.41】同步辐射 XPS 和 XAS 联合技术可用于探究地质中未知物质的组成，解释墙体受损的根本原因[44]。黑色物质由氧和硫组成，氧硫结合能明显指示黑色物质中硫酸盐的存在；XANES 光谱清楚地表明了样品中硫酸亚铁（$FeSO_4$）的存在（图 3.30）。综上可知，水泥砂浆开裂后形成的未知黑色物质主要由 $FeSO_4$ 相的铁和硫组成，证实了该内墙受损是由硫酸盐引起的膨胀和开裂（泰国呵叻府，泰国同步辐射光源研究所，SLRI-BL3.2a）。

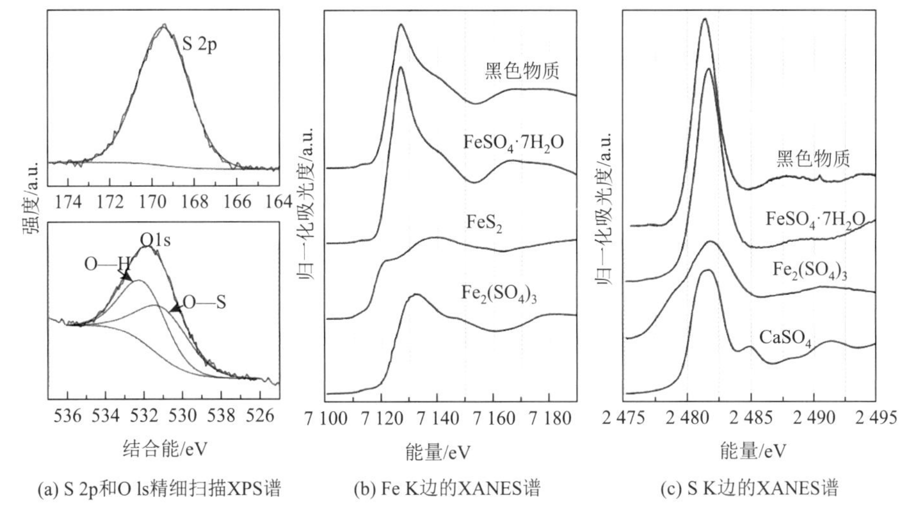

图 3.30 从裂纹区域收集的黑色物质的 XPS 和 XANES 光谱

3.4.2 终识庐山真面目

熟悉的事物仍然隐藏着许多秘密等待挖掘。除了关注物质元素本身以外，元素的组成、含量、分布以及价态也包含了大量的科学信息，这有助于理解各种物质的特性。

催化剂的结构定性

人们的衣食住行中随处可见催化的身影，变色眼镜、松软的面包、含酶的洗衣粉等。催化在现代化学生产中有极其重要的影响，高比表面积的金属氧化物或者分子筛负载的金属纳米粒子是目前化工生产中最常见的催化剂类型。由于独特的反应活性、组成和结构，以及可控的尺寸等，双金属纳米颗粒在催化重整、污染控制、醇氧化和燃料电池等领域发挥着重要的作用。

在传统认识里，催化过程中催化剂自身的结构是不发生变化的。近几年，研究者们逐渐认识到，催化剂表面的结构和组成可以随着反应条件变化而变化。当材料尺寸变为纳米级时，这些变化可能会更加显著，并对催化活性和选择性带来极大影响。

首先，XPS 因为光子能量可调，使得它可以得到不同深度的元素组分信息；其次，由于电离截面与探测信号呈正比关系，针对不同元素的原子能级，选择不同的光子能量，使其电离截面更大，可以获得更强的探测信号。由此可知，XPS 在分析核壳结构的催化剂时有特别的优势，可以给出不同深度的组分信息。

【示例 3.42】XPS 被用于研究核壳结构的铑钯合金（$Rh_{0.5}Pd_{0.5}$）和铂钯合金（$Pt_{0.5}Pd_{0.5}$）双金属纳米粒子催化剂在不同气体环境下的结构和组成[45]，并利用出射电子平均自由程的不同来获得不同深度的原子组分信息。壳层 Rh 含量为 0.93，中间层 Rh 含量为 0.86，中心核区 Rh 含量为 0.52（图 3.31）。对于 $Rh_{0.5}Pd_{0.5}$ 核壳而言，Rh 偏析到表面，越靠近表层，Rh 含量越多。利用类似的方法分析了 $Pt_{0.5}Pd_{0.5}$ 的核壳结构，发现近表层为富 Pd 的结构（美国伯克利，劳伦斯伯克利国家实验室先进光源，ALS-BL9.3.2）。

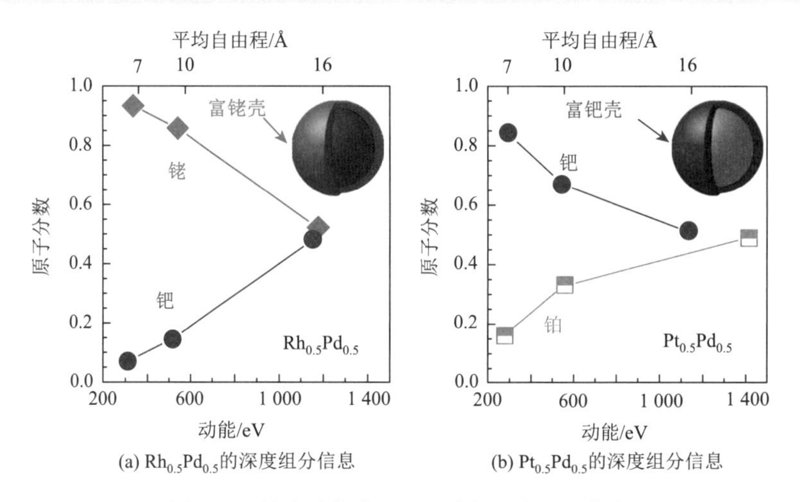

图 3.31　核壳结构中不同深度的元素组分信息

微观世界的元素定量

前面介绍了 XRF 的原理，我们知道，通过测定荧光的能量（或波长）便可以对样品中的元素进行定性分析。而通过测量特征 X 射线的强弱（或 X 射线光子的多少）则可以得到元素的定量信息。

【示例 3.43】同步辐射的纳米尺度 X 射线荧光成像（*n*-XRF）技术阐明了卤化钙钛矿中不同含量碱金属的元素分布对其电学性质和器件性能的影响[46]。通过对亚化学计量比、化学计量比和过化学计量比制备样品的卤素分布进行表征，可以看出无论是单独添加还是与 RbI 一起添加，卤素的分布都变得更加均匀化（图 3.32）。但是，所有样品都显示出大的 Rb 簇，其大小和分布取决于钙钛矿溶液的化学计量比。由此可见，碱金属在低浓度时是有益的，可以使卤化物分布更加均匀，但在高浓度时，会形成复合活性的第二相团簇（美国芝加哥，先进光子源，APS-2IDD）。

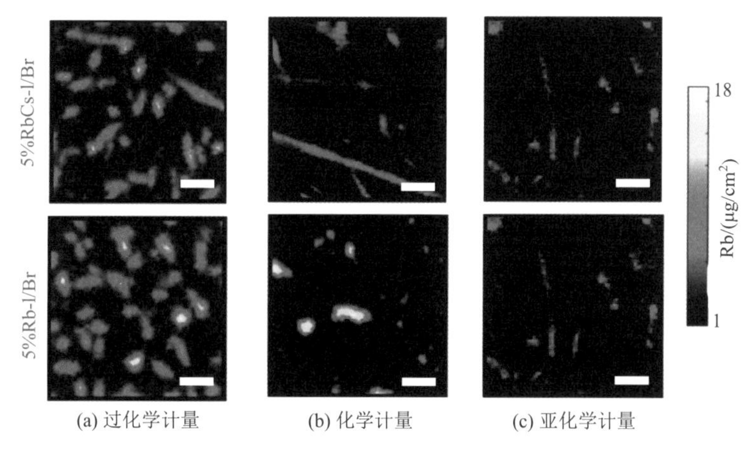

图 3.32　不同组成钙钛矿中 Rb 元素的分布

环境元素的形态分析

1）颗粒污染物的整体分析

由于细颗粒物会对气候、能见度和人体健康产生极大的负面影响，大气细颗粒物污染在许多国家引起了极大的关注。细颗粒物中金属的整体浓度并不是衡量大气污染的唯一标准，其不同的化学状态对人体健康的影响也不同。因此，提高对大气颗粒物的化学组成和重金属化学状态的认识是很有必要的。

XAS 利用能量可调的 X 射线对目标原子所束缚的内层电子进行激

发从而获得相应的谱图。XAS 对元素周期表上的每个元素都响应，并且对样品无特殊要求，适合用于环境中元素的化学状态分析。

【示例 3.44】美国国家标准与技术研究院对城市大气颗粒物（SRM 1649a）和室内颗粒物（SRM 2584）进行分析，以确定环境中痕量有毒金属 Pb、Mn 和 Cr 的形态[47]。XANES 显示，城市灰尘中 Pb 的存在状态为 $PbSO_4$(61%)和 $2PbCO_3 \cdot Pb(OH)_2$(39%)；室内灰尘中 Pb 的存在状态为 $2PbCO_3 \cdot Pb(OH)_2$(98.5%)和 $PbSO_4$(1.5%)（日本佐贺县，Saga 同步辐射光源，SAGALS-BL11 和 SAGALS-BL15）。

由此可见，使用同步辐射为元素化学状态的研究提供了非常显著的优势，有助于识别污染源，并评估潜在危险。

2）单颗污染颗粒物的微观分析

Fe 是雾霾颗粒物中含有的一种代表性的成分，参与产生对人体有害的相关自由基过程。然而，对单一雾霾颗粒的了解还不够彻底，使得人们对雾霾颗粒物中 Fe 的化学作用缺乏清晰的认识。了解雾霾颗粒物诱导自由基形成的机制，重点是得到颗粒物中关键元素的信息。在环境颗粒物的研究中，如何表征微米颗粒内部的元素成分和化学状态是单颗粒分析所面临的挑战。

STXM 是采用透射 X 射线吸收成像的原理，能够实现高空间分辨的二维形貌成像和特定元素成像。STXM 还常常与同步辐射多种技术联用，能够实现无损成像，对于了解雾霾颗粒物的元素信息具有重要意义。

【示例 3.45】STXM 可系统地对单个雾霾颗粒中 Fe 的质量、空间分布和化学状态进行表征[48]。过渡金属的 XRF 分布图中发现 Fe 元素倾向于聚集分布（图 3.33）。X 射线近吸收边精细结构（near edge X-ray absorption fine structure，NEXAFS）与 STXM 相结合，发现 Fe 主要以三价存在、部分以二价存在，其中 Fe^{2+}主要分布在颗粒物内部，而 Fe^{3+}则在整体上都有分布（中国上海，上海同步辐射光源，SSRF-BL15U1A）。

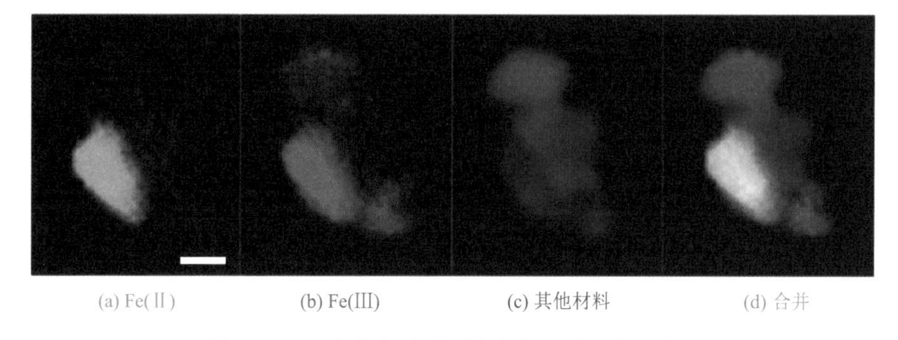

图 3.33 Fe 在单个雾霾颗粒中的化学状态分布图

元素组成了五彩斑斓的世界，科学的研究更是离不开对元素的探索。同步辐射光源具有高亮度、高准直性、高纯净、高时空分辨率等优点，在分析未知元素种类、已知元素的分布、含量以及化学状态上发挥着巨大的作用，可谓是科学研究的高科技“神器”。随着科技的发展与进步，越来越多的元素研究会用到同步辐射技术，同时也会兴起各种同步辐射联用技术，解决各类领域的科学问题。

3.5 万物相融却彼此存异

空气无色无味，难见踪影，却是万物都需要的“生命气体”。地球上万物都处于空气的汪洋中，空气能推动船只扬帆起航，能辅助禽类振翅而上，能帮助植物传播繁衍，能抵御辐射和炎热……从科学的角度来看，空气被视为最常见的混合物，主要由氮气、氧气、二氧化碳、其他物质等组合而成。

著名哲学家周国平有言“万物混合，有心灵出，赋予他们秩序”。同步辐射就像一位强大而专业的“心灵导师”，辅助研究者们快速分辨混合物，了解其组成、变化、相互作用，厘清混合物独有的“秩序”。

本节主要从均相和非均相的角度向大家阐述同步辐射在混合物研究中的优势，希望读者能在了解同步辐射的同时，借助同步辐射这束光驱散迷雾，解决自己在混合物研究中的科学疑问。

3.5.1 大同世界的“小异”

理想中的大同世界，无处不均匀。类似地，均相混合物中个体各不相同，但整体表现出均匀特性，同为固态，或气态，或液态。我们知道，自然界存在着很多均相混合物，某些相同的特性使得各个物质之间彼此交融、相互包含，增加了研究者们分析的难度。

想要在物态均一的混合物中寻求各种共混物质的差异，往往需要借助“利器”去多方考察、全面了解。同步辐射光源具有高通量、高偏振、高纯净、高准直等独特优势，因此可以作为一种强大的检测技术，快速、灵敏地实现“同中求异”。

物质组成

孙子曰“知己知彼，方能百战不殆”，想要了解一个物质，最简单的手段就是了解其组成。元素思想的起源认为世间万物都是由元素组成，小到一粒尘埃，大到一个星球。因此了解物质的组成，最直观的方式就是了解其元素组成。从 3.4 节的介绍可知，XRF 是元素分析的首选方式。目前，除了一些轻元素无法辨别，XRF 分辨的元素种类能满足大多数检测需求。

【示例 3.46】XRF 元素成像能直观反映出混合物体系中杂质的分布，以及杂质对材料的影响。早期，人们引入金属杂质对材料进行掺杂，提高器件效率。但过量的金属是否会对材料的器件性能产生负影响，这需要了解金属杂质的分布与含量。基于此，XRF 被用于探究卤化铅钙钛矿对 Fe 杂质的容忍度[49]。在 1 000 mg/kg 的含量下，Fe 杂质呈现针状分布，钙钛矿薄膜保持较好完整性[图 3.34（a）]。当浓度高至 1%（原子百分数）时，Fe 团聚析出导致钙钛矿薄膜形貌不均，影响载流子迁移率[图 3.34（b）]（美国芝加哥，先进光子源，APS-2-ID-D）。

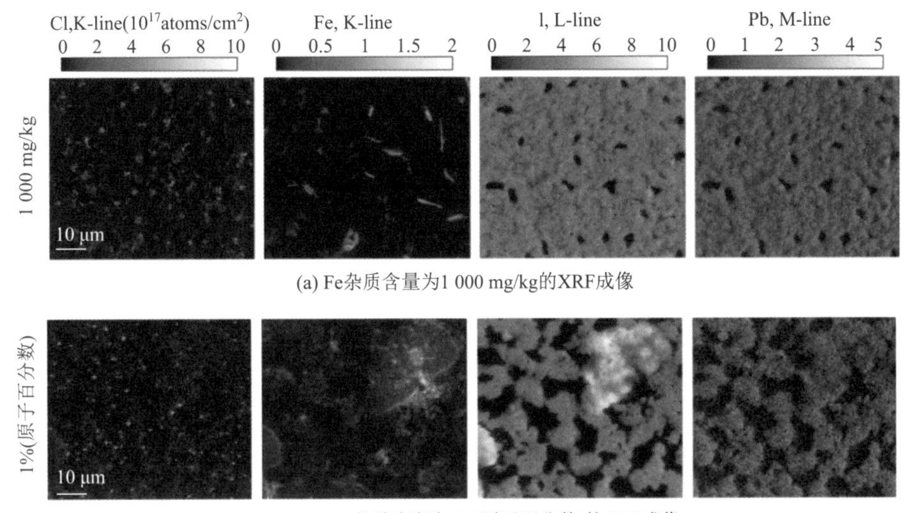

(a) Fe杂质含量为1 000 mg/kg的XRF成像

(b) Fe杂质浓度为1%(原子百分数)的XRF成像

图 3.34　XRF 对含有 Fe 杂质的 $MAPbI_3$ 膜进行元素成像

XRF是探究混合物组成元素的“利器”之一，但若想要进一步了解物质之间的化学结合状态却稍显无力。针对这个难题，XAS脱颖而出，走进了研究者的视线。当X射线照射物质时，物质中某些原子会发生共振，并吸收光信号导致出射光变弱，通过收集并分析X射线前后的强度变化可以精确反映出各物质的元素组成、化学状态、局部结构等信息。

XAS 共有三种测试模式，分别是透射、荧光产率和全电子产额模式。透射模式是对比 X 射线通过样品前后的强度差异揭示样品键合信息，适用于目标元素浓度较高的样品。荧光产率模式可以探测几百纳米的深度，并提供一定的表面信息。全电子产额模式则对样品表面更敏感，探测深度仅为十纳米左右。针对不同的样品和需求，选择最恰当的模式往往能事半功倍。

【示例 3.47】通过收集不同位置的信息，XAS 可以为物质间的结合状态提供有力佐证。在粘结镍纳米颗粒（Ni NPs）与 MoS_2 时，引入 Au 纳米胶作为接触点可以大大降低金属电极与晶体之间的接触电阻[50]。基于同步辐射 X 射线吸收光谱技术（SR-XAS）全电子产额模式，验证了不同界面的键合。相比于纯 Ni NPs，Ni 和 MoS_2

结合的样品在 861 eV 处出现了明显的信号峰，归属于 Ni—S 的结合峰。此峰的出现是由于 Au 纳米胶破坏了 MoS_2 晶体中原有的键，使得 Ni NPs 与 MoS_2 之间形成键合作用。此处结合峰的形成是由于 Au 纳米胶的存在破坏了晶体中原有的键，从而降低接触电阻（瑞典隆德，Max IV Laboratory，I311）。

XAS 使混合物的状态拨云见日，但原子或分子的排布却犹抱琵琶半遮面，让人难窥真面目。原子或分子周期性排布，表现为晶态，反之为非晶态。XRD 是甄别晶态、非晶态的主力军，但科学总是追求多元的，研究者们常会执着于是否还有更多的方式可以实现这个目的。在同步辐射世界中，PDF 也可以提供类似的晶态信息。

【示例 3.48】PDF-CT 与 XRD-CT 同时被用于分析非晶和晶态的混合标样，进而对比两种方式的差异[1]。鉴于结果高度相似，PDF-CT 确实有识别混合物中非晶与晶态的能力。此外，两者都可以绘制出标样的成像分布。这个例子证实，混合物成分已知，且共存有非晶和晶体时，XRD-CT 和 PDF-CT 均能识别物质组成，并获取不同组分的分布。此外，由于 PDF 使用高能 X 射线，对于一些较厚的样品以及较为复杂的测试体系，具有更优异的识别能力（法国格勒诺布尔，欧洲同步辐射光源，ESRF-ID15A）。

结构转变

古希腊哲学家赫拉克利特（Heraclitus）曾提出一个观点“人不能两次踏进同一条河流”，意思是事物没有稳定存在的状态，永远处于变化之中。正如一条流淌的河流，在刚刚踏入的一瞬间，它就变成另外的河流了，所以再次踏进去的将不再是同一条河流。

世界上有着很多类似的瞬时变化现象，比如电化学循环过程中，离子嵌入脱出的每一个瞬间都会导致电极的微小转变，使得体系存在多个物质混合的情况。对于这种物质种类多、转变速度快的复杂体系，寻找一种能快速采集信号的表征手段是必要的。同步辐射表现出优异的时空分辨率，能够在瞬态反应中捕捉反应细节，还原动态过程中混合物的组成转变。

【示例 3.49】同步辐射的时间分辨 XRD 被用于研究 $LiFePO_4$ 电化学相变过程，并证明 Li^+ 嵌入脱出会促使电极材料产生亚稳态晶体相[51]。从衍射图谱中可以清楚地看到充电反应过程中一个位于 19.35°的未知新峰 Li_xFePO_4 出现[图 3.35（a）]。通过进一步分析时间分辨 XRD 采集的信号，还原出电极的相变路径[图 3.35（b）]。当放电电位刚好低于平衡电位时，会发生从 $FePO_4$ 到 $LiFePO_4$ 的直接相变（A 路线）。相反，在高倍率条件下，容易发生从 $FePO_4$ 到亚稳态中间体 Li_xFePO_4 再到 $LiFePO_4$ 的转变（B 路线）（日本兵库，同步辐射光源，SPring-8-BL01B1）。

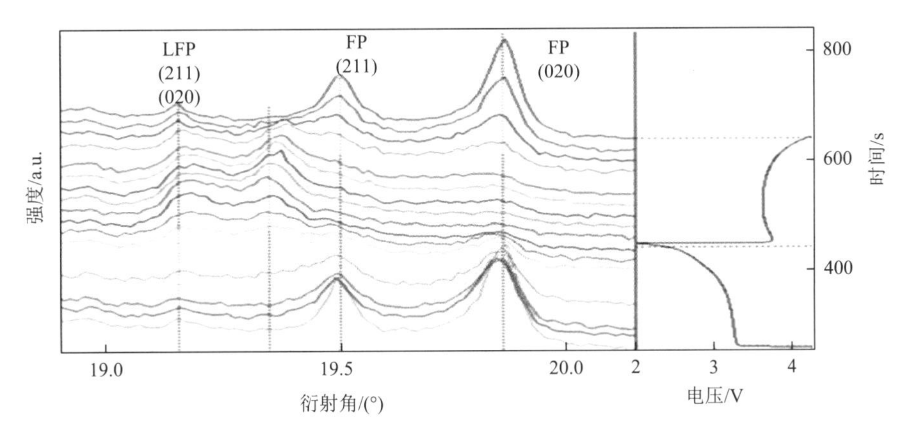

(a) 首次放电和第二次充电的时间分辨XRD图谱

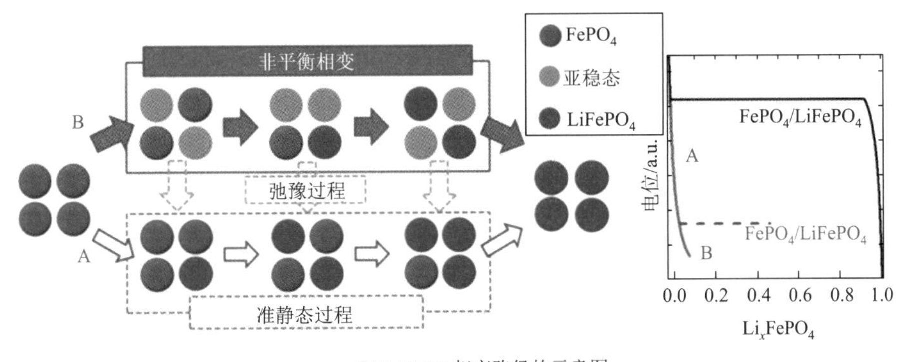

(b) $LiFePO_4$相变路径的示意图

图 3.35 时间分辨 XRD 探究充放电过程中 $LiFePO_4$ 电极的变化

3.5.2 太极阴阳鱼，相对又相依

《易经》认为太极八卦图中阴阳对立，却又相互依存，正如非均相混合物。它们具有不同物体形态，或固液态，或气液态，或气固态，甚至可能是固液气三态混合，但可以混合成一个稳定长存的体系。

水被视为生命的源泉，是万物赖以生存、得以发展的基础物质。同样地，在各种各样非均相体系中，研究最多的总是液态体系，比如物质析出、相分离、界面组装等都是与液态相关的研究热点。同步辐射借助其独特的优势，用于探究非均相体系时，能够提供材料表面和界面极为敏感的信息。

表界面成分

1837 年汉斯・克里斯汀・安徒生（Hans Christian Andersen）笔下诞生了一个经典的故事——《美人鱼》，故事主要讲述了美人鱼公主与王子相见、相爱到相离的凄美爱情。故事最后，人鱼公主不忍伤害王子，在初升的朝阳里变成了五彩缤纷的气泡，回归大海。

气泡在生活中常见且易碎，但当尺寸缩小至纳米级后，却能在界面长期稳定存在。在某些界面下气泡会带来很多意想不到的影响，如催化过程中界面的气泡会降低反应的转换效率，但在流体运输中界面的气泡却能提高矿物颗粒浮选的效率。气泡是液态非均相体系中的经典研究对象，因此了解气泡的成分以及形成对进一步认识表界面是极为重要的。

目前，液相型原子力显微镜成像、红外光谱、全内反射荧光、TEM 等技术均可用于研究表面纳米气泡，但纳米气泡中气体的物理化学性质仍不清楚。此外，便捷地高效分辨单个纳米气泡是比较困难的。同步辐射由于其光源的特殊性，使其可以以极高的空间分辨率对样品进行高效测试。

STXM 是一种能将化学分辨与空间分辨结合的新技术，空间分辨率高达 30 nm。该技术是利用高能量分辨的近边 X 射线吸收精细谱在纳米

尺度上采集样品中目标元素的价态信息，再由点到线到面对样品进行堆栈扫描，获得整个样品的元素分布以及二维图像。截至目前，STXM 的表界面研究已扩展至许多方面，如化学成分成像、微细磁畴成像、偏振特性研究、纳米 CT 等。

【示例 3.50】STXM 可以对纳米气泡内部气体的基本性质进行探测[52]。STXM 测试发现，相比于液态水区域，纳米气泡的存在降低了水层的厚度，导致 540 eV 处吸收不同，进而产生明亮区域[图 3.36（a),（b）]。进一步分析 NEXAFS 光谱，纳米气泡的吸收谱（绿线）在 531 eV 处有信号峰，归因于氧气的 O1s 态，证实纳米气泡内部成分是氧气，外部为液态水[图 3.36（c）]。通过对比纳米

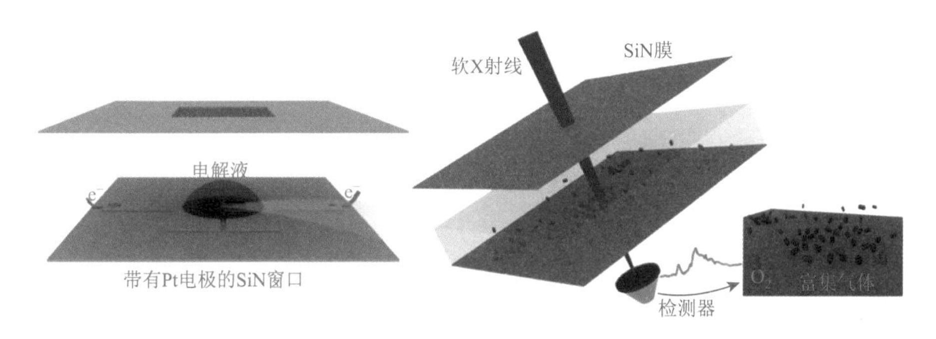

(a) STXM测试装置

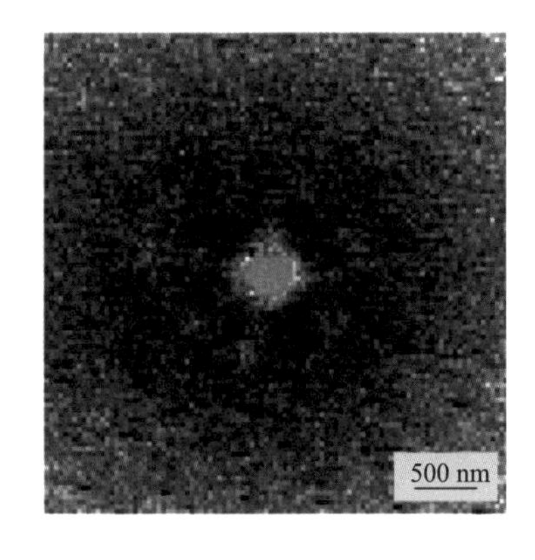

(b) 单个纳米气泡在537 eV的STXM成像

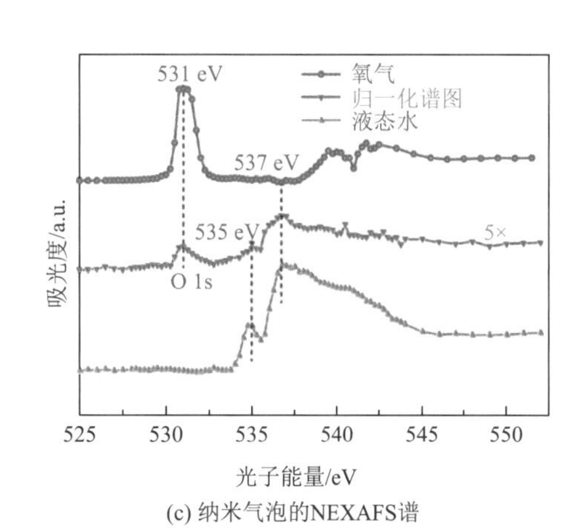

(c) 纳米气泡的NEXAFS谱

图 3.36　STXM 测量电解水产生的高密度氧纳米气泡

气泡和氧气的吸光度差值，得出气泡内的氧气质量浓度约为 101.18 g/L，压力远高于 50 atm（1atm = 101 325 Pa），证实电解水产生的是高密度的氧纳米气泡（中国上海，上海同步辐射光源，SSRF-BL08U1A）。

表界面自组装

表界面自组装的过程中，基本单元自发地从杂乱到整齐，从无序到有序，并通过个体之间的相互制衡，最终获得一个稳定、有序的结构。自组装现象在自然界和日常生活中都很常见，如天体系统中的行星运转、排列，各种生命体的 DNA 链、RNA 链等。

近年来，自组装概念在许多学科中得到了越来越多的应用，特别是以水为溶剂的表界面自组装。操纵纳米粒子悬浮介质的性质（如 pH 值、温度、盐等）是控制其聚集成超结构材料的最可行方法。但到目前为止，对纳米粒子自组装机制的深入理解一直是一个挑战。

一方面，SAXS 可以检测纳米级的结构，但往往需要建立一系列模型进行数据模拟，以便获取更多的目标信息，比如纳米粒子的半径、形状等。另一方面，XRR 是分析薄膜材料的经典手段，可以反映出薄膜样品的厚度、相对密度以及表界面粗糙度等信息。因此，SAXS 和 XRR 是解构气液界面上纳米粒子膜的“最佳拍档”，两者相辅相成，可以给出纳米粒子详细信息的同时提供薄膜的结构分析。

【示例 3.51】GISAXS 和 XRR 测定了功能化 Au 纳米粒子在界面处的自组装行为[53]。采用 DNA 大分子对 Au 纳米粒子进行功能化，通过改变溶液盐浓度，可以控制 DNA 链在脂质界面的吸附，进而可控调节纳米粒子间的组装间距[图 3.37（a）]。当添加的 NaCl 从 0 mM 增加到 100 mM 时，XRR 图谱的振幅逐步增强，说明表界面形成的纳米粒子膜变得更为致密、厚实[图 3.37（b）]。此外，GISAXS 谱的衍射峰峰宽增加，峰位逐步转向更大的 q_r 方向，这些都证实纳米粒子在表界面的自组装变得更密集、更有序[图 3.37（c）]（美国纽约，布鲁克海文国家实验室同步辐射光源，NSLS-X22B）。

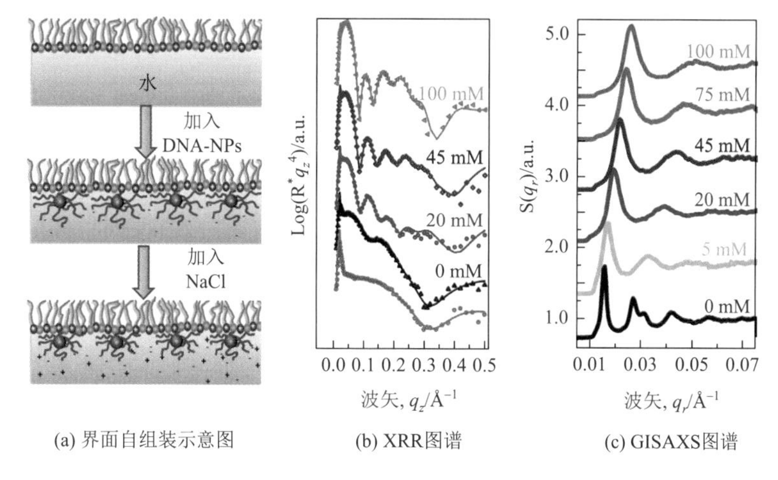

(a) 界面自组装示意图　(b) XRR图谱　(c) GISAXS图谱

图 3.37　XRR、GISAXS 联用分析 Au 纳米粒子在表界面自组装

均相或非均相混合体系都呈现出较为复杂、多变的环境，想了解其中多个物质的组成、变化、相互作用等，往往对研究手段提出了严格的要求。同步辐射光源凭借其高通量、高偏振、高准直等特性，展现出独特的高时空分辨的能力，能快速、高精度地分析复杂的微区环境。基于此，各类同步辐射技术，如 XRF、XAS、XRD 等在分析混合物方面展现出强大的优势。

目前，对于大多数均相体系，单一的同步辐射技术就能实现测试需求。但涉及更为复杂的三相混合体系时，通过两种或多种技术联用是达到目的的有效方式之一。随着科学领域的发展与进步，越来越多的实验会需要运用到原位研究，因此发展可以适用于多种同步辐射技术联用的原位装置也是至关重要的。

参 考 文 献

[1] JACQUES S D M，MICHIEL M D，KIMBER S A，et al. Pair distribution function computed tomography[J]. Nature communications，2013，4（1）：2536.

[2] YANG K N，ZHANG T，WEI B，et al. Ultrathin high-κ antimony oxide single crystals[J]. Nature communications，2020，11（1）：2502.

[3] YANG Y C，WANG B W，SHEN X D，et al. Scalable assembly of crystalline binary nanocrystal superparticles and their enhanced magnetic and electrochemical properties[J]. Journal of the American chemical society，2018，140（44）：15038-15047.

[4] ZORKO A，ADAMOPOULOS O，KOMELJ M，et al. Frustration-induced nanometre-scale

inhomogeneity in a triangular antiferromagnet[J]. Nature communications，2014，5（1）：3222.

[5] LEONTYEV I N，KURIGANOVA A B，LEONTYEV N G，et al. Size dependence of the lattice parameters of carbon supported platinum nanoparticles：X-ray diffraction analysis and theoretical considerations[J]. RSC advances，2014，4（68）：35959-35965.

[6] ZHOU D，SEMENOK D V，XIE H，et al. High-pressure synthesis of magnetic neodymium polyhydrides[J]. Journal of the American chemical society，2020，142（6）：2803-2811.

[7] ZHANG F，WU Y，LOU H B，et al. Polymorphism in a high-entropy alloy[J]. Nature communications，2017，8（1）：15687.

[8] JIANG X X，MOLOKEEV M S，DONG L Y，et al. Anomalous mechanical materials squeezing three-dimensional volume compressibility into one dimension[J]. Nature communications，2020，11（1）：5593.

[9] BONISCH M，PANIGRAHI A，STOICA M，et al. Giant thermal expansion and α-precipitation pathways in Ti-alloys[J]. Nature communications，2017，8（1）：1429.

[10] MARTINEZ-CRIADO G，SEGURA-RUIZ J，ALEN B，et al. Exploring single semiconductor nanowires with a multimodal hard X-ray nanoprobe[J]. Advanced materials，2014，26（46）：7873-7879.

[11] ZHOU N，SHEN Y H，LI L，et al. Exploration of crystallization kinetics in quasi two-dimensional perovskite and high performance solar cells[J]. Journal of the American chemical society，2018，140（1）：459-465.

[12] NAGAOKA Y，TAN R，LI R P，et al. Superstructures generated from truncated tetrahedral quantum dots[J]. Nature，2018，561（7723）：378-382.

[13] YANG W S，PARK B W，JUNG E H，et al. Iodide management in formamidinium-lead-halide-based perovskite layers for efficient solar cells[J]. Science，2017，356（6345）：1376-1379.

[14] MA E Y，CUI Y T，UEDA K，et al. Mobile metallic domain walls in an all-in-all-out magnetic insulator[J]. Science，2015，350（6260）：538-541.

[15] SCHMIDT-HANSBERG B，KLEIN M F G，SANYAL M，et al. Structure formation in low-bandgap polymer：fullerene solar cell blends in the course of solvent evaporation[J]. Macromolecules，2012，45（19）：7948-7955.

[16] ZHANG N，LI X，YE H，et al. Oxide defect engineering enables to couple solar energy into oxygen activation[J]. Journal of the American chemical society，2016，138（28）：8928-8935.

[17] SUN Y，CAO Y，WANG L，et al. Gold catalysts containing interstitial carbon atoms boost hydrogenation activity[J]. Nature communications，2020，11（1）：4600.

[18] LUO Z，OUYANG Y，ZHANG H，et al. Chemically activating MoS_2 via spontaneous atomic palladium interfacial doping towards efficient hydrogen evolution[J]. Nature communications，2018，9（1）：2120.

[19] OHNO T，YAMAGUCHI H，KURODA S，et al. Direct observation of dislocations propagated from 4H-SiC substrate to epitaxial layer by X-ray topography[J]. Journal of crystal growth，2004，260（1/2）：209-216.

[20] TOUMI T O，LANKINEN A，ANTTILA O. Geometric determination of direction of dislocations using synchrotron X-ray transmission topography[J]. Journal of synchrotron radiation，2020，27（6）：1674-1680.

[21] SEO O，SAKATA O，KIM J M，et al. Stacking fault density and bond orientational order of fcc ruthenium nanoparticles[J]. Applied physics letters，2017，111（25）：253101.

[22] GUO Y Q，PENG J，QIN W，et al. Freestanding cubic ZrN single-crystalline films with two-dimensional

superconductivity[J]. Journal of the American chemical society，2019，141（26）：10183-10187.

[23] PERSSON I，LUNDBERG D，BAJNOCZI E G，et al. EXAFS study on the coordination chemistry of the solvated copper（II）ion in a series of oxygen donor solvents[J]. Inorganic chemistry，2020，59（14）：9538-9550.

[24] FUKUI H，KANZAKI M，HIRAOKA N，et al. Coordination environment of silicon in silica glass up to 74 GPa：an X-ray Raman scattering study at the silicon L edge[J]. Physical review B，2008，78（1），12203.

[25] UTSUNO F，INOUE H，YASUI I，et al. Structural study of amorphous In_2O_3 film by grazing incidence X-ray scattering（GIXS）with synchrotron radiation[J]. Thin solid films，2006，496（1）：95-98.

[26] TAN Y Y，SUN D B，YU H Y，et al. In situ time-resolved X-ray absorption fine structure and small angle X-ray scattering revealed an unexpected phase structure transformation during the growth of nickel phosphide nanoparticles[J]. The journal of physical chemistry C，2018，122（28）：16397-16405.

[27] FU Q，SARAPULOVA A，TROUILLET V，et al. In *operando* synchrotron diffraction and in *operando* X-ray absorption spectroscopy investigations of orthorhombic V_2O_5 nanowires as cathode materials for Mg-ion batteries[J]. Journal of the American chemical society，2019，141（6）：2305-2315.

[28] VACCARI M，GARBARINO G，YANNOPOULOS S N，et al. High pressure transition in amorphous As_2S_3 studied by EXAFS[J]. Journal of chemical physics，2009，131（22）：224502.

[29] YU Z H，XIA W，XU K L，et al. Pressure-induced structural phase transition and a special amorphization phase of two-dimensional ferromagnetic semiconductor $Cr_2Ge_2Te_6$[J]. The journal of physical chemistry C，2019，123（22）：13885-13891.

[30] HIGUCHI K，KIMURA K，MIZUNO A，et al. Density and structure of undercooled molten silicon using synchrotron radiation combined with an electromagnetic levitation technique[J]. Journal of non-crystalline solids，2007，353（32/40）：2997-2999.

[31] WANG L G，WANG J J，ZUO P J. Probing battery electrochemistry with in *operando* synchrotron X-ray imaging techniques[J]. Small methods，2018，2（8）：1700293.

[32] BOESENBERG U，FALK M，RYAN C G，et al. Correlation between chemical and morphological heterogeneities in $LiNi_{0.5}Mn_{1.5}O_4$ spinel composite electrodes for lithium-ion batteries determined by micro-X-ray fluorescence analysis[J]. Chemistry of materials，2015，27（7）：2525-2531.

[33] MOREIRA A F L，PAULA F L O，CAMPOS A F C，et al. Local structure investigation of cobalt ferrite-based nanoparticles by synchrotron X-ray diffraction and absorption spectroscopy[J]. Journal of solid state chemistry，2020，286：121269.

[34] GRANDJEAN D，COUTINO-GONZALEZ E，CUONG N T，et al. Origin of the bright photoluminescence of few-atom silver clusters confined in LTA zeolites[J]. Science，2018，361（6403）：686-690.

[35] VAN SCHOONEVELD M M，GOSSELINK R W，EGGENHUISEN T M，et al. A multispectroscopic study of 3d orbitals in cobalt carboxylates：the high sensitivity of 2p3d resonant X-ray emission spectroscopy to the ligand field[J]. Angewandte chemie，international edition in English，2013，52（4）：1170-1174.

[36] LIU G D，WANG G L，ZHU Y，et al. Development of a vacuum ultraviolet laser-based angle-resolved photoemission system with a superhigh energy resolution better than 1 meV[J]. Review of scientific instruments，2008，79（2）：23105.

[37] SONG Y K，WANG G W，LI S C，et al. Photoemission spectroscopic evidence for the dirac nodal line in the monoclinic semimetal $SrAs_3$[J]. Physical review letters，2020，124（5）：56402.

[38] LV B Q，FENG Z L，XU Q N，et al. Observation of three-component fermions in the topological semimetal molybdenum phosphide[J]. Nature，2017，546（7660）：627-631.

[39] WILSON N R，NGUYEN P V，SEYLER K，et al. Determination of band offsets，hybridization，and exciton binding in 2D semiconductor heterostructures[J]. Science advances，2017，3（2）：e1601832.

[40] SOBOTA J A，YANG S，ANALYTIS J G，et al. Ultrafast optical excitation of a persistent surface-state population in the topological insulator Bi_2Se_3[J]. Physical review letters，2012，108（11）：117403.

[41] SOBOTA J A，YANG S L，KEMPER A F，et al. Direct optical coupling to an unoccupied dirac surface state in the topological insulator Bi_2Se_3[J]. Physical review letters，2013，111（13）：136802.

[42] JOZWIAK C，SOBOTA J A，GOTLIEB K，et al. Spin-polarized surface resonances accompanying topological surface state formation[J]. Nature communication，2016，7（1）：13143.

[43] WOGELIUS R A，MANNING P L，BARDEN H E，et al. Trace metals as biomarkers for eumelanin pigment in the fossil record[J]. Science，2011，333（6049）：1622-1626.

[44] POO-ARPORN Y，THACHEPAN S，PALANGSUNTIKUL R. Investigation of damaged interior walls using synchrotron-based XPS and XANES[J]. Journal of synchrotron radiation，2015，22（1）：86-90.

[45] TAO F，GRASS M E，ZHANG Y，et al. Reaction-driven restructuring of Rh-Pd and Pt-Pd core-shell nanoparticles[J]. Science，2008，322（5903）：932-934.

[46] CORREA-BAENA J P，LUO Y，BRENNER T M，et al. Homogenized halides and alkali cation segregation in alloyed organic-inorganic perovskites[J]. Science，2019，363（6427）：627-631.

[47] JIANG M，NAKAMATSU Y，JENSEN K A，et al. Multi-scale analysis of the occurrence of Pb，Cr and Mn in the NIST standards：urban dust（SRM 1649a）and indoor dust（SRM 2584）[J]. Atmospheric environment，2014，82：364-374.

[48] DING J，GUAN Y，CONG Y，et al. Single-particle analysis for structure and iron chemistry of atmospheric particulate matter[J]. Analytical chemistry，2020，92（1）：975-982.

[49] POINDEXTER J R，HOYE R L Z，NIENHAUS L，et al. High tolerance to iron contamination in lead halide perovskite solar cells[J]. ACS nano，2017，11（7）：7101-7109.

[50] SHI X Y，POSYSAEV S G，HUTTULA M，et al. Metallic contact between MoS_2 and Ni via Au nanoglue[J]. Small，2018，14（22）：e1704526.

[51] ORIKASA Y，MAEDA T，KOYAMA Y，et al. Direct observation of a metastable crystal phase of Li_xFePO_4 under electrochemical phase transition[J]. Journal of the American chemical society，2013，135（15）：5497-5500.

[52] ZHOU L M，WANG X Y，SHIN H J，et al. Ultrahigh density of gas molecules confined in surface nanobubbles in ambient water[J]. Journal of the American chemical society，2020，142（12）：5583-5593.

[53] SRIVASTAVA S，NYKYPANCHUK D，FUKUTO M，et al. Tunable nanoparticle arrays at charged interfaces[J]. ACS nano，2014，8（10）：9857-9866.

捕捉物质每个演变瞬间

瞬间是时间上的须臾片刻，是一个无时无刻不在发生的动作。它也是视觉上的某一个定格画面。物质世界中存在各种各样的瞬间，它可以是物质从成核到长大的某一个片段，也可以是物质转化过程中的某一个驻足停留，或者是外界干扰下的那一份稍纵即逝的状态。瞬间给了我们一个驻足停留的时刻，而同步辐射技术将瞬息万变的物质世界捕捉和解析，从时间到空间描绘出它们的变化轨迹。

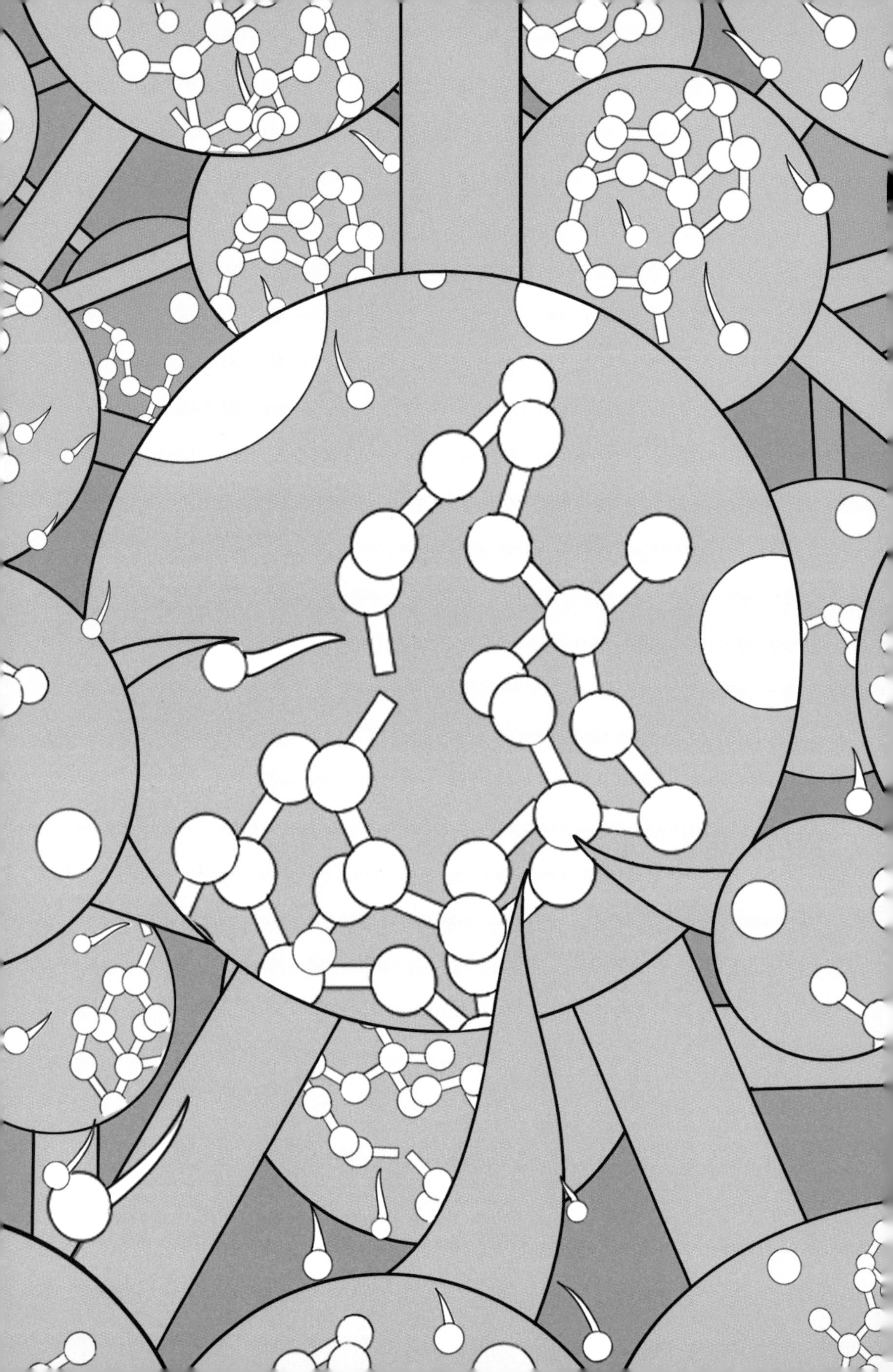

4.1 物质的“起源”

相传，在很久很久以前，天和地还没有分开，宇宙混沌一片。有个叫盘古的巨人，在这混沌之中，一直睡了一万八千年。有一天，盘古突然醒了，他见周围一片漆黑，就抡起大斧头，朝眼前的黑暗猛劈过去。只听一声巨响，混沌一片的东西渐渐分开了。轻而清的东西，缓缓上升，变成了天，重而浊的东西，慢慢下降，变成了地。这就是神话传说中的“盘古开天辟地”，盘古使天地分开，并创造了万物。虽说这是神话传说，但也是人类对其物质世界起源的美好想象。

我们所处的这个世界的本质是由物质构成的，物质的起源和发展将直接影响世界。由此，我们需要深刻全面地理解物质形成机制，这样才能合理地设计及合成特定功能的材料，来满足人类社会的持续发展。

功能材料具有明显的结构-性能依赖关系，即功能材料的晶体结构和化学组成决定了其物理和化学性质。全面了解功能材料的原位形成过程中涉及的成核及生长的机制，将在合理设计和有效合成特定功能的材料中起到关键作用。

传统的表征技术包括光学显微术(optical microscopy,OM)及 TEM，由于其低时空分辨率，只能观察到有限的信息，且其适用的环境有限，所观察到的实验结果有时并不能充分揭示功能材料真实的成核及生长过程。

同步辐射原位技术具有高时空分辨率，且同步辐射源（X 射线）在环境及材料中穿透性强，这使得其能直接获得功能材料原子尺度上的瞬态信息，为我们全面理解其生长动力学提供坚实的基础。

目前,原位同步辐射成像技术已经克服了早期单一结构成像的局限，发展成为一种能够提供样品的多尺度的三维结构、化学成分、价态以及动态行为等信息的多模块成像技术。散射方法可用于分析功能材料成核生长过程中涉及的晶体结构、尺寸分布、形貌和组装的原子级尺度的信息。而光谱学方法则是揭示功能材料电子结构和化学信息的有力手段。

本节将从最终获得的关于物质成核与生长的信息分为生长论（物质生长机理的揭示）及眼见为实（物质生长过程的可视化）两部分。

4.1.1 生长论

纳米晶体的成核与生长

为了从原子尺度上理解纳米晶体成核和生长过程，需要获取从前驱体到纳米晶体产物的化学状态和原子结构变化的信息。时间分辨原位 XAFS 光谱可以直接研究块体或溶液体系反应过程中目标元素的配位环境变化。

近年来，原位 XAFS 光谱已被用于研究金属、半导体和氧化物纳米晶体的成核和生长。由金属前驱体还原生成金属纳米晶体的初始成核途径主要有以下两种：一种是经典的成核路径，金属离子首先被完全还原成零价原子，然后聚集成核，最终生长成纳米晶体；另一种是未完全还原成零价原子之前的金属物种形成簇状络合物。

【示例 4.1】为了证实由前驱体产生金属纳米晶体的初始成核的途径，XAFS 技术被用来监测湿化学还原获得 Au 纳米晶的过程[1][图 4.1（a）]。不同原子个数的团簇的原位和模拟 X 射线吸收近边结构对比表明，在初始阶段形成的 Au—Au 键长膨胀的新的配合物为 $Cl_3Au—AuCl_3$ 二聚体簇。随着还原的继续进行，成核阶段形成高阶 Au_nCl_{n+x} 聚物，随后小团簇的聚集加速了生长。整个反应可分为初始成核、缓慢生长和最终聚合三个阶段[图 4.1（b）]（中国合肥，国家同步辐射实验室，NSRL-U7C；日本东京，光子工厂先进的脉冲 X 射线环，PF-AR-NW10A）。

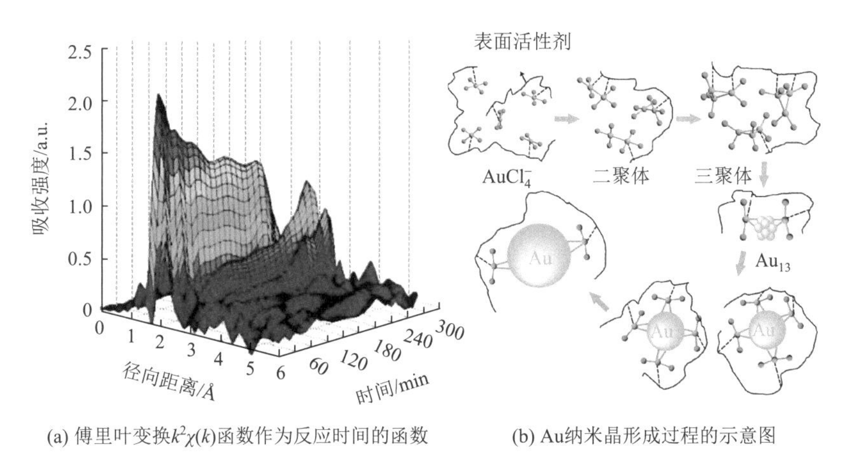

(a) 傅里叶变换$k^2\chi(k)$函数作为反应时间的函数　　(b) Au纳米晶形成过程的示意图

图 4.1　原位 QXAFS 观测 Au 纳米晶的形成过程

将原位 XAFS 与其他光谱技术如紫外-可见（ultraviolet-visible，UV-Vis）吸收光谱相结合，可以同时测定纳米晶形成过程中的结构变化和物质演变信息。

【示例 4.2】XAFS 和 UV-Vis 吸收光谱相结合的原位测量方法被用来监测溶液法合成 Pt 纳米晶的成核路径[2]。合成的 Pt 纳米晶的形貌强烈依赖于还原剂的还原强度：当使用弱还原性的乙二醇[$(CH_2OH)_2$]时，将获得线状的 Pt 纳米晶；当使用强还原性的柠檬酸（$C_6H_8O_7$）时，将获得球形的 Pt 纳米晶。原位 XAFS 和 UV-Vis 数据揭示了在这两种还原剂作用下 Pt 纳米晶的形成遵循两种不同的成核路径：由线性 $Cl_3Pt—PtCl_3$ 二聚体聚合形成一维 Pt_nCl_x 配合物和由聚集的 Pt^0 原子形成球形 Pt_n^0 团簇。该研究表明合成过程中还原剂的还原强度可以调节纳米晶的成核，并对其生长动力学和最终形貌有很大的影响。

当 X 射线透过样品时，在靠近原光束 2°～5°的小角度范围内发生的散射现象被称为 SAXS。其特征尺寸在一纳米到几十微米之间。基于此，SAXS 可用于表征微米尺度或纳米尺度颗粒的信息，如体积分数、尺寸分布、数密度和形状，而不考虑颗粒所在的分散介质。

【示例 4.3】SAXS 被用来实时观察光还原制备金属纳米晶的成核生长及颗粒聚集过程[3]。分析粒径、颗粒数量和粒径分布随时间的变化，发现铑（Rh）纳米颗粒的形成首先遵循自催化还原成核机制，然后再按扩散限制的奥斯特瓦尔德熟化生长机制生长，其中自催化成核生长机制占主导。而在钯（Pd）纳米粒子的形成过程中，反应早期的还原成核过程明显较快，随后由奥斯特瓦尔德熟化机制主导进行生长（图 4.2）。其成核机制与通过时间分辨 XAFS 来监测到的结果相一致（日本兵库，同步辐射光源，SPring-8-BL45XU）。

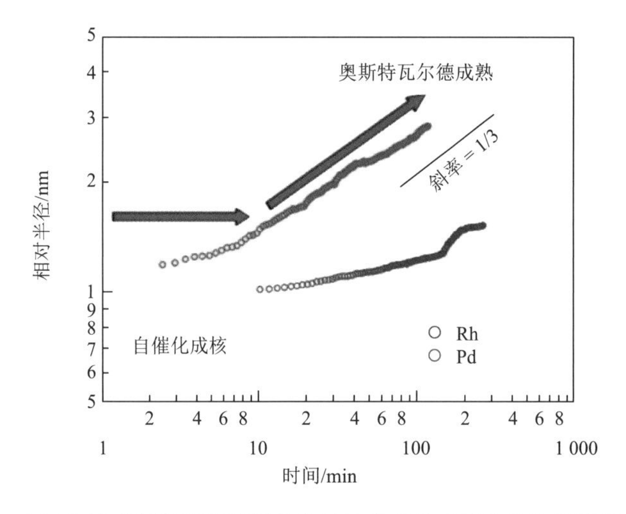

图 4.2　SAXS 技术观察光还原制备金属纳米晶的成核生长及颗粒聚集过程

XAFS 技术用于揭示纳米晶生长过程中目标元素的化学信息（成键、配位、价态等），而 SAXS 主要研究纳米晶体成核与生长过程中的结构信息（形貌、尺寸、分布）。

【示例 4.4】SAXS 实时跟踪了不同形貌的硫化铜（$Cu_{2-x}S$）胶体晶体的形成过程[4]。SAXS 结果表明，在不存在氯离子的条件下，一组 Cu–十二硫醇（$C_{12}H_{26}S$）层状化合物的结构因子峰按一定的周期出峰。在 150℃时，该结构因子峰消失，表明层状结构的消失[图 4.3（a）]。而当有氯离子存在的条件下，有三组对应不同层间距的层状化合物的峰出现，说明氯离子的存在改变了前驱体的结构，出现了三种不同的相。其中两相在 150℃时消失，而氯化物可以稳定其中一种相。该相在 $Cu_{2-x}S$ 成核（230℃）后仍保持完整，导致二维（two-dimensional，2D）模板约束的成核和生长[图 4.3（b）]（法国格勒诺布尔，欧洲同步辐射光源，ESRF-ID02）。

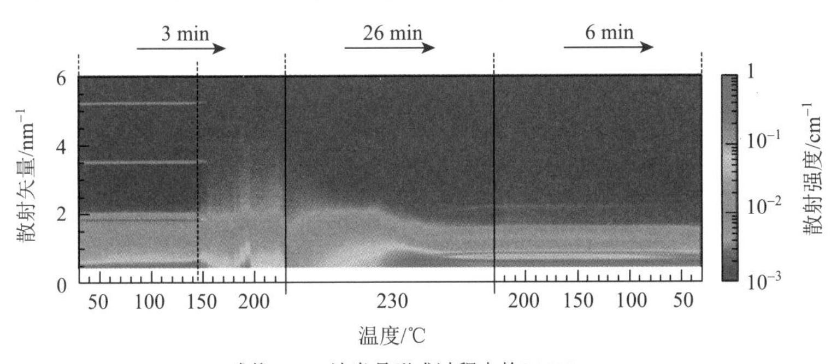

(a) 球状$Cu_{2-x}S$纳米晶形成过程中的SAXS

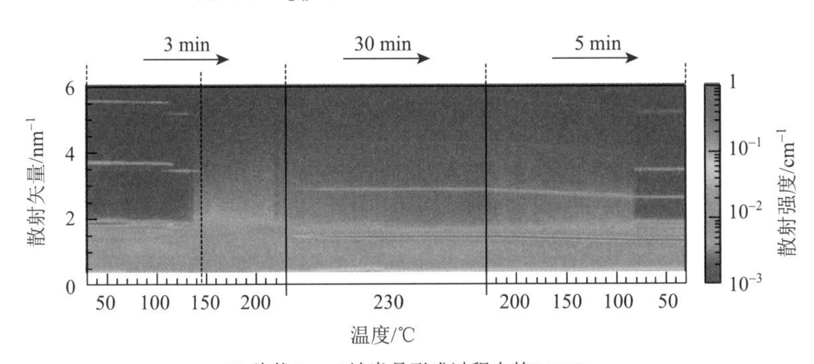

(b) 片状$Cu_{2-x}S$纳米晶形成过程中的SAXS

图 4.3 原位 SAXS 研究 $Cu_{2-x}S$ 纳米晶生长过程

薄膜材料的成核与生长

基于先进功能薄膜材料制作的各类器件被广泛应用于新能源、光电子、微电子、信息技术、航空航天、平板显示等众多高新技术领域，器件的性能强烈依赖于薄膜材料的微结构。全面理解功能薄膜材料的成核与生长将有助于获得特定的微结构。

掠入射 X 射线衍射技术中，入射的 X 射线以很小的角度入射到样品表面，X 射线穿透样品的深度很浅，因此获得的衍射信号主要来自样品的表面，适合薄膜材料的分析。

近年来，同步辐射原位掠入射 X 射线衍射已被科研工作者用于研究各种各样功能薄膜材料的成核与生长，包括钙钛矿薄膜材料、有机薄膜材料等。

有机无机杂化钙钛矿材料由于其优异的光电性能，包括宽的光吸收带、低的缺陷密度、优异的载流子扩散长度，吸引了研究者广泛的关注。与硅和砷化镓等传统无机光伏材料相比，钙钛矿可以采用溶液法制备，这使得能利用现有的高通量、低成本的薄膜印刷技术，用于未来钙钛矿太阳能电池的大规模生产。

然而，器件的性能强烈依赖于钙钛矿薄膜的结晶性及形貌。大量研究表明，生长过程中涉及多种多样的因素，例如制备方法、温度、前驱体、溶剂和添加剂等，都会影响钙钛矿的结晶行为及成膜的微结构。

非原位观察钙钛矿结晶过程中的表面形貌变化的研究已被报道。例如：控制碘化铅（PbI_2）在甲基碘化胺[CH_3NH_3I（MAI）]溶液的浸渍时间及 CH_3NH_3I（MAI）溶液的浓度，可获得立方体的钙钛矿三碘合铅（II）酸甲铵（$CH_3NH_3PbI_3$）晶体。通过对在不同生长条件下生长的钙钛矿进行扫描电子显微镜（scanning electron microscope，SEM）图像分析，可揭示生长条件对钙钛矿表面形貌变化与结晶行为之间的关系。然而，这些非原位的研究无法给出详细的演变过程信息，只能根据最终收集到的实验结果推导可能的生长机制。

【示例 4.5】将 GIXRD 及傅里叶变换红外（Fourier transform infrared，FTI）光谱进行联用，对钙钛矿材料从前驱体溶液到生长为多晶薄膜的过程进行实时观测，探索其中结晶过程和化学成分的原位变化[5]。GIXRD 结果表明，不同的温度将导致不同的结晶行为，且在它们所采用的温度范围内，钙钛矿薄膜的结晶会经历一个中间相（图 4.4）。基于所得的所有原位数据，研究者提出了一种结晶耗尽机制，以说明钙钛矿薄膜在介观水平上的周期性的成核行为（美国伯克利，劳伦斯伯克利国家实验室先进光源，ALS-LBNL-7.3.3）。

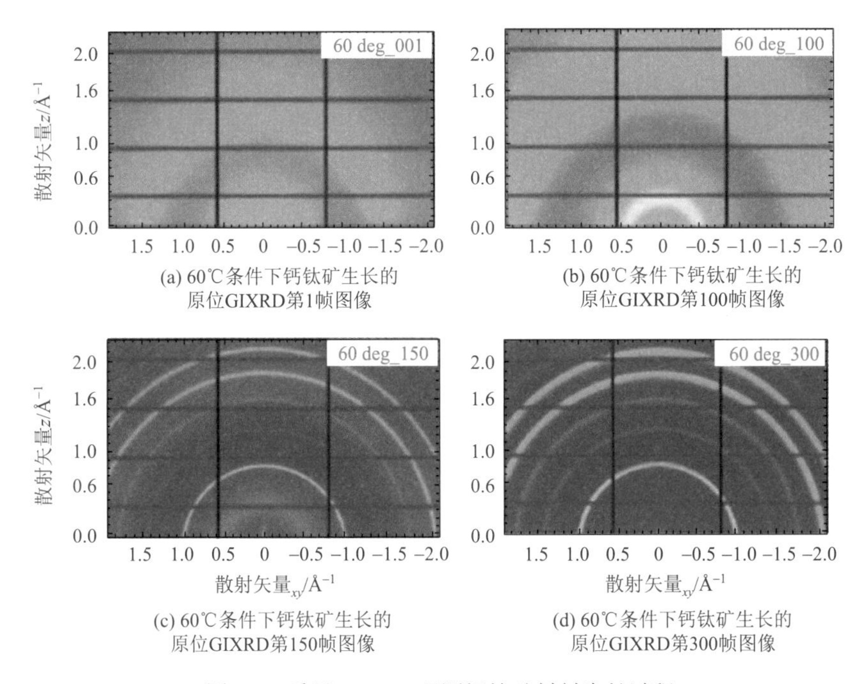

(a) 60℃条件下钙钛矿生长的原位GIXRD第1帧图像
(b) 60℃条件下钙钛矿生长的原位GIXRD第100帧图像
(c) 60℃条件下钙钛矿生长的原位GIXRD第150帧图像
(d) 60℃条件下钙钛矿生长的原位GIXRD第300帧图像

图 4.4 采用 GIXRD 观测钙钛矿材料生长过程

随后研究者们发现，当采用相对较高的温度时，无论是旋涂法还是叶片涂覆法，钙钛矿结晶可以不经过溶剂化的中间相，而直接获得纯的高结晶性的钙钛矿薄膜。

【示例 4.6】原位 GIWAXS 研究表明，在热基底（>150℃）上，能获得纯的甲胺铅碘（$MAPbI_3$）相[6][图 4.5（a）]。在此过程中，

$MAPbI_3$相的形核势垒降低，中间相和 PbI_2 晶相受到抑制，晶核数量的增加提高了基底上 $MAPbI_3$ 薄膜的表面覆盖率和均匀性[图 4.5(b)]。获得的高质量、大晶粒、致密钙钛矿薄膜具有高效的电荷收集能力和光转换效率（美国纽约，康奈尔大学高能同步加速器研究中心，CHESS-D）。

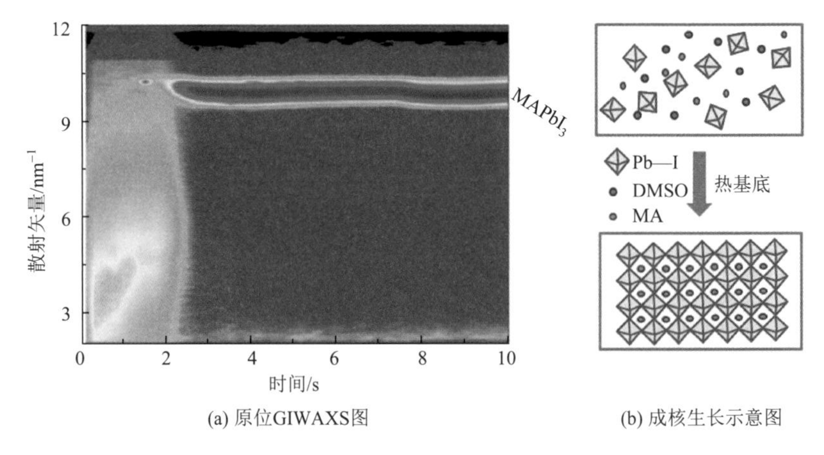

(a) 原位GIWAXS图 (b) 成核生长示意图

图 4.5 原位 GIWAXS 研究热基底上 $MAPbI_3$ 的成核生长过程

除了基底温度外，溶剂的选择、添加剂、不同离子掺杂也对钙钛矿薄膜的成核与生长起着重要的作用。例如以二甲基亚砜（C_2H_6OS）为溶剂时，丁胺甲胺碘锡[$(BA)_2(MA)_2Sn_3I_{11}$]薄膜沿基底平面方向平行生长，而以 N, N-二甲基甲酰胺[$HCON(CH_3)_2$]为溶剂时，钙钛矿则沿基底垂直方向生长。

【示例 4.7】研究者利用原位 GIWAXS，研究了低禁带 3D 和高禁带 2D 元件之间形成的高度稳定的自组装铅锡（PbSn）钙钛矿异质结构的成核与生长[7]。结果表明在没有硫氰酸铵（NH_4SCN）添加剂时，2D 域和 3D 域同时成核。而在添加 NH_4SCN 时，2D 域的生长行为与未添加 NH_4SCN 时相似，3D 域的成核行为表现出明显的延迟[图 4.6（a),（b）]。NH_4SCN 中的 NH_4^+和 SCN^-起媒介作用，与前体溶液悬浮液中的早期胶体结合。这种结合阻碍了 3D 前驱体的生长动力学，最终使得晶体只能在退火过程中 NH_4SCN 组分蒸发后才能成核（英国南牛津郡迪德科特镇，钻石光源，DLS-I07）。

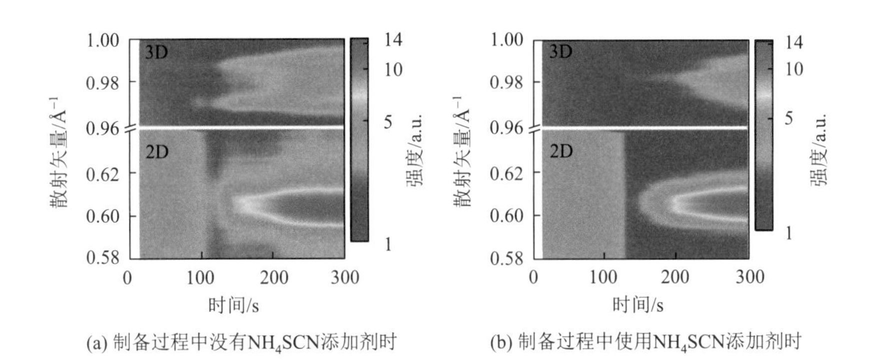

(a) 制备过程中没有 NH_4SCN 添加剂时　(b) 制备过程中使用 NH_4SCN 添加剂时

图 4.6　原位 GIWAXS 研究添加剂对钙钛矿的成核生长的影响

【示例 4.8】研究者利用原位 GIWAXS 研究了不同含量的铯离子（Cs^+）和钾离子（K^+）掺杂的钙钛矿的凝固过程[8]。结果表明，当溶液中含有 K^+时，将得到 4H 相的钙钛矿。当溶液中引入 Cs^+时，其浓度会影响所获得的钙钛矿的相结构。当浓度为 5%时，生成的钙钛矿中既存在 4H 相，又有 3C 相；当浓度为 10%时，只形成 3C 相；当浓度为 20%时，会出现卤化物偏析（美国纽约，康奈尔大学高能同步加速器研究中心，CHESS-D）。

4.1.2　眼见为实

功能材料的生长一般包括成核与长大，其尺度为亚纳米到微米范畴，且很多功能材料的成核与生长需要在高温的条件下，例如金属合金的凝固结晶过程通常是在成百上千的温度下从液态变成固态，因而在很大程度上限制了常规成像技术的应用。

直接观测物质的生长过程有助于理解其生长动力学并实现可控生长。同步辐射原位成像技术的出现，使实时观察材料成核生长的动态演变成为可能。当前利用同步辐射 X 射线成像技术可以获得纳米级的空间分辨率和微秒级的时间分辨率。该技术已成为实时动态观察功能材料生长过程的重要手段，比如金属的凝固过程。

【示例 4.9】1999 年，同步辐射 X 射线成像技术首次被用来对二元金属合金晶体的生长过程进行 2D 成像，成像的结果揭示了低熔点锡-铋（Sn-Bi）和锡-铅（Sn-Pb）合金的胞晶和枝晶形貌演变过程及动态生长行为[9]。随后，原位同步辐射 X 射线成像技术被用于观察各种金属合金（低熔点合金、中熔点合金、高熔点合金）凝固过程中的枝晶形貌、生长取向、枝晶断裂、枝晶旋转等微观结构特征和行为（法国格勒诺布尔，欧洲同步辐射光源，ESRF-ID18 和 ESRF-ID22）。

随着第三代同步辐射光源和新一代电荷耦合器件、计算机的 X 射线断层摄影术、快速扫描/透射 3D 重建技术的发展，使得在 3D 尺度上实现金属合金材料生长行为的原位可视化成为可能。

【示例 4.10】研究者对铝-铜（Al-Cu）合金枝晶的生长过程进行了 3D 原位成像表征。发现除了凝固生长外，在枝晶臂上还观察到至少两种粗化机制[10, 11]。第一种粗化机制包括二次枝晶臂的重熔，有助于大枝晶的形成；另一种粗化机制是相邻枝晶臂的结合，枝晶臂之间的空间逐渐被填满，相邻的枝晶臂在尖端附近融合（法国格勒诺布尔，欧洲同步辐射光源，ESRF-ID19）。

【示例 4.11】2005 年，研究者第一次将 3D 成像技术扩展到动态 4D，率先研究了 Al-Cu 合金凝固过程中的固/液演化行为[12]。由于冷却速率较慢，测得的固体体积分数与格列佛-舍尔模型和反向扩散模型吻合较好。定量研究凝固过程中体积的宏观收缩率，发现宏观收缩率随固相体积分数的增加呈线性增加。后来，4D 成像也被用来探测 Al-15% Cu 合金定向凝固过程中柱状晶的生长[13]。对液态合金进行冷却，可以同时捕捉金属细胞生长、细胞间树突转变和柱状树突生长的过程（图 4.7）（英国南牛津郡迪德科特镇，钻石光源，DLS-I12）。

通过实验方法和相场模拟的结合可以对合金的 3D 微结构的演变进行详细的描述和预测，为验证树突理论与控制凝固结构提供可靠的参考。

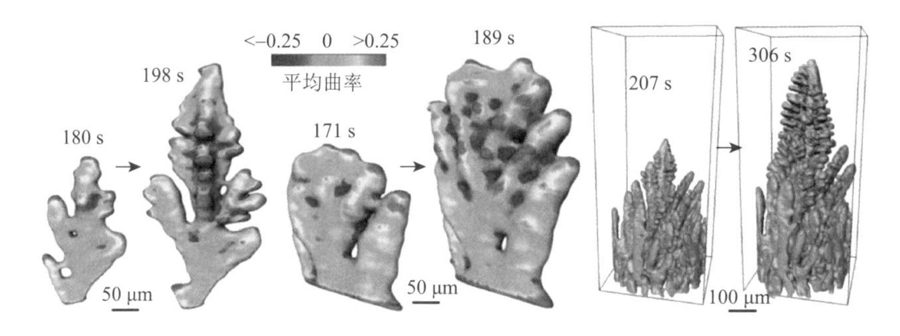

图 4.7 4D 同步 X 射线断层技术定量研究液态合金的定向凝固过程

【示例 4.12】研究者将相场模拟与同步辐射 3D 断层成像技术相结合，利用电子背散射衍射（electron backscattering diffraction，EBSD）技术研究了镁（Mg）的枝晶形貌和生长取向[14]。结果表明，添加 Sn、钡（Ba）、钙（Ga）、Al、钇（Y）和钆（Gd）等不同元素后，Mg 合金的枝晶均呈现 18 支枝晶形态，其中 6 支枝晶沿<1120>方向生长，12 支枝晶沿<1123>方向生长。研究者用此技术在观察 α-Mg 枝晶时，能得到类似的实验结果（图 4.8）[15]（中国上海，上海同步辐射光源，SSRF-BL13W1）。

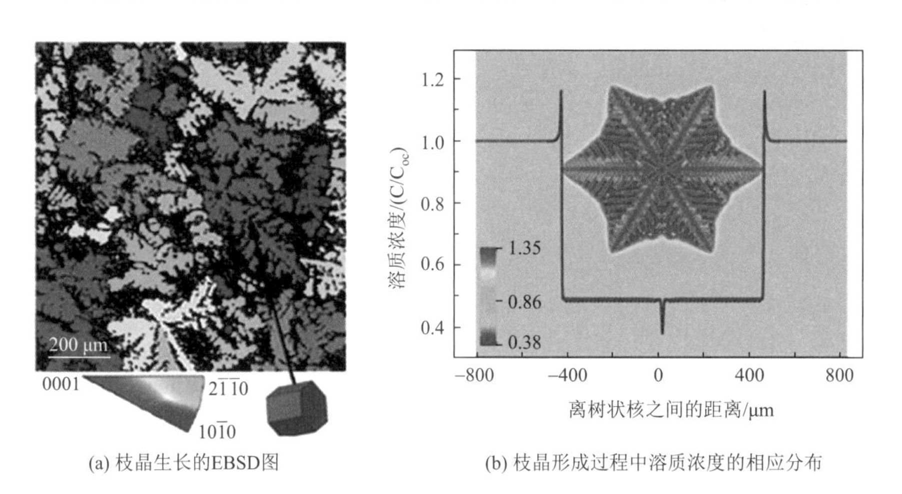

(a) 枝晶生长的EBSD图

(b) 枝晶形成过程中溶质浓度的相应分布

图 4.8 同步辐射 X 射线断层成像技术与 EBSD 技术联合研究 Mg 枝晶的 3D 生长模式和择优生长方向

众所周知，在液态金属合金的冷却过程中，凝固首先在或接近合金的熔化温度通过固体晶体的形核进行。其次，随着熔化的潜热被移走，材料逐渐转变为固体。上面提及的同步辐射原位成像研究均有助于我们理解合金凝固过程中晶体生长的动力学，但形核阶段却较少受到关注。在形核阶段晶体的尺寸很小，不能采用类似的方法对晶体形核过程进行瞬态成像。

【示例 4.13】研究者采用同步辐射 X 射线成像技术对 Al-Cu 合金的凝固结晶进行了原位研究，并发展了一种计算机视觉算法来自动地识别形成的晶体，并提取出合金形核和生长的量化信息[16]。细化晶粒 Al-25% Cu 的凝固图像清楚地表明等轴枝晶在视场顶部开始形成，然后沿着小热梯度（$<1\ \mathrm{K\ mm^{-1}}$）的方向逐渐出现[图 4.9（a）～（c）]。在合金的形核和等轴枝晶生长过程中，溶质富集的区域可以促进非连续的形核暴发，从而提高晶体形成效率（法国格勒诺布尔，欧洲同步辐射光源，ESRF-ID19）。

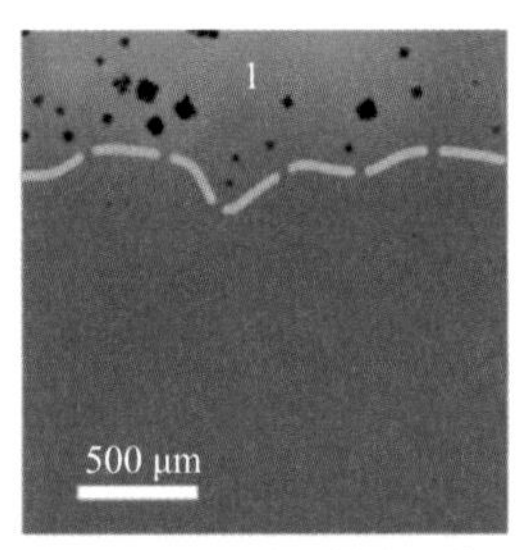

(a) 16 s时的原位X射线成像

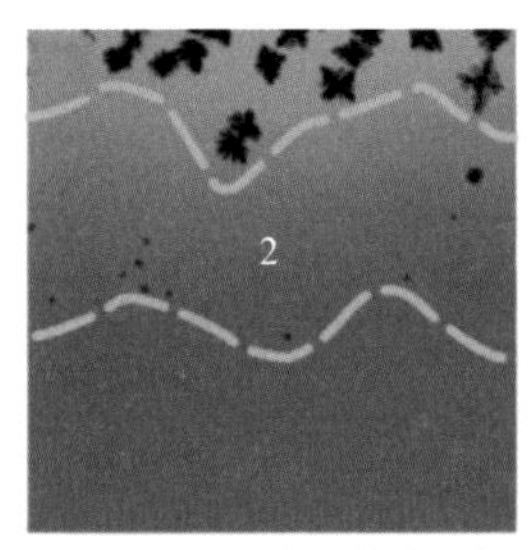

(b) 29 s时的原位X射线成像

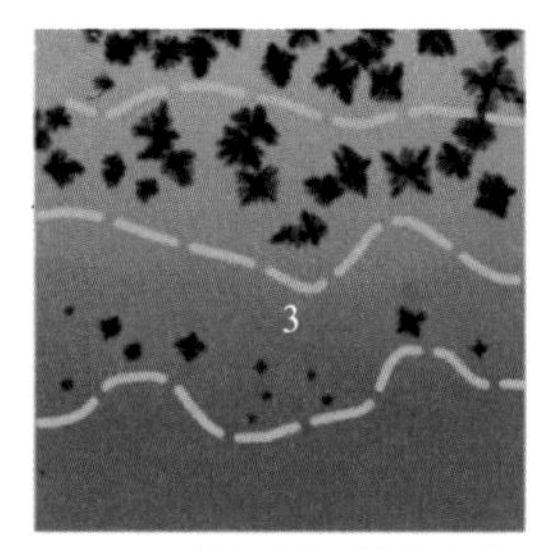

(c) 38 s时的原位X射线成像

图 4.9　同步辐射 X 射线成像及计算机视觉算法相结合对 Al-Cu 合金凝固结晶的原位研究

4.2　能源危机大作战

人类史上经历了三次能源革命，钻木取火是人类在能量转化方面最早的一次技术革命，第二次革命是蒸汽机的发明，动力装置是内燃机，而第三次革命则是以物理学家所研制的可以控制核能释放的装置——反应堆拉开了序幕。当前以新能源、智能化、新材料、物联网等技术为主要驱动力的第四次工业革命正席卷全球，并加速推进第三次能源革命。

从全球能源体系来看，当前的全球能源转型正在向更环保的可持续能源转变，与其他历史时期的能源转型之间有显著区别。能源供给源头在改变，能源结构也在改变。由此衍生而来的物质能源存储和转化技术对进一步推动能源革命扮演着重要的作用。因此，明晰这些过程是十分必要的，本节主要着眼于同步辐射技术在能源存储和转化领域中的应用展开。

4.2.1 小身体、大能量

电池的前世其实是琥珀，它具有一个很神奇的特性，在摩擦之后会产生静电荷，吸引一些金属屑。在现实生活中，这种现象也是十分常见的，我们称之为“摩擦起电”。其本质是物质接触时发生了电子交换，电荷转移过程中物质之间形成了键合。当物质分开时，两种物质均具有保持电荷的能力。这也是最早对电池的定义，因此，琥珀也被称为最早的电池。

距今两千多年前，“巴格达古代电池”已经初步有了电池的雏形。研究者们发现，当向出土的Cu管、Fe棒倒入一些酸或碱水，便可以进行发电。

后来，直到1800年才诞生了世界上的第一个真正意义上的电池——伏特电池，亚历山德罗·伏特（Alessandro Volta）把一块Zn板和一块Sn板浸在盐水里，发现连接两块金属的导线中有电流通过。用手触摸两端时，会感到强烈的电流刺激。伏特用这种方法成功地制成了世界上第一个电池——“伏特电堆”。

如今，电池的不断发展与创新，已经发展到可充电的二次电池。但是人们的需求已经不止于简单的应用，人们开始洞察其背后的神秘力量。当今，可充电电池领域中的基础科学问题包括：充放电过程电极材料的结构演化和离子、电子及电荷转移输运等。这对深入了解电极材料的储能机理、优化材料组成与结构均有十分重要的意义。

于是，研究者们投入大量的精力，发展了新型的原位表征和可视化技术，以便更深刻地理解电池中各组件的电化学反应过程。相比传统的方法，同步辐射技术由于其种种优势，被认为是探索电化学过程最有效的方法之一。在本节中，我们将以同步辐射技术的视角洞察电池充放电过程中电极材料的结构演变和氧化还原反应，这将为电极材料的设计提供思路。

结构

电池的连续充放电循环通常会导致电极材料内部微结构变化、发生相变或者产生应力，实时地跟踪电池材料中复杂的反应路径，并将结构变化（包括形貌、相结构、应力）与电化学性能相关联，是探索具有高能量密度和安全性的先进电池系统的关键。因此，本小节将重点着眼于同步辐射技术在电极材料结构表征方面的应用，包括形貌、应力、相结构三个部分。

1）形貌

电极形貌可以反映出众多的信息，实时原位地观察电极的形貌演变对明晰电极材料的工作机制以及衰减机制是十分重要的。目前用于观测电极材料形貌的成像技术主要有两种，包括电子显微镜成像技术和 X 射线成像技术。电子显微镜具有分辨率高的特点，然而常规的电子显微镜大多需要在真空环境中操作，并且仅能观察到材料的表面特征。

同步辐射 X 射线成像技术具有高的时间、空间和化学分辨率的特点，可实时、直观地获取材料的形貌信息。另外，它可观测的电极较厚，适用尺度范围更广，更接近于实际的电池环境。这里主要讨论了包括 X 射线投影成像（X-ray projection imaging，XPI）、TXM、X 射线体层摄影术（X-ray tomography，XT）等 X 射线成像技术用于观察材料在电化学过程中的形貌演变。

XPI 不同于其他的一些 X 射线成像系统，它将样品本身存在的形貌差异直接投射到探测器上以解析结构。这种成像方式十分依赖于 X 射线在样品上的信号衰减，以在检测器上形成投影图像。它具有诸多优点，如时间分辨率高，对样品无破坏性，可对动态结构演变进行全场视角的检测。但是它也具有一定的局限性，如只能对材料进行 2D 成像等。

TXM是一种全视场成像技术，对测试环境没有严格限制。吸收衬度成像是TXM比较常用的一种模式，当光透过样品时，由于不同区域的样品厚度以及元素组成不同，可能呈现出不同的吸收衬度。多数情况下，该成像技术要求样品的厚度在几十纳米至几十微米之间。目前，TXM可实现的最高2D空间分辨率为20～30 nm[17]。

【示例4.14】2D TXM成像技术可对单个硫（S）颗粒进行实时追踪，观察电化学过程中其形态变化[18]。在先前报道中，普遍认为多硫化物会显著地流失至电解液环境中，然而，在这个工作中却观察到相反的结果。研究者组装了一个封闭的软包电池，并在电池两侧构筑了透明的光学窗口[图4.10（a）]。结果发现，S/超碳（S/C）复合颗粒在第一次放电平台中没有明显溶解，大量的多硫化物仍被困在碳中。这是因为复杂的S/C电极形态可以捕获可溶性多硫化物[图4.10（b）]。这个工作显示的结果强调了对电池进行原位表征的必要性（美国门洛帕克，斯坦福同步辐射光源，SSRL-6-2 c）。

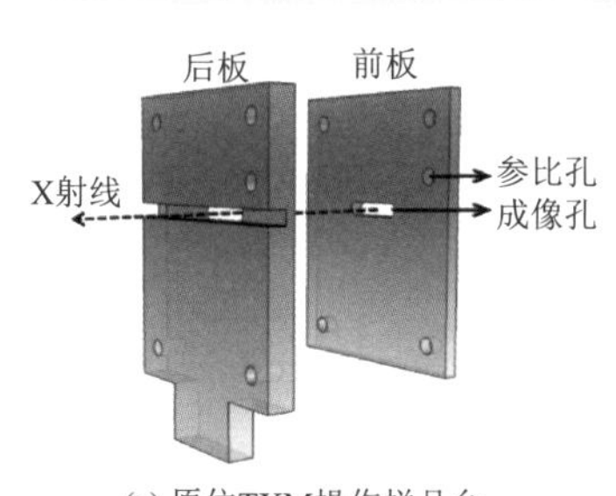

(a) 原位TXM操作样品台

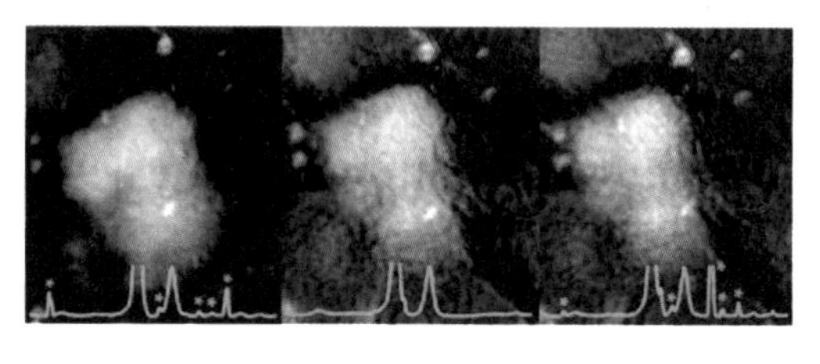
(b) 电化学循环过程中, S/C复合颗粒的TXM图

图4.10　原位TXM观察S/C复合颗粒的表面形貌变化

由于轻元素对硬X射线的吸收较少，所以这种吸收衬度成像方式难以实现对轻元素的成像。但是这个问题可以通过XT中的相位衬度模式得到有效解决。轻元素使X射线相位改变的幅度是对X射线吸收的一千倍到十万倍，利用相位信号的差异，特别适合于轻元素构成的物质。

【示例4.15】X射线相衬断层成像模式可一次性探测数千个活性粒子，对电极进行可视化和定量统计分析[19]。研究发现，在早期循环过程中,电极颗粒的破裂与其在电极中所处的深度呈现出相关性,电极表面比电极底部的颗粒破裂更为严重。这是因为在早期反应中,靠近隔膜的电极材料更有利于锂（Li）的扩散从而获得更多的电荷补偿。当电池循环 50 圈后,较深处的电极材料也参与了电化学反应,由此电极表现出更严重的形态损伤，从而打破了深度依赖关系。该工作利用相衬模式实现了对电极颗粒的定量分析，为理解电极失效机制提供了直接证据（法国格勒诺布尔，欧洲同步辐射光源，ESRF-ID16A-NI）。

虽然 2D X 射线成像能够识别电极材料的形态变化，但电极材料的深度、密度、电极材料参与电化学反应的均匀程度只能从 3D 视图中揭示。基于一系列不同角度下的 2D X 射线成像图，通过重构算法，3D XT 可以揭示样品的内部特征来实现对电极形态的 3D 可视化表征。

【示例 4.16】3D XT 实时地跟踪了氧化锡（SnO）电极在锂化过程中的机械断裂和结构解体（图 4.11）[20]。结果显示，在电化学反应过程中，SnO 电极在沿[001]轴的多个位点处产生裂纹。从吸收衰减系数对比来看，裂纹逐渐向内扩展，使新的 SnO 表面暴露在电解

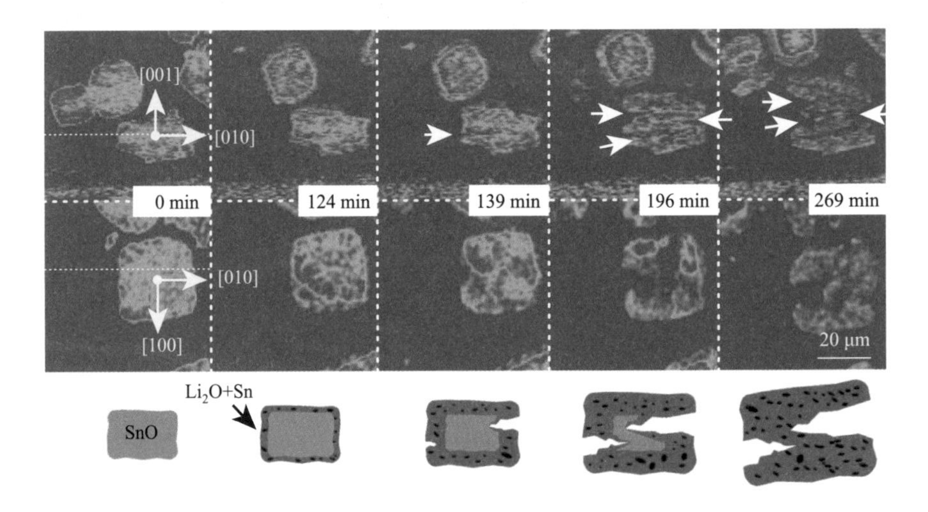

图 4.11　3D XT 观察 SnO 颗粒的形态变化

液中。新暴露的活性表面由于体积膨胀作用进一步导致更多裂纹的产生，之后会立即发生转化反应。在这项工作中引入了时间分辨率、3D和定量的XT方法，为指导设计耐膨胀复合电极结构的发展提供了指导作用（瑞士苏黎世，瑞士光源，SLS-TOMCAT）。

3D微结构的表征精度与断层测量和重建的空间分辨率有关。大多数电极材料的微结构都是微米级甚至纳米级的。因此，开发一种具有更高分辨率的3D XT，例如纳米尺度的XT，可以帮助我们准确地理解纳米结构电池材料中可能的各向异性反应。

【示例4.17】3D XT原位监测了Sn电极的微结构变化[21]。在这个工作中，该成像技术可提供大视场（40 mm）、30 nm分辨率、局部断层成像和自动无标记图像采集和校准。为了兼顾电池反应并兼容成像的工作距离。他们将工作电极设计为梯形，把三种电池组件（Sn正极、电解液、Li负极）在石英毛细管中进行组装，并用环氧树脂密封。在锂化过程中，可观察到Sn粒子明显的体积膨胀；在脱锂过程中，可观察到其严重的形态粉碎。另外，Sn电极的横截面也显示了核与壳之间明显的衰减系数差异，表明该Sn大颗粒中出现了局部脱锂（美国纽约，布鲁克海文国家实验室同步辐射光源，NSLS-X8C）。

2）应力

目前，大多数电极材料的电化学反应遵循碱金属离子插层机制，电极材料经过反复的嵌入和脱出，会使得电极材料晶格参数发生改变，导致产生机械应力。内部应力引起的结构不稳定性被认为与电化学性能密切相关。因此，检测电极材料在电化学循环中应力的产生对理解电极材料机械特性具有重要的指导作用。

然而，以往的相关研究大多基于模拟和理论，缺乏直接的实验证据。3D纳米断层成像技术可对电极颗粒的锂化过程进行原位成像，得到颗粒的曲率信息，颗粒的高曲率会导致较高的轴向应力和剪切应力。因此，通过曲率分析可定性得出电极颗粒的几何特性所产生的应力对电化学性能的影响。

【示例 4.18】3D XT 探究了 Sn 粒子锂化过程中表面的形状变化，通过计算和统计所有粒子的表面形貌，量化电极粒子的 3D 表面形状，可以得到其曲率分布（图 4.12）[21]。第一次锂化后，形貌发生凹陷的粒子数量显著增加，表明产生了高应力。在第一次去锂化之后，凹陷进一步增加，导致了第二次锂化后电极结构的不稳定。在第一次脱锂和第二次锂化过程中，严重的结构变化导致颗粒的形状发生了显著的变化。在整个过程中，Sn 颗粒的凸面性下降了 50%，这有助于平衡电极的应力，达到动态的结构稳定（美国纽约，布鲁克海文国家实验室同步辐射光源，NSLS-X8C）。

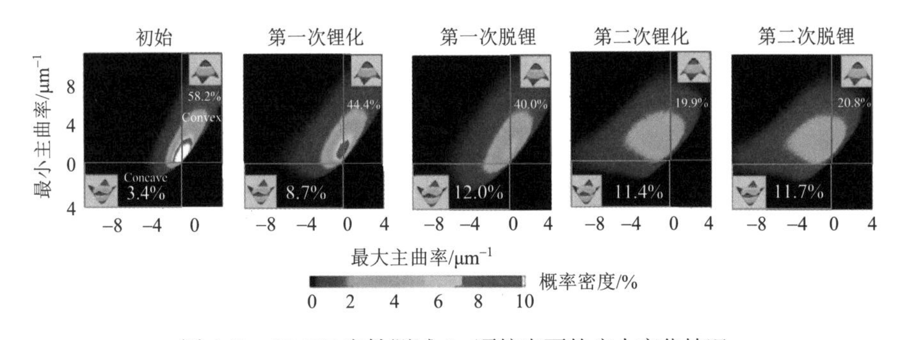

图 4.12　3D XT 定性测试 Sn 颗粒表面的应力变化情况

基于 3D XT 对电极颗粒表面进行量化统计，可以粗略地得到电极的平均应力分布，但是对于单个粒子以及电极内部的应变无法得到准确的信息。布拉格几何中的 CDI 是一种有效的表征局域纳米晶格畸变的技术。它可以利用相干 X 射线的干涉和相位恢复算法重建纳米晶体的电子密度和平衡位移，从而在纳米尺度上提供这种应变信息[22]。

【示例 4.19】CDI 可探究单个尖晶石型镍锰酸锂（$LiNi_{0.5}Mn_{1.5}O_4$，LNMO）纳米颗粒的应变演化过程[23]。该种方法具有 40 nm 的空间分辨率。放电早期（4.7 V），应变以畴状结构的形式在表面显现；

放电至 4.6 V 时，粒子开始发生结构相变，此时粒子为多相共存状态。当放电至 4.2 V 时，相变结束，应力逐渐松弛（图 4.13）。而在充电过程中，粒子边缘存在初始状态的应变和压缩应变之间的竞争。该技术可有效探究电极材料在充放电条件下的应变演化，为理解电极内部机械应力对电化学性能的影响提供了直接证据（美国芝加哥，先进光子源，APS）。

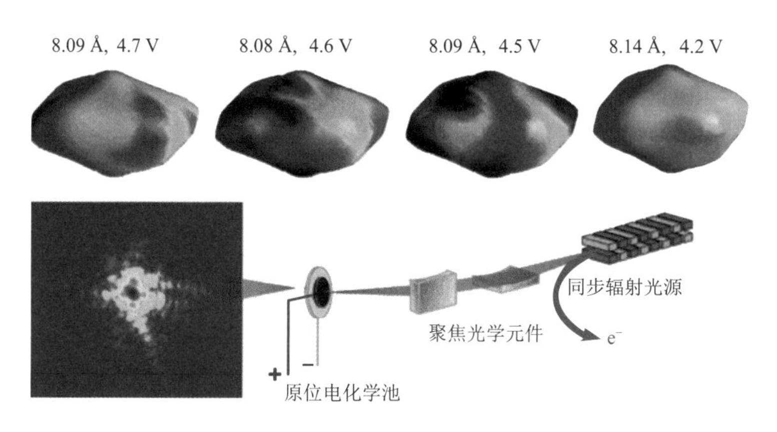

图 4.13 CDI 测试 LNMO 颗粒内部的应力分布

3）相结构

了解充放电过程中电极材料相结构的实时演变对理解充放电机制十分重要。新电极材料和亚稳态中间体是传统 X 射线源较难检测的。相比之下，同步辐射光源由于其种种优势在相结构的表征中逐渐崭露头角。接下来我们将介绍同步辐射技术在识别新相、亚稳态中间相、相分布中的应用。

【示例 4.20】时间分辨 XRD 探究了 Mg^{2+}预插层的 P2 型镍锰酸钠（$Na_{0.7}[Mn_{0.6}Ni_{0.4}]O_2$）电化学反应机制[24]。在以往的报道中，已知 $Na_{0.7}[Mn_{0.6}Ni_{0.4}]O_2$ 的 Na^+存储机理主要为 P2 到 O2 的相变[图 4.14(a)]，但是这种相变会导致材料晶格扭曲，结构稳定性差。在这个工作引入 Mg^{2+}以稳定 $Na_{0.7}[Mn_{0.6}Ni_{0.4}]O_2$ 的结构。结果发现，在整个过程中并未发现 P2 到 O2 的相变，而是发生 P2 到与 P2 构型类似的 P"2 的相变，这种结构更稳定，特别是在高度脱氧状态下[图 4.14（b）]。这也直接说明了 Mg^{2+}可以作为“柱子”抑制结构坍塌（中国上海，上海同步辐射光源，SSRF-BL14B1）。

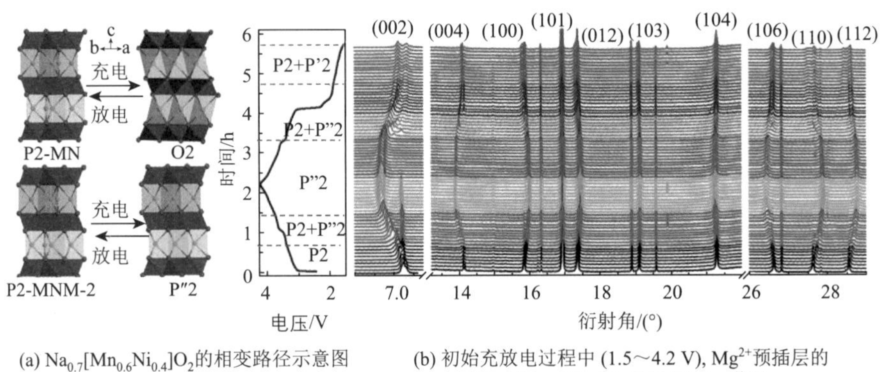

(a) $Na_{0.7}[Mn_{0.6}Ni_{0.4}]O_2$的相变路径示意图 (b) 初始充放电过程中 (1.5～4.2 V), Mg^{2+}预插层的 $Na_{0.7}[Mn_{0.6}Ni_{0.4}]O_2$的原位XRD谱图

图 4.14 原位 XRD 探究 $Na_{0.7}[Mn_{0.6}Ni_{0.4}]O_2$ 的 Na^+存储机理

上述反应机制的探究大多在充放电平衡态下进行，而对偏离平衡态的充放电过程，亚稳态中间相的捕捉是十分具有挑战性的。这就对同步辐射技术提出了更高的要求，比如更快的时间分辨以快速捕捉到相的产生。

【示例 4.21】研究者们探究了磷酸铁锂（$LiFePO_4$）在高倍率充放电下的相变过程。电池反应通常在稀释的电化学池中进行[图 4.15（a）]，它可以提高电极材料的导电性和离子扩散速率，有利于高度可逆的电化学反应的进行，为同步辐射 XRD 技术捕捉亚稳态中间相的信号提供前提。另外，高的电流密度能够迫使更多的粒子同时发生相变，以提高目标物质的浓度，利于信号的收集[25]。结果显示[图 4.15（b）]，在 10 C 倍率下，在 19.35°处会出现一个新的亚稳 Li_xFePO_4 相，并且该相在平衡条件下会消失[26]。根据弛豫期间峰面积随时间的衰减，估计新相的寿命约为 30 min。亚稳相的出现有助于提升 $LiFePO_4$ 系统的高倍率性能（日本兵库，同步辐射光源，SPring-8-BL46XU 和 SPring-8-BL28XU）。

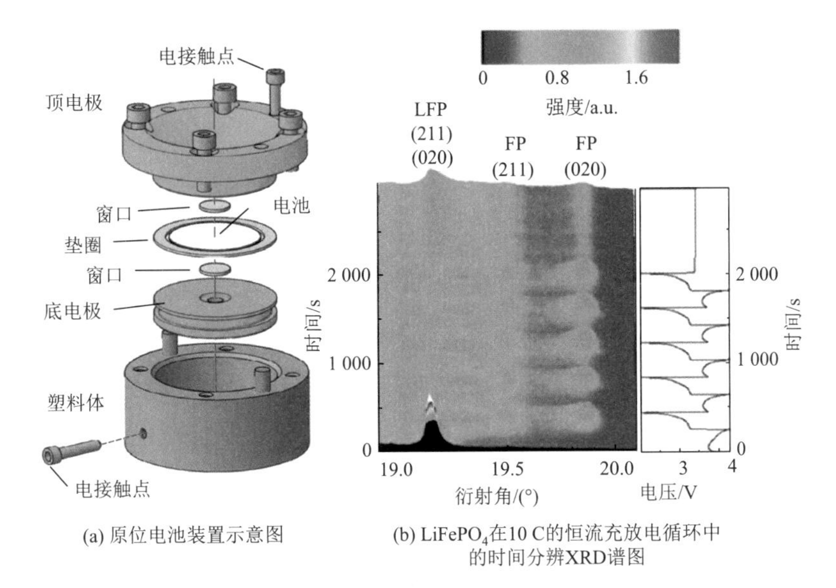

(a) 原位电池装置示意图

(b) $LiFePO_4$在10 C的恒流充放电循环中的时间分辨XRD谱图

图 4.15　原位 XRD 观察高倍率充放电下 $LiFePO_4$ 的相变过程

同步辐射 XRD 只能获得物质的整体结构信息，TXM 与 XAS 可以同步采集电极在充放电过程中的形貌变化，以进一步获得电极材料的二维相分布信息。这种联用技术是通过扫描目标元素，随后将所得像素点的吸收谱与标准谱进行拟合，并且通过原位地测定充放电过程中电极材料的状态，可以得到二维相分布的动态演变过程。

【示例 4.22】TXM-XANES 联用技术可以探究 $LiFePO_4$ 在不同倍率下的 Li^+ 嵌入机制[27]。该工作用到的全场 TXM-XANES 成像适用于各种类型的原位电池装置，可以在真实电池运行条件下进行测试。研究发现，在 5 C 倍率下，$LiFePO_4$ 的相变过程呈现不均匀性，在颗粒上方会优先进行反应。相反，在低倍率下，$LiFePO_4$ 则发生均匀的相变，电池反应更加充分。TXM-XANES 还在 $LiFePO_4$ 颗粒中发现了两相共存状态，为 $LiFePO_4$ 经典的两相机制反应提供了直接的证据（美国纽约，布鲁克海文国家实验室同步辐射光源，NSLS-X8C）。

二维 TXM 与 XANES 联用技术可以实现电极材料形貌以及化学相信息的同时观测，但是电极材料在电化学反应过程中的三维尺度上的化学信息无法通过二维成像获得。获得化学相的三维分布无疑是具有挑战性的，它要求原位电池在180°范围内不断地进行旋转，并且保持正常的运行状态。

【示例4.23】XANES结合XT首次对单个$LiFePO_4$颗粒在充放电过程中的化学相分布实现了原位成像，建立了五维（空间*X*，*Y*，*Z*，能量，时间）实验方法[28]。随着Li^+的嵌入，$LiFePO_4$表面逐渐相变为$FePO_4$，并且$LiFePO_4$与$FePO_4$的两相界面逐渐向核的内部发生移动，这种电化学驱动的相变是各向异性的。在持续的嵌锂过程中，这种相变逐渐趋向于各向同性，反应逐渐趋向均匀化（图4.16）。这种现象可能是由于Li^+扩散以及电极材料结构的变化引起的。该项技术可以为电极材料建立3D相变和电化学容量之间的相关性（美国纽约，布鲁克海文国家实验室同步辐射光源，NSLS-X8C）。

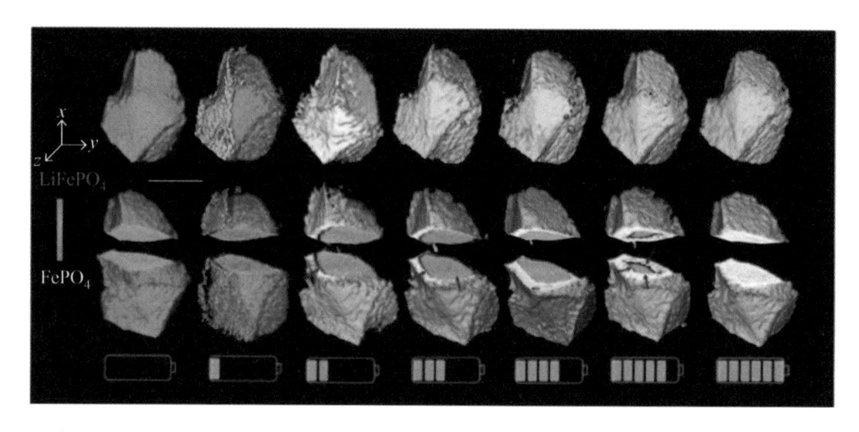

图4.16　XANES和XT联用技术探究$LiFePO_4$锂化过程的三维化学相分布

氧化还原

对于电池反应机制，尽管上文提及的同步辐射技术可以在一定程度上检测充放电过程中电极的结构变化，但是对于电池中复杂的化学环境而言，仅仅得到电极结构或者形貌的变化是远远不够的。随着研究者们对电池反应机制的认识不断加深，发展新的同步辐射技术去探究电池的电荷补偿机制以及电极材料中元素所扮演的角色是十分重要的。

XAFS是探究电极材料电荷补偿机制最常用的手段之一，其主要优点是具有元素选择性，允许选择特定的元素阈值，以获得所选元素原子周围局部化学环境的信息。XAFS 可分为三种工作模式，即透射（transmission）模式、全电子产额（total electron yield，TEY）模式和全荧光产率（total fluorescence yield，TFY）模式。

电子的短逃逸长度使得 TEY 模式下的 XAFS 检测对表面非常敏感，探测深度仅为几纳米。在 TFY 模式下，可以有效检测体相的信息，探测深度取决于光子能量，可达数百纳米。XAFS 最常规的应用则是探究复合材料中单个元素的化学环境和价态，以确定参加氧化还原反应的活性位点。

【示例 4.24】XAFS 可用于采集不同充放电状态下 $LiNi_{0.5}Mn_{1.5}O_4$ 电极的 Ni L 边和 Mn L 边的 XANES 光谱，以确定电化学循环过程中的活性位点（图 4.17）[29]。研究发现 Mn 在循环过程是不具有电

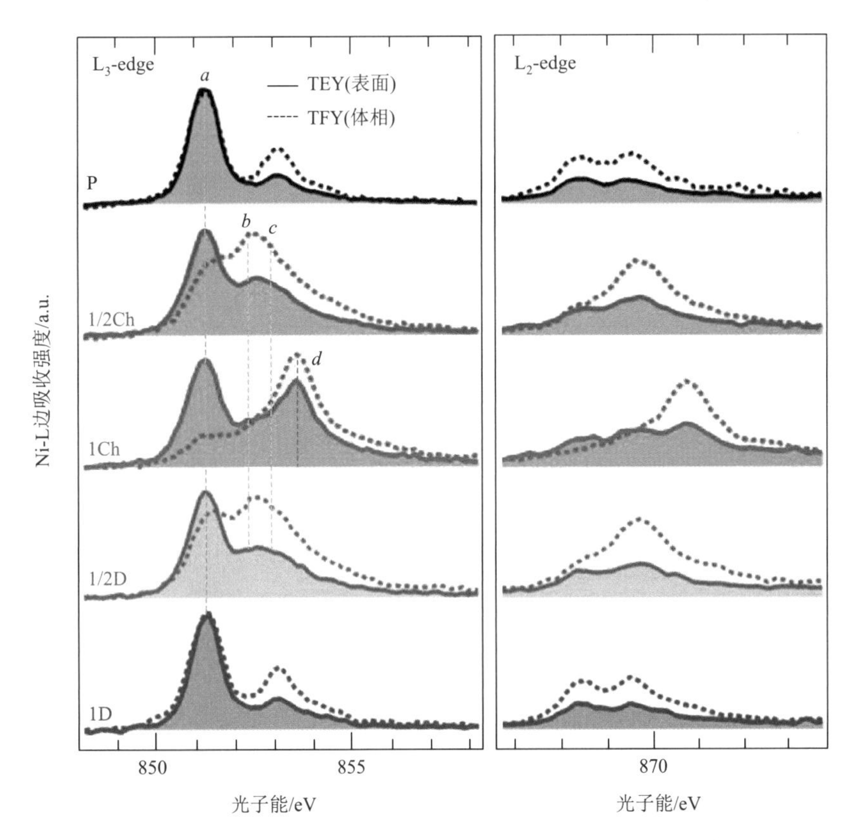

图 4.17　XAFS 不同模式下探究 $LiNi_{0.5}Mn_{1.5}O_4$ 的活性位点

化学活性的，而 Ni 在电荷补偿机制中，参与了两相氧化还原反应（Ni^{2+}/Ni^{3+}和 Ni^{3+}/Ni^{4+}）。此外，通过表面敏感的 TEY 和体相敏感的 TFY 模式检测，电极表面的 Ni^{2+}相与体相中的 Ni^{2+}相反，是不具有电化学活性的。该工作通过 XAFS 测定了电极材料中所含有元素的容量贡献，据此可以优化电极材料的结构（美国伯克利，劳伦斯伯克利国家实验室先进光源，ALS-8.0.1）。

对于电极材料的表面分析，硬 XAS 的 TEY 模式可以用于探测电极材料的表面。软 XAS 对表面更敏感，特别是在 TEY 模式下进行测量时，软 XAS 可用于监视电极-电解质界面，例如固态电解质界面（solid electrolyte interphase，SEI）膜的生长和分解。由于 SEI 层中俄歇电子的平均自由程较小，软 XAS 的绝对强度对 SEI 的厚度敏感，随厚度的增加呈指数衰减。这种表面敏感技术对于探究电池工作条件下电极表面的状态特别重要。

除此之外，当改变入射光的能量时，软 XAS 还能实现深度分析，因此可以用来测试阳极、阴极和固体电解质材料的表面以及不同深度的信息，用来揭示电极材料表面和体相的差异。

RIXS 对特定化学结构具有出色的灵敏度，因此，RIXS 技术也被用来探测电池材料中某些电子态的轨道特性，如氧（O）元素。过渡金属 3d 和 O-2p 态之间的强杂化使得从 O K 边的 XAS 谱中分离出晶格 O 的信号是十分具有挑战性的。RIXS 沿着发射能量方向对晶格 O 具有高的分辨能力，被选作阐明 O 的作用的有效表征手段。

【示例 4.25】RIXS 可探究纯的钴酸锂（$LiCoO_2$，LCO）以及掺杂了钛（Ti）、Mg、Al 元素的 LCO（TMA-LCO）的表面电子结构特性[30]。由于高电压下，O 参与的电化学反应与电池性能的强相关性，O K 边的结构是关注的重点。当电极材料发生深度放电时，纯 LCO 的 RIXS 光谱出现明显的孤立峰，表示 O^{2-}被氧化到更高价态（图 4.18）。对于 TMA-LCO 而言，峰强度逐渐减弱，表明 TMA-LCO

颗粒的外壳中O参与的氧化还原较少，这有助于增强电极材料在高压下的稳定性。当电池循环20圈后，RIXS光谱显示TMA-LCO的稳定性优于纯LCO（美国伯克利，劳伦斯伯克利国家实验室先进光源，ALS-8.0.1）。

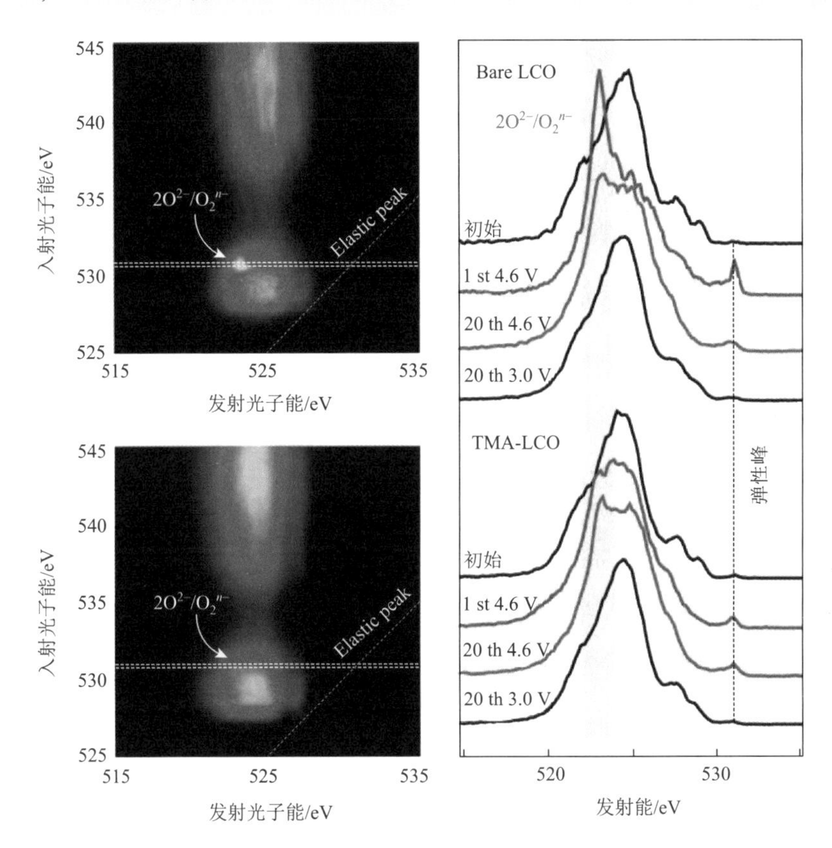

图4.18 LCO和TMA-LCO颗粒的原位RIXS测试

4.2.2 “一键快进”的奥秘

催化，即由于催化剂的介入而加速或减缓化学反应速率的现象。早在几千年前，人类就开始利用催化技术了，其中酿酒酿醋就是粮食中的淀粉在微生物的作用下转变成酒精和醋酸。这一过程是典型的催化过程，而其中的微生物就充当着催化剂的角色。

很多催化反应都是在高温、高压条件下进行的，若想要深入理解催化机制，需要在工作条件下对物质的结构和化学状态进行原位实时的表征。另外，为可靠评估催化剂作用，需要在不同空间尺度（如工业反应堆尺寸）、一定时间范围（催化剂结构变化与反应物转化过程的同步表征）内进行研究，这就为催化剂结构表征手段提出了更高要求。

同步辐射光源，由于其高准直、高亮度、宽波段等特点，有助于实现催化过程中物质变化的原位实时高精度观察。本小节针对催化领域重要的科学问题，即催化剂结构的动态演变、催化活性物质的实时追踪和关键中间体的识别，简要介绍同步辐射技术在表征催化过程中的运用。

催化剂结构的动态演变

1）表征催化剂表面结构变化

对于催化反应来说，理解催化剂表面结构与周围环境（气相或液相）的相互作用至关重要。目前已有许多用来表征表面结构的技术，如低能电子衍射和低能离子散射等，但这些方法通常需要超高真空条件，难以用来研究近环境条件下物质的表面结构。

对于表面 X 射线衍射（surface X-ray diffraction，SXRD）技术而言，X 射线是电磁波，空气对其传播影响小，因此 SXRD 可以在环境条件下测定物质的表面结构。此外，高能 X 射线具有高的穿透能力，使得样品在复杂环境下（固-固或固-液界面）的表征成为可能，这对于在原位实验条件中的物质结构测定至关重要。因此，高能 SXRD 的发展，有望进一步促进界面相关的原位研究的发展。

【示例 4.26】以 Pd 催化一氧化碳（CO）氧化过程为例，通过高能表面 X 射线衍射（图 4.19），可在近环境条件下原位测定催化过程中 Pd 表面结构的动态变化[31]。研究表明，Pd 的催化性能与其表面 CO、O_2 的吸附解离密切相关。对比质谱和衍射数据，通过追踪 Pd 表面结构随着气体含量的变化，来揭示催化剂表面结构变化与催化活性之间的相关性。结果表明，当 O_2 与 Pd 形成表面氧化物时，催化活性显著提高，并且氧化层越厚催化活性越高（德国汉堡，德国电子同步加速器，DESY-P07）。

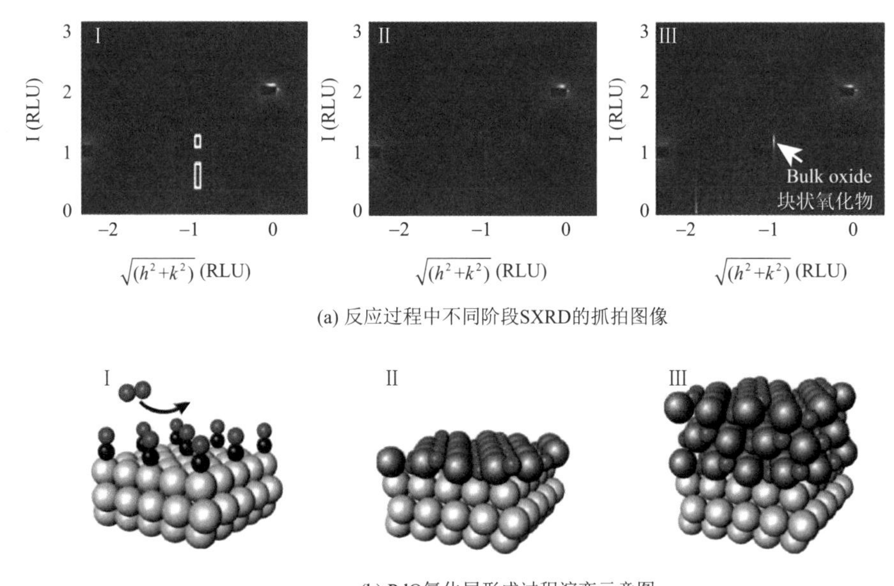

(a) 反应过程中不同阶段SXRD的抓拍图像

(b) PdO氧化层形成过程演变示意图

图 4.19　催化剂表面结构变化的快速确定

2）微观活性位点催化机制理解

催化剂与周围环境存在复杂的化学吸附和电子转移过程，这会导致催化剂产生一些结构和价态上的变化。而这些催化剂微观结构的变化会显著影响其催化活性。因此，理解催化剂周围的化学环境对催化机制的理解十分重要。

原位 XAS 可以提供有关配位环境和被探测原子化学状态等信息，有利于建立更精确的构效关系，成为当下催化剂机理研究的不二之选。

【示例 4.27】以金属 Pt 催化 CO 氧化过程为例，研究表明，在催化剂 Pt 表面，富含 CO 和 O_2 的区域具有不同的催化反应速率。为确定影响活性高低的因素，研究者通过原位 XAS 光谱确定催化剂在两种不同反应活性状态下的表面结构[32]。XAS 能有效地用于判断金属氧化态和表面吸附物，从光谱的强度变化及峰的位移，可以了解催化过程中催化剂表面的气体吸附状态及氧化程度。结果表明，O_2含量高时，催化剂表面被氧化后，CO 的氧化速率更高。因此，氧化铂的形成与催化反应的高活性密切相关（法国格勒诺布尔，欧洲同步辐射光源，ESRF-ID 26）。

3）追踪催化过程中易被掩盖的少数相变化

在催化反应过程中，跟踪催化剂的活化和催化过程中的相变是一个重要的研究目标。原位 XAS 可以用来探测原位反应条件下的相信息。然而，对于少数相的探测而言，它们的 XAS 信号常常被多数相所掩盖。在催化剂的相变中，少数相可能是关键相，如催化活性相，它们常常决定了催化剂的性能。这就需要研究者们对其进行有效检测，以便确定活性相，进一步帮助了解催化过程。

在这方面，RIXS 可以有效弥补 XAS 的不足。RIXS 主要具有两个特点：一是不同相的灵敏度信号存在较大差异；另外一个是波长可调性使得不同电子轨道可以被选择性激发。这些特点有助于增强少数相信号的检测灵敏度。此外，XAS 存在探测深度的限制。相比之下，RIXS 可以检测表层和体相的物质信息。因此，RIXS 可以有效避免少数相的信号被多数相的信号掩盖，在研究少数相方面比 XAS 更具优势。

【示例 4.28】以碳纳米管负载的氧化钴（CoO）纳米粒子的原位碳热还原为例，比较原位 XAS 和 RIXS 的差异，以揭示还原过程中钴基纳米颗粒的相组成[33]。在 XAS 中，少数 CoO 相的光谱特征被多数 Co 金属相的光谱特征所掩盖。但是，在 RIXS 中，CoO 相的 RIXS 中的 *d-d* 峰信号可以被选择性增强，使其比 Co 相的信号更强烈（图 4.20）。由此，检测 CoO 相含量的相对精度从 5.6%（XAS）提高到 0.8%（RIXS），表明 RIXS 比 XAS 在检测少数相时的准确性更高，更适合于少数相的检测（日本兵库，同步辐射光源，SPring-8-07LSU）。

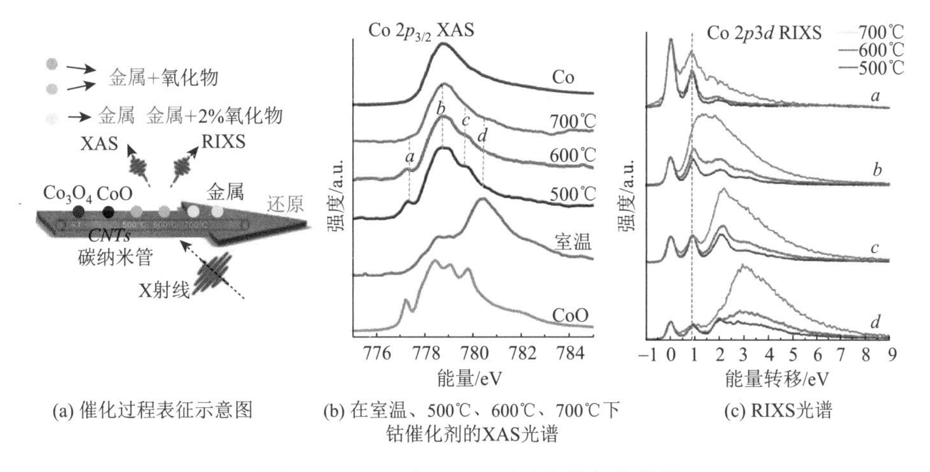

(a) 催化过程表征示意图 (b) 在室温、500℃、600℃、700℃下钴催化剂的XAS光谱 (c) RIXS光谱

图 4.20 XAS 和 RIXS 对于少数相的检测

四条虚线 a～d 表示 RIXS 的激发能

催化活性物质的实时追踪

借助 XRD 和 XAS 等技术，可以表征催化剂的结构，进而对相关催化机制进行理解。但在实际催化反应过程中，催化剂的多孔结构、晶界或缺陷位点会对反应物分布、反应中间体、产物造成影响，催化剂晶体内部结构和催化活性的相关性亟待阐明。催化体系的三维高分辨结构信息的获取，将会促进构效关系的理解，并且有望改进催化剂的设计。

1）红外成像技术揭示催化体系分布及结构

多重相干反斯托克斯拉曼散射（coherent anti-Stokes Raman scattering，CARS）和同步辐射红外（infrared microspectroscopy，IR）显微光谱的联用可用于揭示催化体系的分布及结构。这种独特的关联方法，将先进的化学成像技术引入催化领域，是理解原位反应条件下催化反应不可或缺的工具。

与常规的表征技术（共聚焦荧光显微镜）相比，CARS 和红外光谱可以探测样品中分子的特征振动模式，以确定样品中分子的空间分布信息和结构组成，并且不需要进行荧光标记，大大简化了原位过程中对目标物质化学信息的探测。更重要的是，采用比传统的红外线光源要亮 100～1 000 倍的同步辐射光源，可以获取具有微米级空间分辨率的物质的二维化学图像。

CARS 和红外光谱成像联用技术不需要对物质进行标记，即可实现多维成像，由此可以获得整个催化体系（反应物、反应中间体和产物）的微观图像。基于此，研究者可以揭示活性物种在整个催化体系中的分布，以便分析催化过程中的构效关系。

【示例 4.29】以沸石催化剂研究为例，无标记 CARS 和红外光谱成像相结合，可以提供噻吩衍生物在沸石晶体中的催化转化的微观细节，研究噻吩反应物和产物在沸石晶体中多维分布[34]。反应物与产物在沸石晶体特定区域的积累说明了由沸石孔结构施加的扩散屏障和毛细管力对催化活性的重要性。催化剂在吸附噻吩衍生物后发生的光谱变化（图 4.21），使研究者们能够原位监测反应物与沸石的相互作用以及连续的阳离子形成和开环反应（美国纽约，布鲁克海文国家实验室同步辐射光源，NSLS-U10B）。

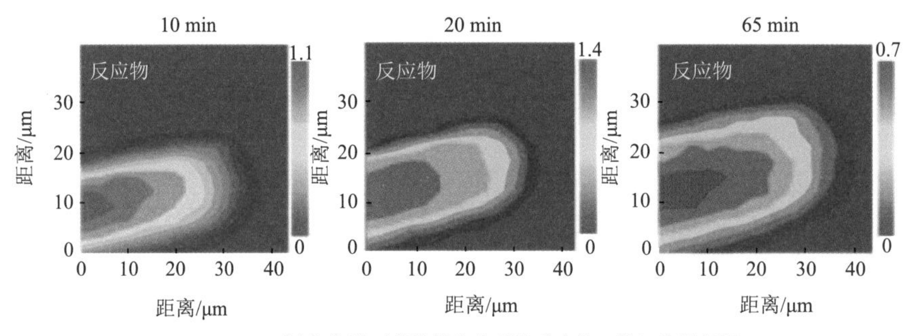

(a) 2-氯噻吩/沸石晶体催化体系的反应物二维红外强度图

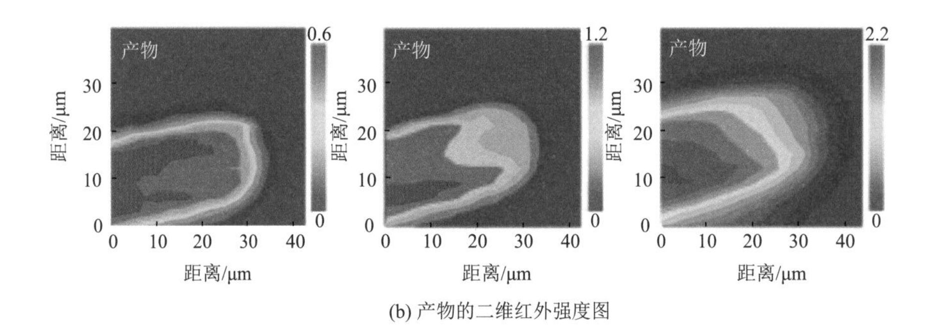

(b) 产物的二维红外强度图

图 4.21　红外成像技术揭示催化体系中各种物质的分布及结构

2）硬X射线纳米断层成像

光学和电子显微技术的进步，使得能更好地对材料进行成像。然而，如果样品光学不透明或太厚而不能被电子穿透，就无法进行有效成像。由此，较厚催化剂的成像仍然存在挑战。为克服这一难题，TXM被引入催化领域，因硬X射线具有高穿透能力，可穿透较厚的样品和反应器壁，能够对较厚样品进行高分辨无损三维成像，并且可以提取样品的多种信息（吸收、相位、散射信息等），实现对催化活性物质的实时追踪。

【示例4.30】以Ruhrchemie催化剂为例，该铁基催化剂主要由铁（Fe）、Ti，锌（Zn），钾（K）氧化物组成，通过在Fe和Zn的X射线吸收边附近获得断层图像（图4.22），有助于确定元素的空间分布[35]。从图像中分析得到，Zn在催化剂中主要与Ti结合，而不是与Fe结合，这可以解释为什么只有在催化剂中含有一定量的TiO_2时，催化性能才能提升。因此，使用原位TXM可以获得其活性相的基本信息，并将相分布变化与特定的催化性能联系起来（美国门洛帕克，斯坦福同步辐射光源，SSRL-BL6-2 c）。

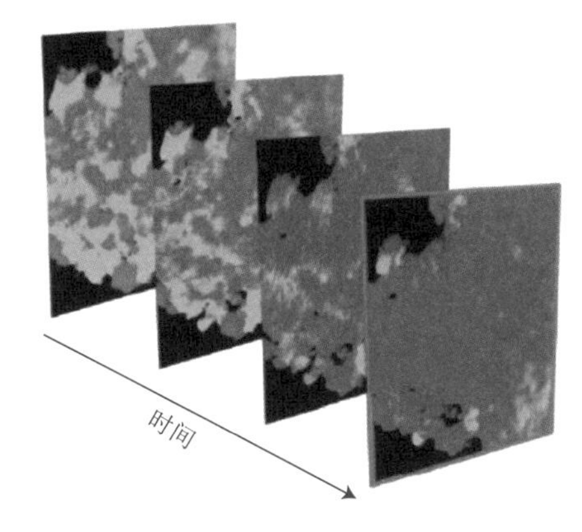

图4.22　TXM成像技术揭示催化剂中各种物质的分布及结构

催化关键中间体的识别

在实际催化反应中，催化剂活性位点的原子和电子结构会随着反应的进行发生变化，而这些结构的改变往往是影响催化性能的关键所在。

然而通过非原位表征技术来捕捉这些关键中间态的结构信息往往存在很大的困难。因此，如何在工作条件下实时监测催化剂的活性位原子和电子的动态变化过程，已成为目前催化剂设计的前提和挑战。

最常见判别中间体的手段即 XRD，但其一般是用于对装载在毛细管中的小型催化体系进行单点测量，目前并不能对大型催化体系（如工业反应堆）进行有效测试。

高能 X 射线具有高透过性，使用高能 X 射线衍射（high-energy X-ray diffraction，HXRD）可以原位研究大型反应堆的结构。同步辐射光源的引入能实现快速、高质量的数据收集，实时确定晶胞变化，从而判断反应过程中的物质结构变化，识别催化过程中的关键中间体。

【示例 4.31】 沸石催化剂将甲醇（CH_3OH）转化为烯烃，由于反应中间体的形成，腔内不同的碳氢化合物分子会引起沸石结构不同程度的膨胀，主要是沿结晶 c 轴方向的膨胀。因此，c 轴的膨胀程度可以作为观察中间体的依据[36]。当芳香烃与 CH_3OH 反应时，芳香中间体产生和转变过程中，所观察的 c 轴变化可以与反应联系起来，c 轴膨胀程度可分别对应于 CH_3OH 生成丙烯、单环芳烃和多芳香焦碳分子的反应步骤。根据相应的时间和空间信息（图 4.23），可以清楚地了解 CH_3OH 的连续转化过程，这为催化机理提供了详细的信息，增进了对于整个催化过程中反应物、中间体以及产物转变行为的了解（法国格勒诺布尔，欧洲同步辐射光源，ESRF-ID15B）。

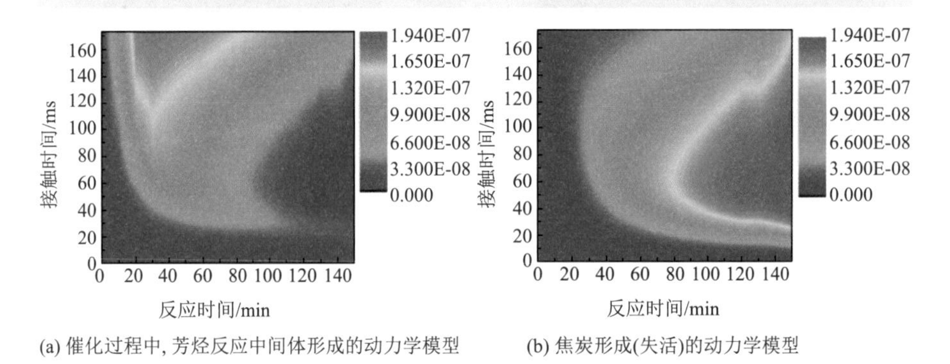

(a) 催化过程中，芳烃反应中间体形成的动力学模型 (b) 焦炭形成(失活)的动力学模型

图 4.23 催化体系中关键中间体的识别

在一些催化反应中，会产生类似于离子、自由基等中间体。如果想进一步识别这类中间体，就需要对反应过程中化学键的变化进行研究。原位红外光谱可以直接表征催化反应中反应物、潜在反应中间体和产物化学键或官能团的变化，是研究催化过程机理的重要手段之一。

然而常规红外光谱的光源亮度低，无法有效检测远红外 400～10 cm^{-1} 波段和跟踪中红外波段的某些低浓度的中间产物。以高亮度的同步辐射光源代替常规光源应用于红外光谱，有望大幅提高光谱探测波段尤其是远红外波段。

在此基础上，通过原位同步辐射红外光谱技术，可以揭示催化剂活性位点处的配位结构及中间产物信息，阐明反应机理和动力学，为催化剂的设计与合成提供新的思路。此外，由于不需要使用光吸收物质或荧光探针分子，原位同步辐射红外显微光谱技术成为了一种非常强大的表征方法。

【示例 4.32】以沸石晶体中催化反应为例，用同步辐射傅里叶变换红外光谱仪（synchrotron radiation Fourier transform infrared spectrometer，SR-FTIR）对催化过程进行了原位研究[37]。通过比较沸石晶体与 4-氟苯乙烯反应的红外光谱与单独的 4-氟苯乙烯的红外光谱，可以发现在催化反应过程中，1 534 cm^{-1} 处谱带强度增强。在反应过程中出现的 1 534 cm^{-1} 谱带变化是苯乙烯低聚物引起的。先前的报道表明，在苯乙烯低聚过程中，苯乙烯在质子化之后，会与另一个苯乙烯分子连接形成二聚碳阳离子，以此确定碳阳离子中间态的存在（美国纽约，布鲁克海文国家实验室同步辐射光源，NSLS-U10B）。

【示例 4.33】通过诱导金属有机框架（metal-organic frameworks，MOFs）的晶格应变，可以同时提高其催化氧还原反应（oxygen reduction reaction，ORR）和析氧反应（oxygen evolution reaction，OER）的活性。使用原位 SR-FTIR 和 XAS 技术，在 ORR 和 OER

过程中，确认高价态镍离子（Ni^{4+}）为活性位点以及超氧化物*OOH为催化过程中的关键中间体[38]（中国合肥，国家同步辐射光源，NSRL-BL01B）。

4.3 场的神奇力量

苛刻环境下材料结构的研究是提高材料对外界环境承受能力的基础。目前研究者们已经研制出了能承受万米深度水压的潜水器舱体材料、航天器的耐高温涂层材料、大桥的高强度钢筋。在这些“硬核”技术不断发展的过程中，寻找合适的材料是最关键的一步。因此对材料在外界作用下结构变化的研究，对于目标材料的高效设计合成和物性调控具有重要意义。

近年来，随着同步辐射原位实验方法的快速发展，使得能在可变温度、压强、电场、磁场和服役条件下对物质精确结构进行观测。在这一节，我们将跟随先进同步辐射表征技术的脚步，探索物质在外界的考验（温度、压力、电场、磁场）下结构变化的规律。

4.3.1 酷暑的磨炼

“酷暑”是材料最常遇见的外界考验，大部分材料会调整自身的结构来防止“中暑”。对高温下材料的结构演变的理解有助于设计和寻找符合工作温度的新材料。物质结构在高温下的演变总是错综复杂，需要高亮度和高分辨率的同步辐射光源捕捉复杂的结构演变过程。本小节将从物质的体相分析、表面分析以及成像三个方面来介绍同步辐射在研究温度场中的物质结构演变的应用。

物质体相的结构演变

高温下物质的体相结构会发生非常大的变化，其中有一些微量的中间相存在。但是传统的 XRD 方法由于 X 射线的光通量较低，对微量中间相的产生和消失不敏感，具有高亮度X射线的同步辐射XRD是捕捉微量中间相变化的第一选择。

【示例4.34】原位XRD可用于观察钛–铌（Ti–Nb）（Nb质量分数c = 16%，21%，28.5%，36%）合金在加热过程中的结构变化[39]。在不同的Nb含量的合金中，随着温度的升高，Nb从母相析出，导致了微量的中间相α_{lean}和α_{iso}的形成，这两种相在Nb析出到周围基体中时不断演化为α相。利用差示扫描量热法无法观察到微量中间相的存在，原位同步辐射XRD可以清晰地识别相变的临界温度，例如相变发生的开始温度和结束温度，从而更准确地检测到中间相的产生和消失（法国格勒诺布尔，欧洲同步辐射光源，ESRF-ID11）。

物质表面的结构演变

近年来，随着各种成膜技术的迅速发展，各种材料的薄膜化已经成为一种普遍的趋势。高温下薄膜的结构变化将极大地影响薄膜的性能和应用。高亮度和高空间分辨率的同步辐射GIXRD能清楚地检测到薄膜材料相变过程中结构的微小变化。

【示例4.35】原位同步辐射GIXRD被用来检测2D钙钛矿薄膜的晶体取向[40]。目前低毒性和理想带隙的锡基钙钛矿仍然存在晶体取向无序的问题，研究表明甲脒三碘化锡（$FASnI_3$）在氯化苯乙胺（PEACl）环境下退火，能够得到垂直取向的更有序的2D锡基钙钛矿晶体。如图4.24所示，对于原始未退火膜，少层和多层2D结构共存于钙钛矿膜中[4.24（b）]。随着退火温度的升高，少层2D结构的相逐渐消失[4.24（c）～（f）]。最终在100℃时，只能观察到多层垂直取向的2D钙钛矿晶体，利用该高取向薄膜制备的无铅钙钛矿太阳能电池的功率转换效率可达9.1%（中国上海，上海同步辐射光源，SSRF-BL14W1）。

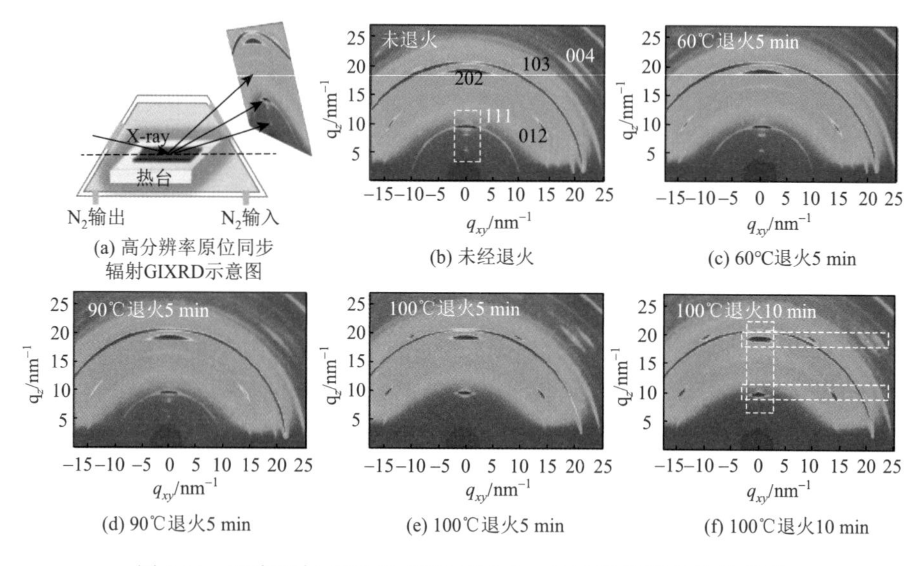

(a) 高分辨率原位同步辐射GIXRD示意图 (b) 未经退火 (c) 60℃退火5 min (d) 90℃退火5 min (e) 100℃退火5 min (f) 100℃退火10 min

图 4.24 同步辐射 GIXRD 探究 $FASnI_3$：PEACl 薄膜晶体的相变

高温下物质演变成像

材料的不同区域在高温下的相变程度可能不同，利用成像技术，研究者可以更直观地看到相变发生的位置以及相变的均匀程度，有助于他们对材料的相变有更全面的了解。

同步辐射扫描微 X 射线衍射（synchrotron-based X-ray microdiffraction，μ-XRD）技术可以定量表征材料在微米甚至亚微米尺度下结构随温度的变化，揭示材料的本征性质与高温下的演化规律。

【示例 4.36】配有加热台的同步辐射扫描微 X 射线衍射装置[4.25（a）]被用来原位研究微米尺寸氧化锆 ZrO_2 的相变过程[41]。图 4.25（b）为加热/冷却循环下 ZrO_2 晶粒的晶体取向图，每个像素代表晶粒上特定位置的衍射信息。通过计算图中彩色像素的面积，可以定量地确定相结构含量。常温下晶粒为单晶四方相，随着温度的升高向单斜相转变，转换后每个单独的晶体变成两个具有不同晶体取向的单斜相。进一步加热，单斜相转变回四方相，在 546℃时相变完成。在冷却过程中，相转变过程是相反的（美国伯克利，劳伦斯伯克利国家实验室先进光源，ALS-12.3.2）。

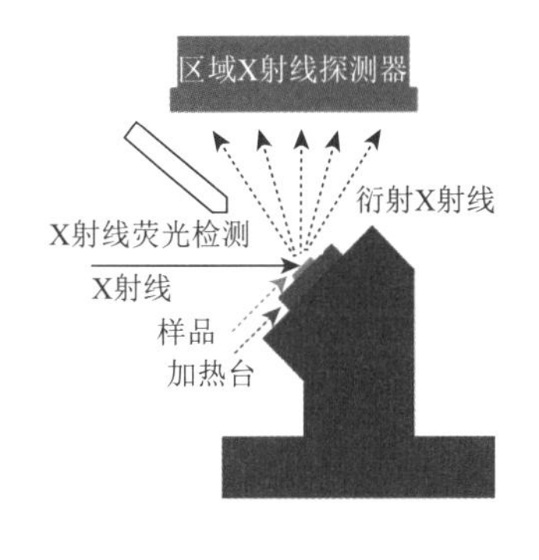

(a) 同步辐射μ-XRD测试原理图

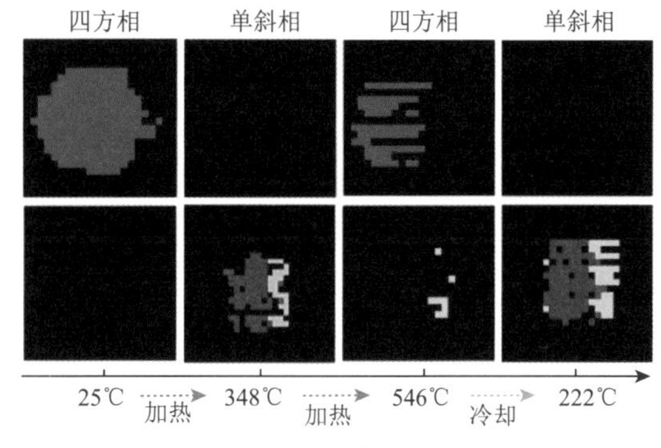

(b) 加热和冷却过程中微米级的晶体取向图

图 4.25 同步辐射 μ-XRD 探究加热和冷却过程微米尺寸 ZrO_2 的相变

此外，映射价态是一种利用元素价态变化间接反映材料相变的方法，可以间接地推断化学反应和相变过程的发生。XANES 可以获得样品内部对应元素的化学价态分布，检测原子的氧化还原状态、局部微环境等信息，是实现价态映射的有效技术。

【示例 4.37】研究者采用 XAENS 技术检测 $Li_{0.4}Ni_{0.4}Mn_{0.4}Co_{0.2}O_2$ 中 Ni 价态的变化来揭示氧化还原过程中该物质的相变信息[42]。在 $Li_{0.4}Ni_{0.4}Mn_{0.4}Co_{0.2}O_2$ 的相变过程中，O 的释放主要受 Ni 价态的影响，所以通过 Ni 价态的变化能够间接判断氧化还原反应中该物质的相变过程。从 Ni K 边的宽能量分布[4.26(a)]和 Ni 价态分布图[图 4.26(b)]可以看出 Ni 价态的分布高度不均匀，这说明 $Li_{0.4}Ni_{0.4}Mn_{0.4}Co_{0.2}O_2$

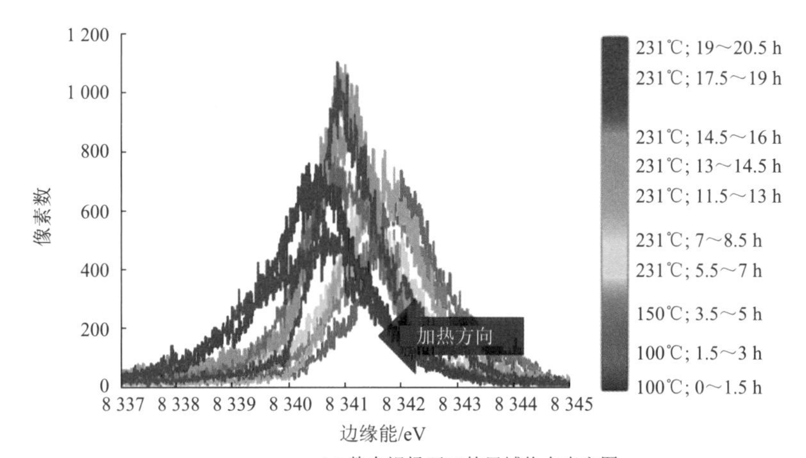

(a) 整个视场下Ni的局域价态直方图

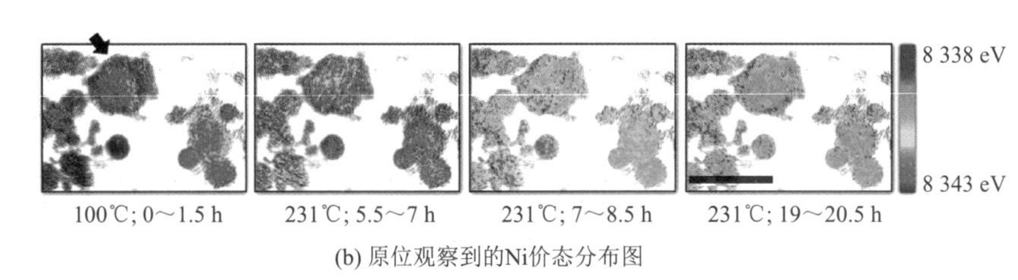

(b) 原位观察到的Ni价态分布图

图 4.26　原位加热下 $Li_{0.4}Ni_{0.4}Mn_{0.4}Co_{0.2}O_2$ 中 Ni 价态变化过程

在加热过程中从体相层状结构到尖晶石/岩盐的转变是非连续的，甚至在 231℃时也没有完全转变（美国门洛帕克，斯坦福同步辐射光源，SSRL-BL6-2C）。

4.3.2　压力山大

“压力山大”是物质面临的又一大考验，在压力作用下，它们的原子间距缩短，相邻电子轨道重叠增加，最终达到新的平衡态。

金刚石压砧装置

金刚石压砧（diamond anvil cell，DAC）是产生高压最常用的装置（图 4.27），主要部分是两颗尖对着尖的钻石。其中，两颗金刚石尖顶之

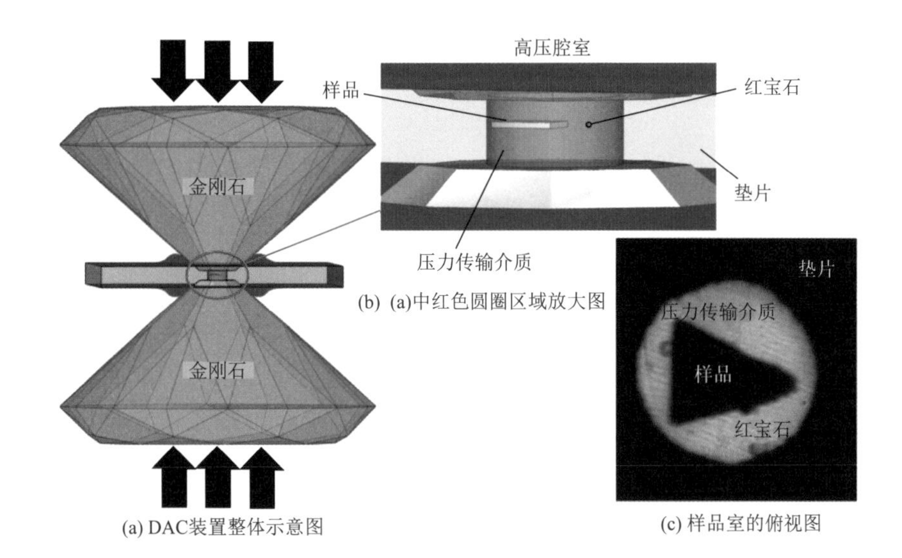

(a) DAC装置整体示意图
(b) (a)中红色圆圈区域放大图
(c) 样品室的俯视图

图 4.27　DAC 装置示意图

间的极小垫片包裹着钻石。样品和压力传输介质一起放在极小空间（样品室）中。当推动两个金刚石相向而行时，样品室被急剧压缩，内部压强极大增强。压力传输介质和预压垫片能使得试样在轴向和径向的应力和应变均匀化[43]。

DAC 可实现轴向衍射和径向衍射。当 X 射线经过金刚石垂直照射到样品上时，将发生轴向衍射。其中压力传输介质能尽可能模拟静水压环境。当 X 射线从侧面经垫片入射到样品上时，将发生径向衍射，此过程无需压力传输介质。金刚石压砧可绕样品衍射中心旋转，从而获得样品在不同空间取向上的应变结构信息。

静水压环境中物质的相变

在静水压环境中，材料在各个方向受到的压力几乎相同，更接近工作环境，适用于对材料整体相变的研究。DAC 装置与同步辐射 XRD 相结合，是目前同步辐射高压研究中采用的主要手段之一。高亮度和高分辨率的同步辐射 X 射线能穿透金刚石照射在样品上，可在较短时间内原位测量样品在高压下的相变信息。

【示例 4.38】原位高压同步辐射 XRD 被用来研究硅化锂（$Li_{15}Si_4$）在高压下的结构变化[44]。在此过程中，氢气（H_2）作为压力传输介质。当压强增加到 5.8 GPa 时，α-$Li_{15}Si_4$的立方结构仍保持稳定。当压力继续增加到 7 GPa 及以上时，出现了一种新的正交晶相（β-$Li_{15}Si_4$）。当撤去压力时，新的β-$Li_{15}Si_4$相便可以恢复（美国芝加哥，先进光子源，APS-16ID-B）。

【示例 4.39】原位高压 SAXS 和 WAXS 表征技术被用来探究球形硒化镉（CdSe）纳米晶阵列高压相变[45]。在原子尺度上，随着压力的增加，初始的纤锌矿 CdSe 纳米晶转变成岩盐相[图 4.28（c）]。当撤掉施加的压力时，纳米晶又转变为闪锌矿结构。在介观尺度上，SAXS 图样表明在压缩前，纳米晶为标准面心立方相。随着压力的不断增加，SAXS 峰不断地向更高的角度移动，表明颗粒间距的收缩，逐渐转变为六方相（美国纽约，康奈尔大学高能同步加速器研究中心，CHESS-B1）。

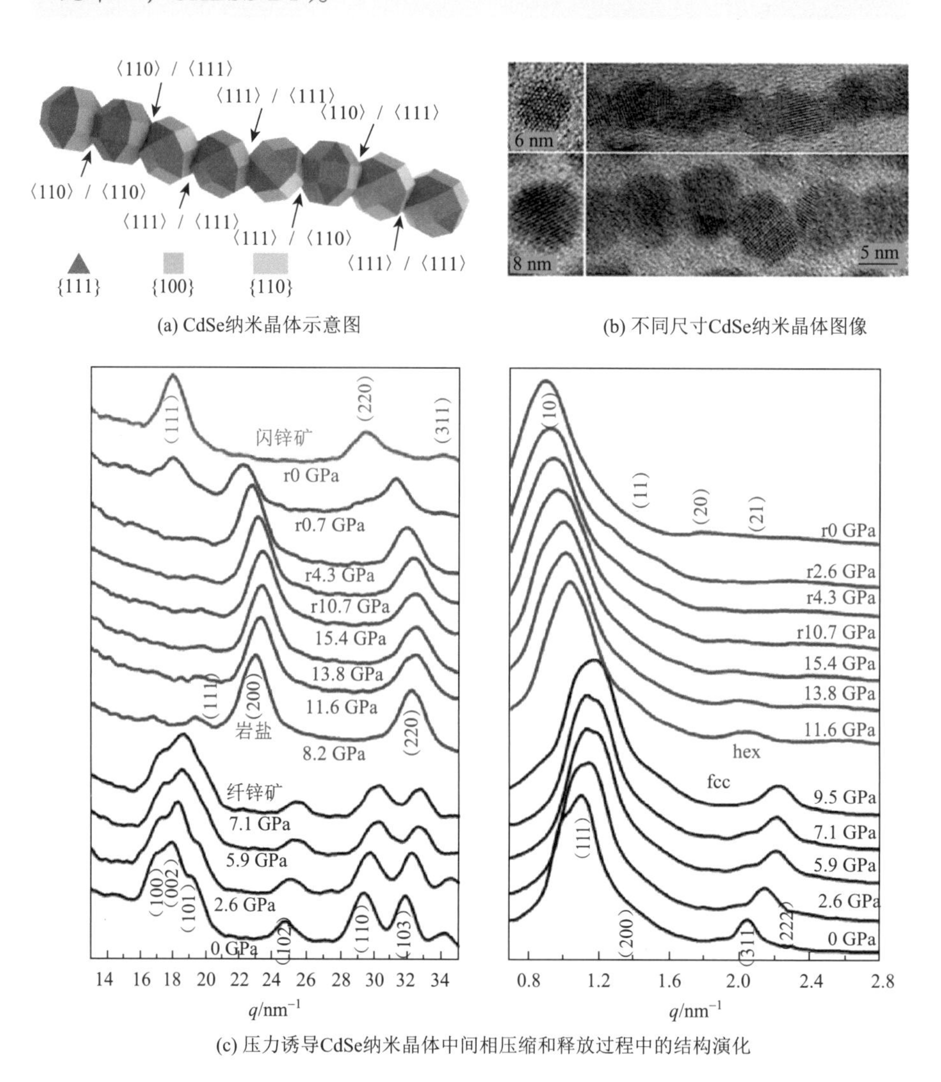

(a) CdSe纳米晶体示意图

(b) 不同尺寸CdSe纳米晶体图像

(c) 压力诱导CdSe纳米晶体中间相压缩和释放过程中的结构演化

图 4.28 SAXS 和 WAXS 研究 CdSe 纳米晶体的高压相变

非静水压环境中物质的相变

对物质在单一轴向压力下的强度、应变和应力的了解有助于研究服役条件下材料的力学行为，对于准确理解材料失效和破坏机理、预测结构服役寿命至关重要。

金属材料的强度往往与晶粒尺寸相关，传统方法（如硬度测量仪）对样品有一定的尺寸要求，无法测量尺寸小于15 nm的晶粒的机械性能[46]。径向高压XRD由于X射线从压轴垂直方向入射，金刚石压砧可绕样品衍射中心旋转，可以获得材料在360°方向的应变信息，从而能研究样品在纳米尺度下的压缩形变行为。

【示例4.40】径向XRD被用来原位跟踪平均晶粒尺寸不同的Ni样品的屈服应力[46]。通过对纳米金属Ni进行高压变形研究，发现其强度随着晶粒尺寸减小持续提高。高压径向XRD结果显示(图4.29)，对于更小的纳米晶体，衍射线曲率增加，表明更高的弹性变形。在晶粒尺寸为3 nm的样品中，其屈服强度约为4.2 GPa，是商业Ni材料的10倍（美国芝加哥，先进光子源，APS-12.2.2）。

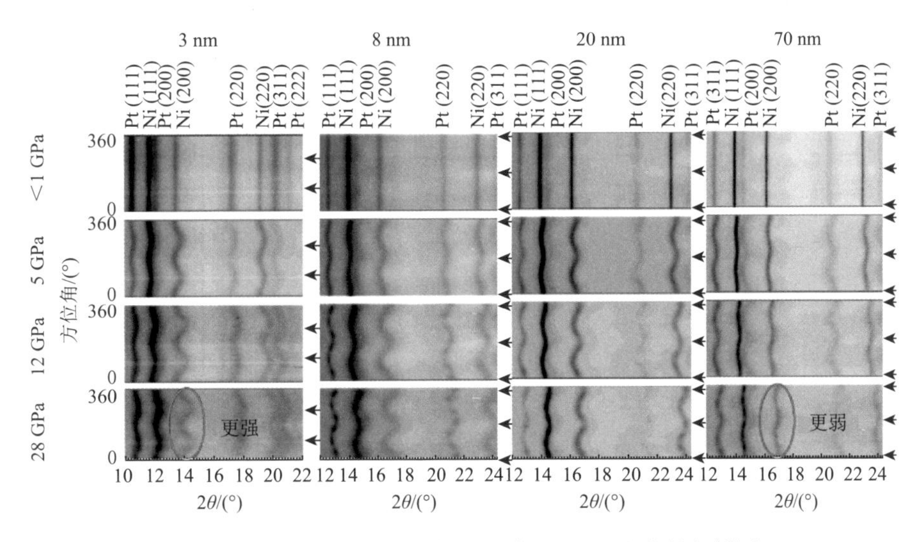

图4.29 不同压力下纳米金属Ni在0～360°方位的衍射图

4.3.3 电的魔法

电是现代社会得以稳定运行的基础。一旦失去了电，现代人类的日常生活将难以为继。这主要是因为人类基于电与物质的相互作用发展出了一系列的科技产品，彻底地改变了人类的生活方式。在电场的作用下，物质变化过程可能会产生一些新奇的现象。

在外加电场中，导体的自由电子受电场力的驱动逆电场方向运动，其电荷会在表面重新分布，在导体内部形成反向等大的电场，使得导体内部的电场为零，这就是静电屏蔽现象。电场对材料的影响在宏观层面也有所体现。由于电场的存在，合金在凝固过程中液相溶质受到电场力的作用在特定位置堆积，引起合金枝晶形貌和生长行为的变化。

传统表征技术在表征电场作用下的物质变化过程时存在时间、空间上分辨率不足等缺点。在同步辐射技术出现以后，基于同步辐射光源的高亮度和连续性等优点，研究者们研究出了同步辐射 X 射线成像、同步辐射 XRD 等技术来对上述过程进行原位观测。在这一部分我们将主要讨论利用同步辐射技术表征电场作用下的物质变化。

电场能够对晶体结构产生影响，引起晶格常数的变化。XRD 是一种常见的表征晶体结构的方法。同步辐射 X 射线具有能量范围宽、准直性好、高亮度的突出优势，因此同步辐射 XRD 在分辨率和精确度等方面表现明显优于普通 XRD。

【示例 4.41】在莫特绝缘体钌酸钙（Ca_2RuO_4）材料中存在着一种非线性传导现象，即电阻率随外场增加不断减小。同步辐射 XRD 观察了莫特绝缘体 Ca_2RuO_4 中电流诱导的晶格变形[47]。通过对衍射数据的分析，研究者们得到了不同温度和电流密度下晶格常数的变化，证实了电流可以引起晶格变形。其电阻率随电流的增加而减小，晶格参数也随电流的变化而变化，这是由于 RuO_6 八面体的变形和倾斜，与轨道极化密切相关（日本东京，KEK 光子工厂，KEK-BL-8B）。

在时间维度上研究电场对晶体结构的影响，能够帮助我们理解电场作用下晶体结构的演化机制。时间分辨的同步辐射 XRD 技术能够实时、准确、全面地反映物质结构的变化。

【示例 4.42】锆酸铅（$PbZrO_3$）是一种被广泛研究的反铁电钙钛矿材料。原位高能 XRD 技术可以对电场诱导下 $PbZrO_3$ 基反铁电体的结构和晶畴织构演化过程进行研究[48]。图 4.30 展示了$\{110\}_p$、$\{111\}_p$、

$\{200\}_p$ 晶面在电场下的变化。随着电场增加至 3.5 kV/mm，$\{200\}_p$ 对应的裂分峰变为单峰，证明发生了反铁电到铁电的转变。同时$\{110\}_p$和$\{111\}_p$ 对应峰的峰位发生位移，表明了取向相关的晶格应变和晶畴织构演变。当电场逐渐减小至 0.5 kV/mm 时，$\{200\}_p$对应的峰出现裂分，同时$\{110\}_p$ 和$\{111\}_p$ 对应峰的峰位发生位移至初始值，证明了铁电体相变为反铁电体（美国芝加哥，先进光子源，APS-11-ID-C）。

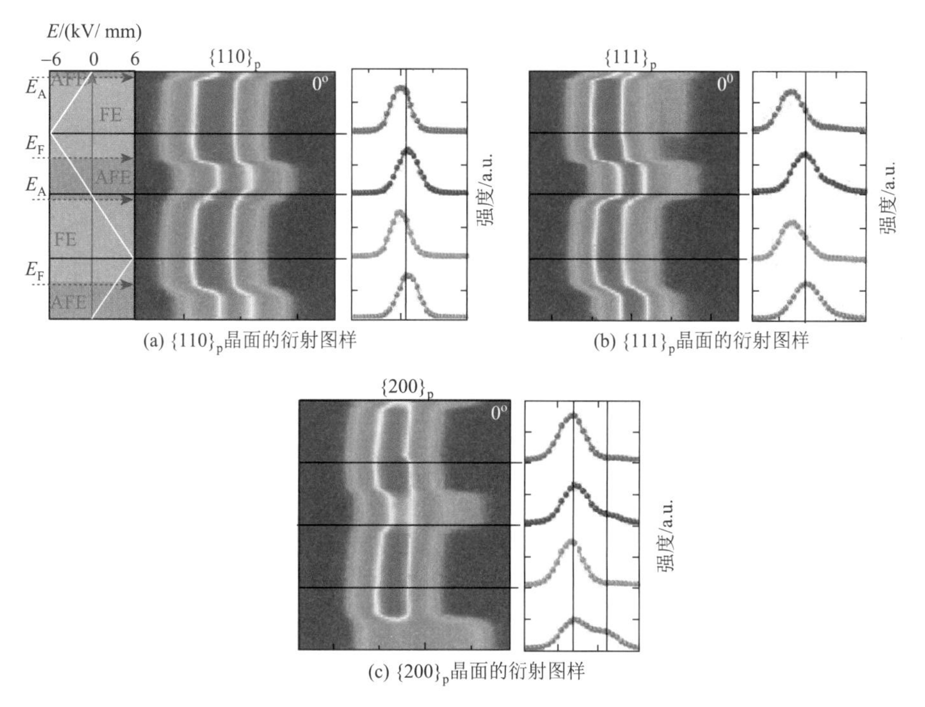

(a) $\{110\}_p$晶面的衍射图样 (b) $\{111\}_p$晶面的衍射图样

(c) $\{200\}_p$晶面的衍射图样

图 4.30 不同晶面的原位衍射图样

电场控制离子迁移导致的物质结构相变在物理及材料科学中具有重要意义，并广泛应用于电池、智能玻璃等应用领域。了解相变过程中元素价态的变化，需要 XAS 提供必要的谱学证据。

【示例 4.43】电场控制 O^{2+}和 H^{+}离子相互独立地嵌入和脱出，可实现在三种不同的钴酸锶（$SrCoO_3$）材料相间的可逆转变。为了确认 Co 在不同相中的价态，理解电场调控的三态结构相变机制，研究者们利用软 XAS 测量了样品中 Co 的 L 吸收边和 O 的 K 吸收边[49]。

$HSrCoO_{2.5}$、$SrCoO_{2.5}$ 和 $SrCoO_{3-\delta}$ 材料中 Co 的价态逐渐升高，且 $HSrCoO_{2.5}$ 中 Co 的吸收边与 CoO 的一致，说明该材料中 Co 的价态主要是+2 价[图 4.31（a）]。$HSrCoO_{2.5}$ 中 O—Co 杂化特征峰消失，证明这是一种新的结构[图 4.31（b）]（中国北京，北京同步辐射光源，BSRF-4B9B；中国上海，上海同步辐射光源，SSRF-08U1A）。

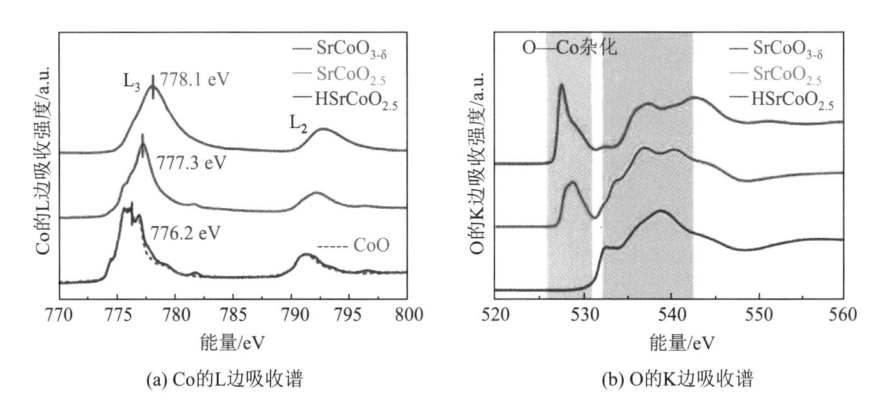

图 4.31　三种钴酸锶材料的软 XAS

了解电场作用下原子周围化学环境的变化，对于理解电场作用下的催化机制有重要意义。XAFS 技术作为一种原子级敏感的光谱技术，可以得到原子周围化学环境信息，从而清晰地表征电场作用下物质结构的微观变化。

【示例 4.44】原位 XAFS 被用来表征在电场作用下单原子合金表面结构的演变[50]（图 4.32）。通过对原位 EXAFS 光谱的拟合和对 XANES 谱的分析，得到 Cu-Au 单原子合金中的 Cu-Au 配位数为 5，即单原子 Cu 在顶角位点；在施加−0.6 V（vs.RHE）的还原电位以后，Cu-Au 配位数变为 8，表明 Cu 原子从纳米颗粒的顶角位点迁移至（100）面的第一层原子层；在电催化反应结束后，Cu 原子重新迁移回到初始的顶角位点。随后研究人员对模型中的所有可能的位点进行 XANES 模拟，对比不同位点的计算谱与实验谱的吻合程度，结果进一步证明了 Cu 单原子从顶角位点迁移至（100）面的动态过程（中国北京，北京同步辐射光源，BSRF-1W1B）。

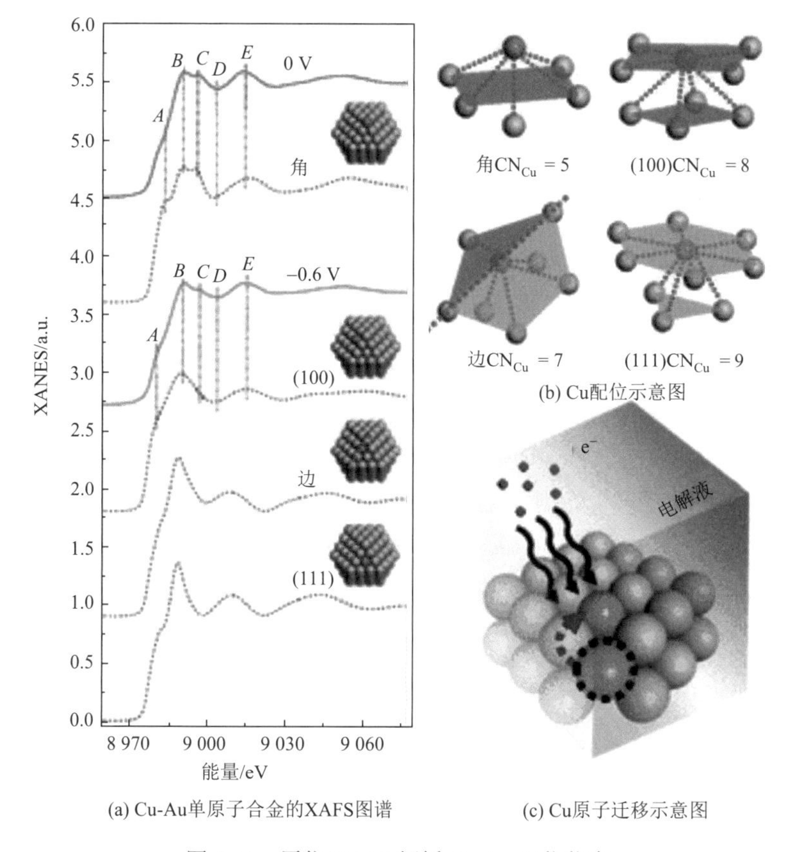

(a) Cu-Au单原子合金的XAFS图谱

(b) Cu配位示意图

(c) Cu原子迁移示意图

图 4.32 原位 XAFS 解析 Cu-Au 配位信息

进一步地，如果要获得原子间距离分布的信息，表征局部原子结构的变化，就需要借助 X 射线全散射技术（X-ray total scattering，XTS）测量对分布函数。对分布函数描述的是原子间距离的实空间分布，它可以应用于内部无序材料的结构表征。这些材料可以是无定形材料、低晶、纳米晶或纳米结构。

【示例 4.45】对分布函数揭示了电场作用下多晶钙钛矿材料（典型的介电材料）局部原子结构的变化[51]。这种方法能够揭示从亚 Å 级到几个纳米长度尺度上的结构变化。在电场的作用下，定向总散射函数 $S(Q)$ 证实了法向平行于电场的晶格的面间距拉伸，法向垂直于电场的晶格的面间距收缩。$Na_{0.5}Bi_{0.5}TiO_3$ 在电场作用下表现出单斜向菱面体相变，这种转变可根据 $S(Q)$ 函数证明（美国芝加哥，先进光子源，APS-11-ID-B）。

电场引起的长程有序晶体和内部无序物质的内部结构变化可以通过 XRD、XTS 表征出来，但当电场作用在液体这样的流动界面时，表征其结构变化就成为一个难题。XRR 可以有效解决这样的难题。XRR 是一种表面敏感的分析技术，广泛应用在化学、物理和材料科学领域。

【示例 4.46】XRR 被用来研究液态金属汞与电解液界面的结构以及界面层的厚度[52]（图 4.33）。当电位 $\Phi < \Phi_{rp}$ 时（Φ_{rp} 指的是铅离子还原发生汞齐化反应的还原电势），测量到的反射率函数 $R(q_z)$

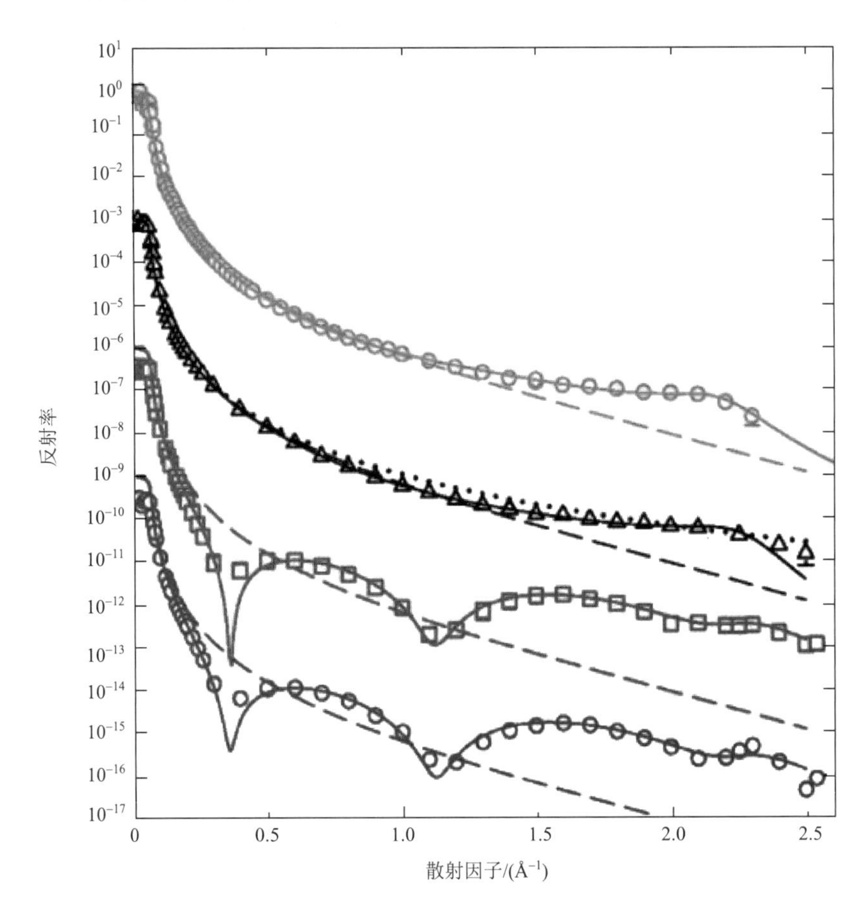

图 4.33　不同电位下汞电解液界面的 XRR 曲线

（黑色三角形）与在此电位处观察到的 Hg 与 0.01M 氟化钠（NaF）（不含 Pb^{2+}）界面的 R（q_z）（绿色圆圈）几乎完全相同。因此，当 $\Phi<\Phi_{rp}$ 时，Hg 电解液界面结构与其他电解质的界面结构相同。当 $\Phi>\Phi_{rp}$ 时，XRR 曲线发生了剧烈变化（红色方块和蓝色圆圈），这表明界面发生了显著的结构变化（美国芝加哥，先进光子源，APS-ID-9）。

自 20 世纪 60 年代以来，研究者们就已经开始尝试研究直流电流对合金凝固过程的影响，研究结果表明电流能够改变合金成核过程和微结构的演变。基于同步辐射光源发展出的原位成像技术，让这一过程得以可视化。

【示例 4.47】同步辐射成像技术被用来原位观测在直流电场下 Sn-Bi 二元合金凝固过程中枝晶形貌的演变[53]。图 4.34 展现了电流密度从 0～32 A/cm^2 变化时观察到的枝晶生长行为的变化。在不加直流电场时，枝晶呈柱状，且二级和三级枝晶臂有着锋利的尖端。在加入直流电场时，枝晶臂的生长明显受到抑制，枝晶臂也变得平滑，枝晶形状开始向等轴晶转变。枝晶形貌的转变主要是电场诱导的溶质堆积作用引起的（中国上海，上海同步辐射光源，SSRF-BL13W1）。

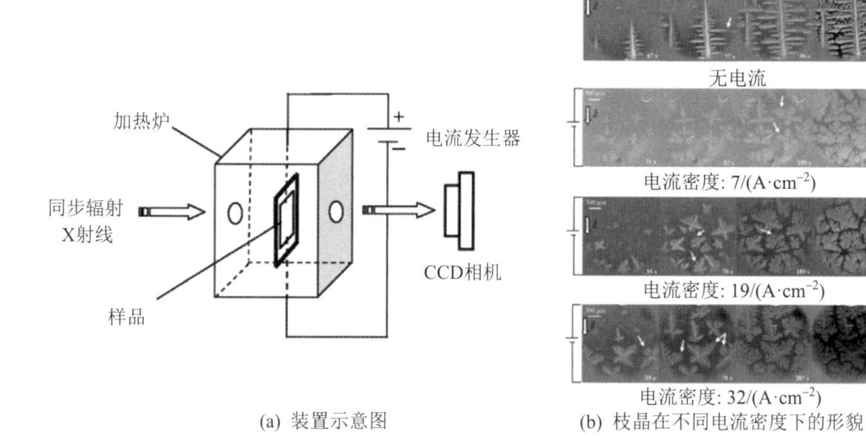

图 4.34 利用同步辐射成像技术原位观察不同电场下的合金的枝晶生长行为

4.3.4 磁的力量

人类与磁场的渊源由来已久。据文献记载，早在战国时期，河北武安一带就已经有司南出现。司南的发明是我国古代劳动人民在长期的生产实践中对物体磁性认识的结果。高中物理课本告诉我们，带电粒子在磁场中会受到洛伦兹力作用而产生偏转。

利用这一点，我们就可以通过磁场来操控一些带电粒子，如电子、氢离子、氦离子等。基于这一想法，科学家们设计了回旋加速器、质谱仪等大型仪器。不仅仅是带电粒子，磁场对于宏观物质也会存在影响，引起晶体结构或者物质表面结构的变化。通过借助同步辐射技术，我们能够更加清晰地表征在磁场作用下物质的变化过程。

“天问一号”火星探测器的一个主要任务是对火星磁场进行初步的探测，从而进一步了解火星内部的结构，对人类社会的发展具有重要意义。对于磁场作用下物质晶格结构的变化，XRD 是常用的表征方法。同步辐射 XRD 技术具有更高的空间分辨率，能够感知磁场作用下的细微结构变化。

【示例 4.48】同步辐射 XRD 被用来探究钴锰硅（CoMnSi）化合物在磁场作用下从室温冷却至 200 K 过程中的晶体结构[54]。在 6 T 高磁场强度的磁场冷却下，在（112）衍射峰的右侧出现了一个额外的衍射峰，归属于 CoMnSi 化合物的（210）衍射峰（图 4.35）。该现象的发生意味着样品经历了磁场诱导的晶格畸变。冷却至 200 K 时，晶格参数的相对变化量分别为 0.4%、0.3%和 0.2%（美国芝加哥，先进光子源，APS-11-ID-C）。

对于磁场作用下的合金凝固这样的变化过程来说，原位观察合金表面的形貌演变对于研究者们深入理解合金凝固机制有重要意义，因此同步辐射 X 射线成像技术被用来原位观察磁场作用下的合金凝固过程。

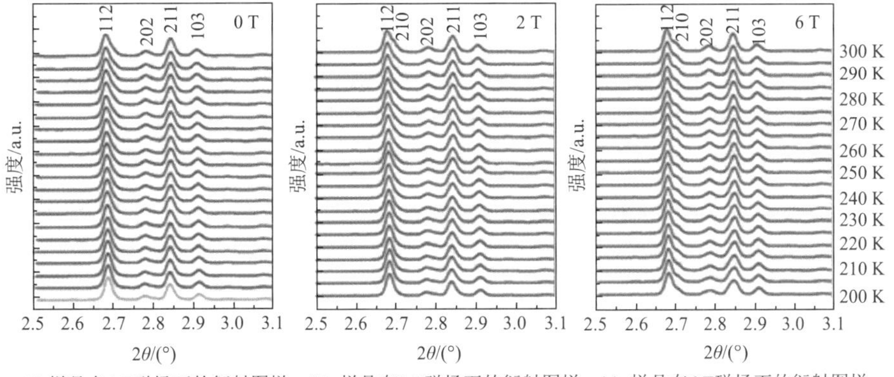

(a) 样品在0 T磁场下的衍射图样 (b) 样品在2 T磁场下的衍射图样 (c) 样品在6 T磁场下的衍射图样

图 4.35 同步辐射 XRD 揭示 CoMnSi 样品晶体结构变化

【示例 4.49】原位同步辐射 X 射线成像技术记录了在恒定磁场作用下的 Al-Cu 合金的定向凝固过程，实现了对热电磁力驱动的枝晶碎片移动速率的测量[55]。原位同步辐射 X 射线成像结果表明，合金凝固以枝晶形式向前生长。研究者们记录了碎片从枝晶上脱落、沿 y 方向移动的过程。图 4.36 展示了一个碎裂的片段在热电磁力的驱动下连续运动图像，通过碎片坐标随时间的变化可以测量枝晶的运动速率（法国格勒诺布尔，欧洲同步辐射光源，ESRF-BM05）。

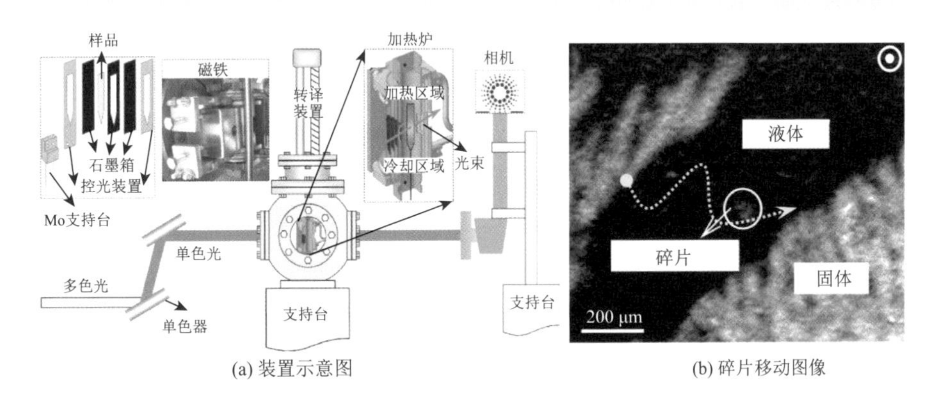

(a) 装置示意图 (b) 碎片移动图像

图 4.36 磁场作用下碎片的原位移动图像

参考文献 1

[1] YAO T，SUN Z H，LI Y Y，et al. Insights into initial kinetic nucleation of gold nanocrystals[J]. Journal of the American chemical society，2010，132（22）：7696-7701.

[2] YAO T，LIU S J，SUN Z H，et al. Probing nucleation pathways for morphological manipulation of platinum nanocrystals[J]. Journal of the American chemical society，2012，134（22）：9410-9416.

[3] HARADA M，TAMURA N，TAKENAKA M. Nucleation and growth of metal nanoparticles during photoreduction using in situ time-resolved SAXS analysis[J]. The Journal of physical chemistry C，2011，115（29）：14081-14092.

[4] VAN DER STAM W，RABOUW F T，GEUCHIES J J，et al. In situ probing of stack-templated growth of ultrathin $Cu_{2-x}S$ nanosheets[J]. Chemistry of materials，2016，28（17）：6381-6389.

[5] HU Q，ZHAO L C，WU J，et al. In situ dynamic observations of perovskite crystallisation and microstructure evolution intermediated from $[PbI_6]^{4-}$ cage nanoparticles[J]. Nature communications，2017，8（1）：15688.

[6] LI J B，MUMIR R，FAN Y Y，et al. Phase transition control for high-performance blade-coated perovskite solar cells[J]. Joule，2018，2（7）：1313-1330.

[7] RUGGERI E，ANAYA M，GALKOWSKI K，et al. Controlling the growth kinetics and optoelectronic properties of 2D/3D lead-tin perovskite heterojunctions[J]. Advanced materials，2019，31（51）：1905247.

[8] TANG M C，FAN Y Y，BARRIT D，et al. Efficient hybrid mixed-ion perovskite photovoltaics：in situ diagnostics of the roles of cesium and potassium alkali cation addition[J]. Solar RRL，2020，4（9）：2000272.

[9] MATHIESEN R H，ARNBERG L，Mo F，et al. Time resolved X-ray imaging of dendritic growth in binary alloys[J]. Physical review letters，1999，83（24）：5062-5065.

[10] LIMODIN N，SALVO L，BOLLER E，et al. In situ and real-time 3-D microtomography investigation of dendritic solidification in an Al-10wt.%Cu alloy[J]. Acta materialia，2009，57（7）：2300-2310.

[11] LIMODIN N，SALVO L，SUÉRY M，et al. In situ investigation by X-ray tomography of the overall and local microstructural changes occurring during partial remelting of an Al-15.8wt.%Cu alloy[J]. Acta materialia，2007，55（9）：3177-3191.

[12] LUDWIG O，DIMICHIEL M，SALVO L，et al. In-situ three-dimensional microstructural investigation of solidification of an Al-Cu alloy by ultrafast X-ray microtomography[J]. Metallurgical and materials transactions A，2005，36：1515-1523.

[13] CAI B，WANG J，KAO A，et al. 4D synchrotron X-ray tomographic quantification of the transition from cellular to dendrite growth during directional solidification[J]. Acta materialia，2016，117（15）：160-169.

[14] YANG M，XIONG S M，GUO Z. Effect of different solute additions on dendrite morphology and orientation selection in cast binary magnesium alloys[J]. Acta materialia，2016，112（15）：261-272.

[15] DU J L，ZHANG A，GUO Z P，et al. Atomistic underpinnings for growth direction and pattern formation of hcp magnesium alloy dendrite[J]. Acta materialia，2018，161（15）：35-46.

[16] LIOTTI E，ARTETA C，ZISSERMAN A，et al. Crystal nucleation in metallic alloys using X-ray radiography and machine learning[J]. Science advances，2018，4（4）：eaar4004.

[17] WANG L G，WANG J J，Zuo P J. Probing battery electrochemistry with in *operando* synchrotron X-ray imaging techniques[J]. Small methods，2018，2（8）：1700293.

[18] NELSON J，MISRA S，YANG Y，et al. In *operando* X-ray diffraction and transmission X-ray microscopy of lithium sulfur batteries[J]. Journal of the American chemical society，2012，134（14）：6337-6343.

[19] YANG Y，XU R，ZHANG K，et al. Quantification of heterogeneous degradation in Li-ion batteries[J]. Advanced energy materials，2019，9（25）：1900674.

[20] EBNER M，MARONE F，STAMPANONI M，et al. Visualization and quantification of electrochemical and mechanical degradation in Li-ion batteries[J]. Science，2013，342（6159），716-720.

[21] WANG J J，CHEN-WIEGART Y-C K，WANG J. In situ three-dimensional synchrotron X-ray nanotomography of the（De）lithiation processes in tin anodes[J]. Angewandte chemie international edition，2014，53（17）：4460-4464.

[22] ULVESTAD A，CHO H M，HARDER R，et al. Nanoscale strain mapping in battery nanostructures[J]. Applied physics letters，2014，104（7）：073108.

[23] ULVESTAD A，SINGER A，CHO H-M，et al. Single particle nanomechanics in *operando* batteries via lensless strain mapping[J]. Nano letters，2014，14（9）：5123-5127.

[24] WANG Q C，MENG J K，YUE X Y，et al. Tuning P2-structured cathode material by Na-site Mg substitution for Na-ion batteries[J]. Journal of the American chemical society，2019，141（2）：840-848.

[25] BORKIEWICZ O J，SHYAM B，WIADEREK K M，et al. The ampix electrochemical cell：a versatile apparatus for in situ X-ray scattering and spectroscopic measurements[J]. Journal of applied crystallography，2012，45（6）：1261-1269.

[26] ORIKASA Y，MAEDA T，KOYAMA Y，et al. Direct observation of a metastable crystal phase of Li_xFePO_4 under electrochemical phase transition[J]. Journal of the American chemical society，2013，135（15）：5497-5500.

[27] WANG J，CHEN-WIEGART Y-C K，WANG J. In *operando* tracking phase transformation evolution of lithium iron phosphate with hard X-ray microscopy[J]. Nature communications，2014，5（1）：4570.

[28] WANG J，CHEN-WIEGART Y-CK，ENG C，et al. Visualization of anisotropic-isotropic phase transformation dynamics in battery electrode particles[J]. Nature communications，2016，7（2）：12372.

[29] QIAO R M，WRAY L A，KIM J H，et al. Direct experimental probe of the Ni(ii)/Ni(iii)/Ni(iv)redox evolution in $LiNi_{0.5}Mn_{1.5}O_4$ electrodes[J]. The journal of physical chemistry C，2015，119（49）：27228-27233.

[30] ZhANG J N，LI Q H，OUYANG C，et al. Trace doping of multiple elements enables stable battery cycling of $LiCoO_2$ at 4.6 V[J]. Nature energy，2019，4（7）：594-603.

[31] GUSTAFSON J，SHIPILIN M，ZHANG C，et al. High-energy surface X-ray diffraction for fast surface structure determination[J]. Science，2014，343（6172）：758-761.

[32] SINGH J，ALAYON E M C，TROMP M，et al. Generating highly active partially oxidized platinum during oxidation of carbon monoxide over Pt/Al_2O_3：in situ，time-resolved，and high-energy-resolution X-ray absorption spectroscopy[J]. Angewandte chemie international edition，2008，47（48）：9260-9264.

[33] LIU B，VAN SCHOONEVELD M M，CUI Y-T，et al. In-situ 2p3d resonant inelastic X-ray scattering tracking cobalt nanoparticle reduction[J]. The journal of physical chemistry C，2017，121（32）：17450-17456.

[34] KOX M H F，DOMKE K F，DAY J P R，et al. Label-free chemical imaging of catalytic solids by coherent anti-stokes Raman scattering and synchrotron-based infrared microscopy[J]. Angewandte chemie international edition，2009，48（47）：8990-8994.

[35] GONZALEZ-JIMENEZ I D，CATS K，DAVIDIAN T，et al. Hard X-ray nanotomography of catalytic solids at work[J]. Angewandte chemie international edition，2012，51（48）：11986-11990.

[36] WRAGG D S，O'BRIEN M G，BLEKEN F L，et al. Watching the methanol-to-olefin process with time-and space-resolved high-energy *operando* X-ray diffraction[J]. Angewandte chemie international

edition，2012，51（32）：7956-7959.

[37] STAVITSKI E，KOX M H F，SWART I，et al. In situ synchrotron-based IR microspectroscopy to study catalytic reactions in zeolite crystals[J]. Angewandte chemie international edition，2008，47（19）：3543-3547.

[38] CHENG W R，ZHAO X，SU H，et al. Lattice-strained metal-organic-framework arrays for bifunctional oxygen electrocatalysis[J]. Nature energy，2019，4（2）：115-122.

[39] BÖNISCH M，PANIGRAHI A，STOICA M，et al. Giant thermal expansion and α-precipitation pathways in Ti-alloys[J]. Nature communications，2017，8（1）：1429.

[40] LI M，ZUO W W，YANG Y G，et al. Tin halide perovskite films made of highly oriented 2D crystals enable more efficient and stable lead-free perovskite solar cells[J]. ACS energy letters，2020，5（6）：1923-1929.

[41] ZENG X M，DU Z H，TAMURA N，et al. In-situ studies on martensitic transformation and high-temperature shape memory in small volume zirconia[J]. Acta materialia，2017，134：257-266.

[42] MU L Q，YUAN Q X，TIAN C X，et al. Propagation topography of redox phase transformations in heterogeneous layered oxide cathode materials[J]. Nature communications，2018，9（1）：2810.

[43] ANZELLINI S，BOCCATO S. A practical review of the laser-heated diamond anvil cell for university laboratories and synchrotron applications[J]. Crystals，2020，10（6）：459.

[44] ZENG Z D，ZENG Q F，LIU N，et al. A novel phase of $Li_{15}Si_4$ synthesized under pressure[J]. Advanced energy materials，2015，5（12）：1500214.

[45] LI B S，BIAN K F，ZHOU X W，et al. Pressure compression of CdSe nanoparticles into luminescent nanowires[J]. Science advances，2017，3（5）：e1602916.

[46] ZHOU X L，FENG Z Q，ZHU L L，et al. High-pressure strengthening in ultrafine-grained metals[J]. Nature，2020，579（7797）：67-72.

[47] OKAZAKI R，KOBAYASHI K，KUMAI R，et al. Current-induced giant lattice deformation in the mott insulator Ca_2RuO_4[J]. Journal of the physical society of Japan，2020，89（4）：044710.

[48] LIU H，FAN L L，SUN S D，et al. Electric-field-induced structure and domain texture evolution in $PbZrO_3$-based antiferroelectric by in-situ high-energy synchrotron X-ray diffraction[J]. Acta materialia，2020，184：41-49.

[49] LU N P，ZHANG P F，ZHANG Q H，et al. Electric-field control of tri-state phase transformation with a selective dual-ion switch[J]. Nature，2017，546（7656）：124-128.

[50] LIU X K，AO C C，SHEN X Y，et al. Dynamic surface reconstruction of single-atom bimetallic alloy under *operando* electrochemical conditions[J]. Nano letters，2020，20（11）：8319-8325.

[51] USHER T M，LEVIN I，DANIELS J E，et al. Electric-field-induced local and mesoscale structural changes in polycrystalline dielectrics and ferroelectrics[J]. Scientific reports，2015，5（1）：387-396.

[52] ELSEN A，FESTERSEN S，RUNGE B，et al. In situ X-ray studies of adlayer-induced crystal nucleation at the liquid-liquid interface[J]. Proceedings of the national academy of sciences，2013，110（17）：6663-6668.

[53] WANG T M，XU J J，XIAO T Q，et al. Evolution of dendrite morphology of a binary alloy under an applied electric current：an in situ observation[J]. Physical review E，2010，81（4）：42601.

[54] KOU R H，GAO J，WANG G，et al. Magnetic field-induced changes of lattice parameters and thermal expansion behavior of the CoMnSi compound[J]. Journal of materials science，2016，51（4）：1896-1902.

[55] WANG J，FAUTRELLE Y，REN Z M，et al. Thermoelectric magnetic force acting on the solid during directional solidification under a static magnetic field[J]. Applied physics letters，2012，101（25）：251904.

同步辐射光源世界大观

随着科学技术的突破越来越依赖于高尖端科研设备的辅助，多国政府和企业人士逐渐意识到建设同步辐射光源的重要性。因此，当今世界上拥有同步辐射光源的国家和地区呈现加速增长的趋势，光源软硬件更新换代的速度及性能的提升也较 20 世纪迅猛，可看出同步辐射光源的全球化竞争在日趋激烈。基于此，本章将提供一个全球化的视角，让读者更好地了解当今世界同步辐射光源的发展现状。

5.1 国际同步辐射光源分布

同步辐射相较于常规光源有着许多突出的优点：波段宽、亮度高、准直性好等，这使得其在众多领域解决了一大批使用常规光源的实验方法无法解决的问题。建造和维护这样一个装置投资是非常大的，最初主要集中在三处：欧洲、美国和日本，后来发展中国家也纷纷涉足此领域。至今，同步辐射装置的队伍蔚为壮观。

近年来，世界各地开始研究第四代同步辐射光源，即衍射极限储存环光源。2016年瑞典国家实验室建成MAX IV光源，并面向用户开放。这是世界上公认的第一台采用衍射极限储存环设计的光源。此外，随着自由电子激光（free electron laser，FEL）技术的发展，X射线自由电子激光器（X-ray free electron laser，XFEL）装置也已经被建造并投入使用。图5.1是作者根据调研到的光源而给出的世界现有的同步辐射光源的分布图[1-3]。这里标出的光源包含四代同步辐射光源和XFEL。

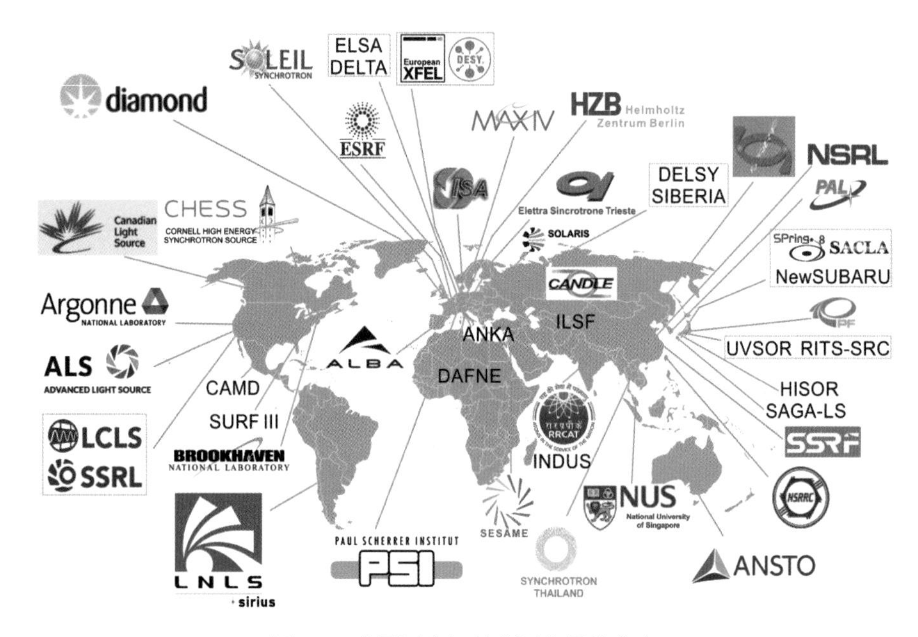

图 5.1　世界同步辐射光源装置的分布

我国的同步辐射光源建设是从20世纪70年代开始的，目前正在运行的有北京正负电子对撞机、合肥同步辐射光源、上海同步辐射光源和台湾同步辐射光源。正在建设的有北京高能同步辐射光源，以及即将兴建的低能区第四代同步辐射光源——合肥先进光源。此外，我国也开始在上海建设XFEL装置。

就用户和完成课题数而言，目前第三代光源是主流装置。表 5.1 给出了世界常用的第三代低能（2 GeV 以下）、中能（2～4 GeV）和高能（6 GeV 以上）同步辐射光源的主要参数信息[1, 4, 5]，本章将会在后文中依次介绍这些光源。此外，也会介绍 XFEL 的相关光源。

表 5.1　世界常用第三代同步辐射光源的主要参数

光源名称	建造地区	电子能量/GeV	发射度(x，y)/(nm rad ×pm rad)	运行流强/mA	亮度/[photons/(s·mm²·mrad²·0.1%BW)]
BESSY II	德国	1.70	6.0×100	300	5×10^{18}
ALS	美国	1.90	2.0×30	500	3×10^{18}
SLS	瑞士	2.40	5.5×3	400	5×10^{15}

续表

光源名称	建造地区	电子能量/GeV	发射度(x, y)/(nm rad ×pm rad)	运行流强/mA	亮度/[photons/(s·mm²·mrad²·0.1%BW)]
SOLEIL	法国	2.75	3.7×11	500	10^{20}
ALBA	西班牙	3.00	4.3×28	250	4×10^{12}
DIAMOND	英国	3.00	3.17×8	300	3×10^{20}
SSRF	中国	3.50	3.9×5	300	10^{20}
ESRF	法国	6.00	3.8×5	200	8×10^{20}
APS	美国	7.00	3.0×25	100	8×10^{19}
SPring-8	日本	8.00	2.8×6	100	2×10^{21}

5.2 常用低能同步辐射光源

针对真空紫外及软X射线波段的相关表征技术，低能同步辐射光源即可满足需求且性价比更高。德国的 BESSY II、美国的先进光源（advanced light source，ALS）、意大利的 Elettra、韩国的浦项光源（Pohang light source，PLS）、波兰的 SOLARIS 和我国台湾光源（Taiwan light source，TLS）都是现在运行的第三代低能同步辐射光源。其中，BESSY II 在时间分辨实验方面有着长期的经验积累，而 ALS 是世界上第一台第三代低能同步辐射光源。因此，本节将重点介绍这两个光源。

5.2.1 BESSY II

位于德国柏林亥姆霍兹中心（Helmholtz Zentrum Berlin，HZB）的 BESSY II 可以发射出极为明亮且稳定的光子脉冲，波段范围从长波、太赫兹（terahertz，THz）到硬X射线区，并着重于 VUV 和软X射线，这在德国光源中是独一无二的。从这个角度讲，BESSY II 是对德国 PETRA III 光源的强大补充，后者主要服务于硬X射线区。

BESSY II 装置全长为 240 m，电子能量为 1.7 GeV，运行流强达 300 mA，提供 42 条光束线（表 5.2）[6]。这些线站提供了光谱和显微成像学研究的最新方法。BESSY II 发射出的软 X 射线特别适合于研究纳米材料中的光和电化学过程、薄膜和表界面、蛋白质的晶体结构解析、陨石和考古发现。其有三条光束线专门用于研究蛋白质晶体学，这些线站被称为 MX 线站。此外，BESSY II 的飞秒切片部件可以实现时间分辨率从 50 ps 到 100 fs 的泵浦探针谱学。

表 5.2　BESSY II 光束线目录

名称	提供技术
BAMline	X 射线吸收近边结构（XANES）、X 射线荧光光谱（XRF）、断层扫描成像
BElChem-PGM	X 射线光电子能谱（XPS）、光电子发射显微术（PEEM）、X 射线吸收光谱（XAS）
CPMU17_EMIL Segement	XANES、XPS、近常压 X 射线光电子能谱（NAP-XPS）、XRF
UE48_EMIL	XANES、XPS、软 X 射线吸收光谱（SoXAS）、XRF
ENERGIZE	XANES、角分辨光电子谱（ARPES）、XPS、紫外光电子能谱（UPS）
HE-SGM	XANES、XPS
HU 5 mNIM	ARPES
IRIS	红外光谱（IR）、THz 近场显微镜、椭圆偏振
ISISS	XPS、NAP-XPS、XANES
KMC-1	硬 X 射线光电子能谱（HAXPES）、X 射线吸收精细结构（XAFS）、XRF
KMC-2	XAFS、XRF、X 射线衍射（XRD）
KMC-3 XPP	时间分辨的 XRD 和 XAS、低温 XAS、原位 XAS
MX 14.1	生物大分子晶体学（MX）
MX 14.2	MX
MX 14.3	MX
mySpot Beamline	XAS、XRF、小角 X 射线散射（SAXS）、广角 X 射线散射（WAXS）
Optics Beamline	反射（用于光学元件波长的计量和校准）
PM2-VEKMAG	XAS、X 射线磁圆二色谱（XMCD）、X 射线磁线二色谱（XMLD）、共振非弹性 X 射线散射（RIXS）
PM3	XAS、XMCD、XPS、UPS、XANES
PM4	低辐照剂量下的 XPS、ARPES、泵浦探针
RGBL Dipole	XAS、XPS、UPS
THz-Beamline	电子自旋共振谱（ESRS）、IR
U41-PEAXIS	角度分辨的 RIXS、XPS、ARPES、XAS
U41-TXM	全场透射 X 射线显微镜、断层扫描成像

续表

名称	提供技术
U49-2_PGM-1	XAS、XMCD、UPS、XANES、液体的 XPS、磁式光电子飞行时间能谱仪、共振 X 射线散射（RXS）、椭圆偏振、RIXS
U125-2_KMC	原位研究分子束外延过程中的表面衍射
U125-2_NIM	XMCD、XAS
U125-2_RGBL Undulator	ARPES、XPS、UPS、自旋分辨 XPS
UE46_MAXYMUS	XMCD、XAS
UE46_PGM-1	SoXAS、共振软 X 射线散射（R-SoXS）
UE49_PGM SMART	PEEM、XANES、XPS、UPS、XMCD
UE49_PGM SPEEM	自旋分辨 XPS、XANES、XMCD、XMLD
UE49_SGM	XANES、RIXS
UE52_PGM CoESCA	XPS、ARPES
UE52_PGM Ion trap	冷气相离子的 XMCD、XANES
UE52_SGM	液体的 XPS、XAS、UPS、XMCD、RXS、椭圆偏振、RIXS、XANES
UE56-1_SGM	PEEM、XANES、XMCD
UE56-1_PGM	XMLD、XMCD、XAFS、XPS、UPS、ARPES
UE56-1_ZPM	XAS、XMCD、R-SoXS、磁性散射
UE112_PGM-1	RIXS、XAS、XMCD、XPS、UPS、RXS、XANES
UE112_PGM-2a-1^2	ARPES、XPS、UPS
UE112_PGM-2b-1^3	ARPES、XPS、UPS

目前 BESSY II 正利用其在时间分辨实验方面的经验来实现升级。一方面是现有线站的升级：HZB 拟利用超导射频腔以期在 BESSY II 储存环中同时产生长、短光子脉冲，旨在实现变脉冲长度的储存环（variable storage ring，VSR），即升级为 BESSY VSR。BESSY VSR 既能保持现有光束亮度，也可以让用户高重复频率地使用可变的皮秒脉冲。另一方面，BESSY III 计划于 2030 年投入使用，将会提供更加强大的软 X 射线源，进一步推动材料和能源科学的研究。

5.2.2 ALS

位于美国加利福尼亚州的 ALS 是在一个 20 世纪 30 年代的穹顶式结

构的遗址上建造的，这个地标性的穹顶之前曾被用来放置一台与诺贝尔物理学奖得主欧内斯特·奥兰多·劳伦斯（Ernest Orlando Lawrence）同名的加速器。

该装置于 1987 年开始建造，1993 年投入运行，造价为 9 950 万美元，电子能量为 1.9 GeV，能产生运行流强达 500 mA 的紫外线和软 X 射线。ALS 由美国劳伦斯伯克利国家实验室（Lawrence Berkeley National Laboratory，LBNL）运营，现有光束线 45 条（表 5.3）[7]。其中，ALS 有 6 条研究生物大分子的线站，这些都是由伯克利结构生物学中心机构负责。

表 5.3　ALS 光束线目录

名称	提供技术
1.4	IR
2.0.1	小分子晶体学、蛋白质晶体学（PX）
2.1	全场 X 射线成像、断层扫描成像
2.4	IR
3.2.1	光刻、足迹法
3.3.1	足迹法
3.3.2	XAS、XRD、全场 X 射线成像
4.0.2	磁谱、XAS、磁性散射、RXS
4.0.3	ARPES、XAS、X 射线发射光谱（XES）、RIXS
4.2.2	PX
5.0.1	PX
5.0.2	PX
5.0.3	PX
5.3.2.1	XAS、扫描透射 X 射线显微镜（STXM）、叠层成像
5.3.2.2	STXM、XAS
5.4	IR
6.0.1	RIXS、XAS、XES、XRF
6.0.2	RIXS、XAS、XES
6.1.2	磁谱、全场 X 射线成像、断层扫描成像
6.3.1	磁谱、XAS
6.3.2	光学元件的校准
7.0.1	XAS、STXM、叠层成像、断层扫描成像、相干散射、RXS
7.0.2	ARPES、XAS、XPS、PEEM、STXM

续表

名称	提供技术
7.3.1	XAS
7.3.3	SAXS、WAXS、XRD、掠入射小角/广角X射线散射（GI SAXS/GI WAXS）
8.0.1	XAS、XES、X射线荧光光谱（XFS）、RIXS
8.2.1	PX
8.2.2	PX
8.3.1	PX、小分子晶体学、XRD
8.3.2	断层扫描成像
9.0	质谱、XPS、XAS
9.3.1	XPS、NAP-XPS、XAS
9.3.2	NAP-XPS、XAS
10.0.1	ARPES、自旋分辨XPS、磁谱
10.3.2	XAS、XFS、X射线微束衍射
11.0.1	磁谱、磁性散射、XAS、PEEM、相干散射、RXS、SAXS、WAXS
11.0.2	NAP-XPS、STXM、XAS、GI SAXS/GI WAXS
11.3.1	断层扫描成像
11.3.2	全场X射线成像
12.0.1	极紫外光刻技术
12.0.2	RXS、相干散射、磁性散射
12.2.1	小分子晶体学
12.2.2	极端条件（高压、高温）下单晶衍射（SC-XRD）和粉末X射线衍射法（PXRD）
12.3.1	SAXS、PX
12.3.2	X射线微束衍射

在ALS的建设历程中，有几次重大改造：2001年用超导磁铁取代了三个传统的储存环弯转磁铁，这使得ALS可以在不牺牲光子能量的前提下满足蛋白质晶体光束线的需求；2009年采用top-off注入技术增强了束流稳定性；2013年伪单束模式的应用使其可以产生空间分离和频率可调的光脉冲，从而能够在多光束操作期间进行飞行时间或者泵浦探测实验。近年来LBNL提出了ALS-U计划，拟将ALS改造为衍射极限储存环光源，从而大大提高ALS的亮度、相干性和分辨率，这将使得ALS在软X射线科学领域继续保持世界领先地位。

5.3 常用中能同步辐射光源

中能第三代光源能量一般在 2～4 GeV，在此能量范围内，可以产生高亮度的软 X 射线，并且由于高精度插入元件的制造水平和利用波荡器辐射高次谐波的技术日趋完善，中能光源也可以产生高亮度硬 X 射线。因此，相比选择造价昂贵的高能光源，中能光源更符合经济效益。

自 2001 年在瑞士建成了世界上第一台第三代中能同步辐射光源——瑞士光源（Swiss light source，SLS）之后，愈来愈多第三代中能光源在世界各国拔地而起。其中，SLS、法国光源（source optimisée de lumière à energie intermédiaire du lure，SOLEIL）、西班牙光源 ALBA、英国光源 DIAMOND 和上海光源（Shanghai synchrotron radiation facility，SSRF）同属目前世界上知名且性能优异的第三代中能同步辐射光源，故本节将着重介绍这五个光源。

5.3.1 SLS

SLS，于 2001 年建成，位于瑞士保罗谢尔研究所（Paul Scherrer Institute，PSI），初始造价约 8 900 万美元。该装置全长为 288 m，电子能量为 2.4 GeV，运行流强可达 400 mA，现有 18 条光束线（表 5.4）[8]。SLS 的建造是 PSI 多学科研究发展与研究设施互补的标志，其与自由电子激光装置 Swiss XFEL、散裂中子源 SINQ 和 μ 介子源 SμS 相结合，极大地拓宽了研究领域。

表 5.4　SLS 光束线目录

名称	提供技术
X01DB	IR
X02DA	相衬成像、断层扫描成像
X03DA	ARPES、XPS、扫描隧道显微镜（STM）、XRD、光电子衍射
X03MA	ARPES、RIXS
X04DB	飞行时间质谱（TOF-MS）
X04SA	表面衍射、PXRD

续表

名称	提供技术
X05LA	XAS、XRF
X06DA	MX
X06SA	MX
X07DA	STXM
X07DB	STXM、纳米 X 射线吸收光谱（NanoXAS）
X07MA	高磁场和低温下的 SoXAS、XMCD、XMLD
X07MB	XAS、XES、XAFS
X09LA	超低温高分辨 ARPES、极紫外干涉光刻
X10DA	XAS、XES、XAFS、XRF
X10SA	MX
X11MA	PEEM
X12SA	SAXS、GISAXS、X 射线光子相关谱（XPCS）、相干衍射成像（CDI）

SLS 的科学研究项目主要涉及三大领域：物质结构、能源与环境及人类健康。其见证了诸多有着重大影响力的发现，如科学家利用 SLS 确定了核糖体分子中几十万个原子的位置，这对理解核糖体的工作原理及人类和细菌的区别都至关重要。因此，这项研究获得了 2009 年的诺贝尔化学奖。除了基础研究之外，SLS 也兼顾应用研究和产业发展，如衍生出生产混合像素 X 射线探测器的 Dectris 公司和协助 Eulitha 公司攻克极紫外干涉光刻技术。目前，PSI 提出了 SLS 2.0 计划，会在 2021 年至 2024 年对 SLS 进行升级得到衍射极限储存环结构的光源，这将使 SLS 的发射度和亮度提高 40 倍。

5.3.2　SOLEIL

SOLEIL，在法语中该词是“阳光”的意思，其于2006年建成，坐落在巴黎大区南部埃松省（Essonne）圣奥班（Saint-Aubin）市，是法国继 1992 年建造欧洲同步辐射装置之后的第二个第三代同步辐射光源。该光源占地面积约30公顷[①]，主要由电磁辐射应用实验室所属。SOLEIL主要

① 1 公顷 = 10 000 平方米。

应用波段包括真空紫外及X射线，周长约354 m，电子能量为2.75 GeV，运行流强可达500 mA，至今已有29条光束线（表5.5），初始造价约3.85 亿欧元[9]。

表 5.5　SOLEIL 光束线目录

名称	提供技术
AILES	IR
ANATOMIX	相干 X 射线成像、断层扫描成像
ANTARES	ARPES、扫描 PEEM、共振光电发射、XAS
CASSIOPÉE	自旋分辨 XPS、ARPES
CRISTAL	PXRD、SC-XRD、相干衍射、微束衍射
DEIMOS	XMCD
DESIRS	高分辨率光谱学
DIFFABS	XRD、XAS
DISCO	同步辐射圆二色谱（SRCD）、大气压电离质谱
GALAXIES	非弹性 X 射线散射（IXS）、HAXPES
HERMES	STXM、PEEM
LUCIA	μ-XRF、XANES、扩展 X 射线吸收精细结构（EXAFS）
MARS	XANES、XRF、XAS、XRD
MÉTROLOGIE	光学元件分析、X 射线相位计量、X 射线相位成像、光刻
NANOSCOPIUM	X 射线成像
ODE	EXAFS、XAS
PLÉIADES	XPS、XAS、XRF
PROXIMA-1	XRD、MX、多/单波长异常散射法（MAD/SAD）
PROXIMA-2A	MAD、SAD
PSICHÉ	能量色散 XRD、断层扫描成像
PUMA	XRF、XANES
ROCK	时间分辨 XAS
SAMBA	XAS
SEXTANTS	RIXS、相干 X 射线散射、傅里叶变换全息术
SIRIUS	掠入射 XRD（GIXRD）、GISAXS、XRF、GIXAFS、掠入射衍射异常精细结构（GIDAFS）
SIXS	GIXRD、晶体截断杆（CTR）、GISAXS、X 射线反射（XRR）、相干散射、XS
SMIS	IR
SWING	SAXS、WAXS
TEMPO	XMCD、泵浦探针

SOLEIL每年都有上千名的用户在进行研究，所获得的成果不胜枚举。例如，法国图卢兹（Toulouse）化学实验室在此光源研制出治疗帕金森病的有效药物和疗法。帕金森病来源于铜离子介入β淀粉，导致铜离子与肽的过度结合。利用SAMBA束线的XAS追踪铜离子，可分析其与β淀粉的相互作用，从而厘清了治疗方向[10]。

5.3.3 ALBA

ALBA，在西班牙语中的意思是“黎明”，代表着光明与希望。这个直径140多米的环状同步辐射设施的外形就好似一只熠熠生辉的蜗牛，盘落在西班牙东北部的加泰罗尼亚市（Catalunya），占地面积约60公顷，是加泰罗尼亚、西班牙，以及整个西南欧历史上第一个大科学装置。

ALBA主要应用波段为X射线，装置全长约269 m，电子能量为3 GeV，运行流强可达250 mA，目前有11条在运行的光束线，包括软X射线和硬X射线，主要用于生物学、凝聚态物理学和材料科学（表5.6）[11]。此外，还有两条光束线正在建设中。

表 5.6 ALBA 光束线目录

名称	提供技术
BL01	IR
BL04	高分辨 PXRD、高压 PXRD
BL06	MX
BL09	全场透射 X 射线显微镜、低温断层扫描成像、XAS
BL11	SAXS、WAXS
BL13	MX
BL16	XAS、XRD
BL20	ARPES
BL22	XAS、XES
BL24	PEEM、NAP-XPS
BL29	XMCD、XMLD

ALBA光源预计最终将建成33条光束线，为研究人员提供强有力的

实验条件和手段。以BL24光束线为例，其基于光电发射的技术具有极高的表面敏感性，因此非常适合研究超薄薄膜和表面，提供几个纳米深度的信息。元素选择性也使其成为研究界面的有力工具，包括纳米粒子或二维材料的基本电子特性、工业涂料在不同温度和气体环境下的稳定性。

5.3.4 DIAMOND

DIAMOND，恰如其名，作为英国第一台第三代光源，它就宛如钻石般散发出璀璨的光芒，同时也生动地表达了其同步辐射光既“硬”（指硬X射线的电磁波段区）又明亮，就好比“钻石”一样。DIAMOND坐落于英国的南牛津郡（South Oxfordshire），于2007年建成。DIAMOND主要应用波段为X射线，周长约561.6 m，电子能量为3 GeV，运行流强可达300 mA，至2018年已有32条光束线，预计最终建成约40条光束线（表5.7）[12]。

表 5.7 DIAMOND 光束线目录

名称	提供技术
I05	ARPES、纳米角分辨光电子（Nano ARPES）
B07	XAS、XPS、XANES、NAP-XPS
I07	XRD、XRR、GIXRD、SC-XRD、GISAXS、GIWAXS、SAXS
I09	XPS、硬 X 射线光电子能谱（HAXPES）、XANES、X 射线驻波、ARPES、光电子衍射
I06	XAS、XMCD、XMLD、软 X 射线衍射（SoXRD）、PEEM
I10	XAS、XMCD、R-SoXS、XMLD、SXD
I16	XRD、WAXS、SC-XRD
B16	XRD、XRR
I21	RIXS、XAS、XES
I18	XANES、XAS、XRD、XRF、EXAFS
B18	EXAFS、XRF、XRD、XAS、XANES
I20	EXAFS、RIXS、XAS、XANES、XES、共振 X 射线发射谱（RXES）
I11	XRD
I15	对分布函数（PDF）、XRD
I15-1	PXRD、PDF
I19	小分子 SC-XRD
B24	断层扫描成像、冷冻 X 射线显微镜、相关光电子显微镜、相关光 X 射线显微镜
I08	XAS、XRF、相衬成像

续表

名称	提供技术
I12	能量色散 XRD、相衬成像、SAXS、PXRD、断层扫描成像
I13	CDI、相衬成像、叠层成像、断层扫描成像
I14	XAS、XRF、XRD、相衬成像、叠层成像
B21	SAXS
B22	IR
B23	XMCD
I22	SAXS、WAXS、GISAXS
I03	XRD、MAD、SAD
I04	MX、MAD、XRD
I04-1	MX、XRD
I23	MX、MAD、XRD
I24	MAD、SAD、MX
I02-1	MX、XRF、XRD、MAD
I02-2	MX、MAD、XRD

在DIAMOND设计之初，其就被定位于优先满足结构生物学发展的需要，目前相关研究比例占到40%左右。例如，科学家用DIAMOND确定了一种整合酶的结构，它被艾滋病病毒和类似病毒用来复制自身的遗传信息到宿主的DNA中。通过阻断整合酶以及对整合机制的清楚认识，将能更有效地治疗艾滋病；大多数药物由于本身的毒性或敏感性，需要用纳米笼包覆来保障安全性，研究人员利用I22和B21光束线站进行分析后得出结论，可以施加静水压力获得许多高度稳定的纳米笼系统，而不需要苛刻的化学处理来控制纳米笼的组装和拆分，这为开发新的纳米笼系统铺平道路[13]。

5.3.5 SSRF

SSRF，是中国第一台中能第三代同步辐射光源，坐落在浦东张江高科技园区，于2009年5月6日正式对用户开放，总体性能位居国际先进水平。上海光源目前共有14条光束线19个实验站开放运行（表5.8）。占地约20公顷，主要应用波段为X射线，装置全长为432 m，电子能量为3.5 GeV，运行流强可达300 mA[14]。

表 5.8　SSRF 光束线目录

名称	提供技术
BL08U1-A	XANES、纳米三维计算机断层扫描 Nano-3D-CT、XMCD、XMLD、CDI、软 X 射线激发发光光谱
BL08U1-B	X 射线干涉光刻
BL13W1	显微 CT、动态 CT、XRF
BL14W1	XAFS、GIXAFS、原位 XAFS、高压 XAFS
BL14B1	PXRD、三维倒易空间扫描技术、GIXRD、全反射荧光技术、MAD、SAD、PDF
BL15U1	μ-XRF、μ-XAFS、μ-XRD
BL16B1	SAXS、WAXS、GISAXS、时间分辨 SAXS、X 射线小角异常散射
BL17U1	MAD、SAD、同晶置换、分子置换
BL09U	ARPES、PEEM
BL01B1	傅里叶变换红外吸收光谱仪（FTIR）
BL17B1	MAD、SAD、分子置换、帕特森函数法、SC-XRD
BL18U1	MAD、SAD、同晶置换、分子置换
BL19U1	MAD、SAD、同晶置换、分子置换
BL19U2	生物 SAXS
BL02B	NAP-XPS
BL03U	高分辨 ARPES

上海光源的电子能量在现有的中能区光源中是最高的。利用新的插入件技术，其不仅在光子能量为1～5 keV的范围内产生亮度居世界最高之列的同步辐射光，还能在5～20 keV硬X射线区产生性能趋近6～8 GeV高能量光源的高亮度硬X射线。

自2009年正式向用户开放以来，上海光源一直将实验方法学研究作为运行工作的重中之重。例如，基于BL08U1线站，软X射线组发展了高性能扫描相干衍射成像方法，将上海光源空间分辨能力由30 nm提升至8.5 nm，辐照剂量降低到传统STXM技术的1/12，而数据获取时间仅为STXM的1/3；同步辐射微束衍射技术是高压科学研究的关键技术，上海光源微纳探针组为满足高压学科研究需求，基于BL15U线站解决了材料非弹性散射高压电子激发测量、原位测压定位等关键技术，建立了一套完备的微束高压衍射实验方法[15]。

上海光源二期将建设新的16条线站，在材料应用方面将进一步提升连续宽能谱研究能力、多层次及多尺度动态分析能力、超高灵敏度元素分析能力、全方位跨能区原位分析能力以及海量数据存储能力等。

5.4 常用高能同步辐射光源

高能第三代光源有ESRF、美国APS和日本SPring-8，这也是目前世界上仅有的三台高能第三代同步辐射光源。这三台高能光源从建设至今已有二十余年的发展历史，光束线站类型多样化且技术先进，基本上满足了各学科研究领域所需的测试要求。本节将介绍这三台高能第三代光源。

5.4.1 ESRF

早在1975年，英国伦敦帝国理工学院的教授就致信欧洲科学基金会，希望欧洲在同步加速器研究方面开展合作。1988年，ESRF由欧洲12个国家决定投资2.2亿法郎共同建造，坐落于法国东南重要的科研和高技术工业城市格勒诺布尔（Grénoble）。该市是欧洲最高山脉阿尔卑斯山的“大门”，并有“法国硅谷”之称。ESRF于1994年建成，主要应用波段为X射线，装置周长为844.4 m，电子能量为6 GeV，运行流强可达200 mA，目前已建成50条光束线（表5.9）[16]。

表 5.9　ESRF 光束线目录

名称	提供技术
ID01	CDI、GISAXS、XRD
ID02	时间分辨 SAXS、超小角 XPCS、WAXS
ID03	DAFS、GIXRD、GISAXS、共振衍射、表面 XRD、XRR
ID06-HXM	CDI、XRD
ID06-LVP	高压金刚石压砧
ID09	XRD、WAXS、GIXRD、XES
ID10	WAXS、GISAXS、GIXRD、XRR、CDI

续表

名称	提供技术
ID11	断层扫描成像、X 射线漫散射（XDS）、PDF、PXRD
ID12	XAS、XMCD、XMLD、XNCD、XNLD、XRR
ID13	GISAXS、XRD、SAXS、XRF
ID15A	能量色散 XRD、断层扫描成像、PDF、SAXS、时间分辨 WAXS
ID15B	XRD、XDS
ID16A	CDI、断层扫描成像、μ-XRF、STXM
ID16B	X 射线激发发光谱（XEOL）、XRD、μ-XRF、μ-XANES、相衬成像
ID17	放射量测定、断层扫描成像
ID18	核共振散射
ID19	原位断层扫描成像
ID20	磁衍射、共振弹性 X 射线散射、RIXS、RXES、XES、IXS、XAS、X 射线拉曼散射（XRS）
ID21	μ-XANES、μ-XRF、XANES、XAS、XRF
ID22	XRD、PDF、异常衍射、异常散射
ID23-1	MX、MAD
ID23-2	MX
ID24	XAS、XMCD、XMLD、EXAFS、FTIR、μ-XANES
ID26	EXAFS、XAS、RIXS、XEOL、XANES、XES、XMCD
ID27	XRD、XRF、XRS
ID28	IXS、GIXRD
ID29	MX
ID30A-1	MX
ID30A-2	MX
ID30A-3	异常衍射、MX、XRD
ID30B	MX、MAD
ID31	XRD、康普顿散射、XRR、WAXS、GISAXS、PDF、GIXRD、SAXS
ID32	XMCD、XMLD、XAS、XES、IXS、XANES、XRS
BM01	SC-XRD、MX
BM02	XRD、SAXS、SWAXS、GISAXS、WAXS、XRF
BM05	断层扫描成像、XRD
BM07	MX、XRD、MAD
BM08	XAS
BM14	XAFS
BM16	XAS
BM20	XAFS、XES

续表

名称	提供技术
BM23	EXAFS、XRD、XMLD、μ-XANES、XANES、XAFS
BM25	SC-XRD、GIXRD、SXD、XPS
BM26	SAXS、WAXS
BM28	磁性 SC-XRD
BM29	生物 SAXS、SAXS
BM30	XAS
BM31	XAS、高分辨 PXRD
BM32	白光劳厄微衍射
CM01	冷冻电子显微镜

ESRF的50条光束线可分为6组：结构生物学、X射线成像、聚合物结构、材料结构、电子结构和磁学、动力学和极端条件。早期ESRF主要服务于凝聚态物理、应用物理领域。进入21世纪，多学科交叉成为研究趋势[17]。

科学家们在ESRF取得了许多重要成果，涉及各个研究领域，利用ESRF开展的研究工作还获得了3次诺贝尔化学奖。ESRF束流的稳定性高，垂直发射度小，尤其是ID27线站，已实现了5 pm的发射度，接近衍射的极限。

此外，还有一些有趣的例子，例如很少有人知道巧克力能像如今这样美味其实和ESRF有着莫大的关系，一开始的巧克力由于反霜现象，其最佳赏味期被限制在很短的时间内。荷兰的一个研究团队利用ESRF的X射线粉末衍射技术首次确定了可可脂三种主要单不饱和型甘油三酯中的一种，成功构建了可可脂结晶的结构模型，为在分子水平上更好地理解巧克力反霜现象的机理打下了基础，这一成果有助于更好地控制生产过程，使巧克力不发生反霜，还能不断提高巧克力的质感、口感和外观[18]。

5.4.2 APS

APS，位于阿贡国家实验室（Argonne National Laboratory），是世界

上最多产的X射线光源设备之一。APS地处伊利诺伊州，由芝加哥大学阿贡有限责任公司及美国能源部科学办公室管理，于1995年建成。APS主要应用波段为X射线，周长约1 104 m，电子能量为7 GeV，运行流强可达100 mA，至今已有71条光束线（表5.10）[19]，造价约4.67亿美元。

表 5.10　APS 光束线目录

名称	提供技术
1-BM-B，C	白光劳厄单晶衍射
1-ID-B，C，E	高能 XRD、断层扫描成像、SAXS、XRF、PDF、相衬成像
2-BM-A，B	断层扫描成像、相衬成像
2-ID-D	μ-XRF、XAFS、叠层成像
2-ID-E	μ-XRF、断层扫描成像
3-ID-B，C，D	核共振散射、高压金刚石压砧
4-ID-C	XMCD、XMLD、XPS
4-ID-D	XMCD、磁 X 射线散射、高压金刚石压砧、异常散射、RXS
4-ID-E	STM
5-BM-C	PXRD、断层扫描成像、WAXS
5-BM-D	XAFS、高能 XRD
5-ID-B，C，D	PXRD、X 射线驻波、SAXS、表面衍射、XRR、WAXS
6-BM-A，B	能量色散 XRD、高压金刚石压砧、断层扫描成像
6-ID-B，C	磁 X 射线散射、异常散射、RXS、GIXRD
6-ID-D	高能 XRD、PXRD、PDF
7-BM-B	断层扫描成像、μ-XRF
7-ID-B，C，D	时间分辨 XS、时间分辨 XAFS、相衬成像
8-BM-B	μ-XRF
8-ID-E	GISAXS、XPCS
8-ID-I	XPCS、SAXS
9-BM-B，C	XAFS、XANES
9-ID-B，C	μ-XRF、SAXS、断层扫描成像、叠层成像
10-BM-A，B	时间分辨 XAFS、μ-XRF
10-ID-B	时间分辨 XAFS、μ-XRF、XPS、XES
11-BM-B	PXRD
11-ID-B	PDF、高能 XRD
11-ID-C	高能 XRD、XDS、PDF
11-ID-D	时间分辨 XAFS、时间分辨 XS

续表

名称	提供技术
12-BM-B	XAFS、SAXS、WAXS
12-ID-B	SAXS、GISAXS、WAXS、GIXRD
12-ID-C，D	SAXS、WAXS、GISAXS、表面衍射
13-BM-C	表面衍射、高压金刚石压砧、SC-XRD
13-BM-D	断层扫描成像、高压金刚石压砧
13-ID-C，D	表面衍射、X射线驻波、微束衍射、XAFS、RIXS、高压金刚石压砧、XES
13-ID-E	XAFS、μ-XRF、微束衍射
14-BM-C	MX、毛细管衍射
14-ID-B	时间分辨晶体学、时间分辨XS、劳厄晶体学、WAXS、连续晶体学、MX
15-ID-B，C，D	DAFS、高压金刚石压砧、SC-XRD、液体界面散射、异常SAXS
16-BM-B	白光劳厄单晶衍射、能量色散XRD、相衬成像、PDF
16-BM-D	粉末角色散XRD、SC-XRD、XANES、XAFS、断层扫描成像
16-ID-B	微束衍射、SC-XRD
16-ID-D	核共振散射、IXS、XES
17-BM-B	PXRD、PDF
17-ID-B	MX、MAD、SAD
18-ID-D	毛细管衍射、微束衍射、SAXS、时间分辨XS
19-BM-D	MX、MAD、SAD
19-ID-D	MX、MAD、SAD、连续晶体学
20-BM-B	XAFS、μ-XRF
20-ID-B，C	XAFS、XRS、μ-XRF、XES
21-ID-D	MX
21-ID-E	MX
21-ID-F	MX
21-ID-G	MX
22-BM-D	MX、MAD、SAD
22-ID-D	MX、MAD、SAD
23-ID-B	MX、MAD、SAD
23-ID-D	MX、MAD、SAD
24-ID-C	MX、SAD、SC-XRD、MAD
24-ID-E	MX、SAD、SC-XRD
26-ID-C	XRD、相干XS、STM
27-ID-B	RIXS
28-ID-B	光学元件检测

续表

名称	提供技术
29-ID-C，D	R-SoXS、ARPES
30-ID-B，C	IXS、核共振散射
31-ID-D	MX、SAD
32-ID-B，C	相衬成像、X 射线透射显微镜、断层扫描成像
33-BM-C	XS、PXRD、XRR、GIXRD、异常散射、RXS
33-ID-D，E	异常散射、RXS、XS、表面衍射、XRR
34-ID-C	相干 XS
34-ID-E	微束衍射、劳厄晶体学、μ-XRF
35-ID-B，C，D，E	时间分辨 XS、相衬成像

APS正在进行约9亿美元的升级改造，预计在2023年末完成。例如：它将替换现有的圆形储存环，并更新X射线束线，从而创建功能更强大及更高产量的X射线设备，这将使以前需要长时间完成的实验缩短至几分钟内完成；另一个重要的改进涉及光束相干性[20]。

5.4.3 SPring-8

SPring-8，意为“8 GeV的超级光子环”，是目前世界能量最高的光源。1991年，日本原子力研究所（Japan Atomic Energy Research Institute，JAERI）和日本理化学研究所（RIkagaku KENkyusho/Institute of Physical and Chemical Research，RIKEN）开始共同负责建造SPring-8，地点位于日本兵库县（Hyogo Prefecture），于1997年建成，由日本同步辐射研究机构负责管理，占地141公顷。SPring-8主要应用波段为X射线，装置全长约1 436 m，运行流强为100 mA，电子能量达到8 GeV，目前已建设57条光束线（表5.11）[21]。

表 5.11　SPring-8 光束线目录

名称	提供技术
BL01B1	XAFS
BL02B1	SC-XRD

续表

名称	提供技术
BL02B2	PXRD
BL03XU	XS
BL04B1	能量色散 XRD、角度色散 XRD、XAS
BL04B2	高能 XRD
BL05XU	SAXS、WAXS
BL07LSU	时间分辨软 X 射线光谱、XES
BL08W	磁康普顿散射、高能布拉格散射、高能 XRF
BL08B2	XAFS、SAXS、XRD、PDF
BL09XU	HAXPES、XAS
BL10XU	高压 XRD
BL11XU	核共振散射、RIXS、XES
BL12XU	RIXS、IXS、XRS、XAS、XES
BL12B2	XAS、粉末 XRD、高分辨 XS、PX
BL13XU	GIXRD、CTR、微束衍射
BL14B1	时间分辨能量色散 XAFS
BL14B2	X 射线成像、XAFS
BL15XU	高能 XPS、PXRD
BL16XU	HAXPES、XRD、XRF
BL16B2	XAFS、XRD、X 射线成像
BL17SU	低能电子显微镜、PEEM、ARPES
BL19LXU	开放端口（提供高亮度 X 射线束）
BL19B2	PXRD、SAXS
BL20XU	X 射线微束/扫描显微镜、CT、XRD-CT、X 射线全息术、SAXS
BL20B2	显微断层扫描成像
BL22XU	XAFS、HAXPES、残余应力测量、相干/共振 XRD、XAS、PDF
BL23SU	XPES、XMCD
BL24XU	SAXS、WAXS、显微断层扫描成像、相干衍射
BL25SU	XPS、ARPES、光电子衍射、XMCD
BL26B1	SC-XRD
BL26B2	SC-XRD
BL27SU	SoXAS、XRF
BL28B2	XRD、时间分辨能量色散 XAFS、显微断层扫描成像

续表

名称	提供技术
BL28XU	共振 XRD、HAXPES
BL29XU	相干 X 射线光学
BL31LEP	康普顿散射、伽马射线和转换电子/正电子探测器的测试及校正
BL32B2	XRD、XAFS
BL32XU	X 射线晶体学
BL33XU	XAFS、SAXS、XRD
BL33LEP	GeV 光子束探测器的测定、空间带电粒子谱仪、γ 射线计数器
BL35XU	IXS、核共振散射
BL36XU	快速扫描 XAFS、XES、XRD、常压 HAXPES
BL37XU	X 射线光谱成像、断层扫描成像、XRF
BL38B1	SAXS
BL38B2	加速器元件诊断
BL39XU	XMCD、特定元素磁力测定、XES、共振 X 射线磁散射、XAFS
BL40XU	XRD、XS、XRF、XAFS
BL40B2	非晶 SAXS/WAXS
BL41XU	MX
BL43IR	IR
BL43LXU	非共振非弹性 XS
BL44XU	MX
BL44B2	全散射、PXRD
BL45XU	MX
BL46XU	XRD、XRR、残余应力测量、HAXPES、X 射线成像
BL47XU	HAXPES、显微断层扫描成像、硬 X 射线微束/扫描显微

SPring-8拥有数量众多的光束线站，被应用于诸多科学领域的研究，例如，近些年更新的高压X光衍射BL10XU光束线，将高压研究提高到了一个新的水平。主要的科学成果包括：在地球地幔最下部发现了$MgSiO_3$钙钛矿相转变、测定了固体氧ε相中O_8簇的结构、在地球内核压力及温度范围内进行XRD实验等。还有科学家试图解释水在4℃时密度最大以及冰的密度小于水的现象，他们在SPring-8进行了水和冰的结构解析，利用高能非弹性散射光束线BL08W，成功地进行了康普顿散射实验，直接

观测到了冰在高分辨率下的结构和功能。这一基础研究成果，有助于开发热储存材料，解析未来新材料的热存储性质[22]。

5.5 X射线自由电子激光

X射线自由电子激光是一种强相干的X射线光源，其运行机制大致有：振荡器型、外种子型及自放大自发辐射（self-amplified spontaneous emission，SASE）型，现有的硬XFEL装置多采取SASE模式。XFEL有着超高的峰值亮度、超短脉冲、超高的全相干性等优点，这使得其能够探索超微空间与超快时间的过程，为科学家从原子、分子、电子尺度解析物质结构的技术带来质的飞跃。也就是说，XFEL可将研究微观世界的能力从拍“分子照片”提升到拍“分子电影”，其被《自然》杂志称为科学家的“高速摄像机”。

目前世界多个国家和组织均在XFEL装置上快速布局来抢占科技先机，比如：运行在软X射线段的德国Flash与意大利的FERMI装置；运行在硬X射线段的美国直线加速器相干光源（linac coherent light source，LCLS）、欧洲X射线自由电子激光（European X-ray free electron laser，European XFEL）装置、日本的SACLA、韩国的PAL-XFEL及瑞士的Swiss FEL装置。我国的XFEL装置位于上海浦东张江，将与上海光源、国家蛋白质科学研究设施、上海超强超短激光装置等组成张江综合性国家科学中心大科学设施集群，成为我国光子科学研究的国之重器。本节主要介绍运行在硬X射线段的LCLS和European XFEL装置。

5.5.1 LCLS

美国SLAC国家加速器实验室（SLAC National Accelerator Laboratory），简称SLAC，由斯坦福大学负责运行管理。SLAC的LCLS装置是世界上首个硬XFEL装置。2009年LCLS的顺利出光，意味着硬X射线相干科学的时代已经到来。这个巨型激光器长130 m，输出波长在0.15～1.5 nm可调谐，脉冲长度为0.2～200 fs，每个脉冲包含10万亿个X射线光子。

超短脉冲和超高亮度意味着LCLS首度结合了原子尺度的空间分辨率和飞秒的时间分辨率，理论上可用来进行原子级分辨率的成像、时间分辨研究、泵浦-探针研究等。此外，LCLS的X射线激光束具有高空间相干性，且可在其大部分工作能量范围内提供时间相干性，这为研究瞬态系统提供了一系列具有高时空分辨率的测试技术。LCLS有7个特色实验站（表5.12）[23]。

表 5.12　LCLS 实验站目录

名称	提供技术
TMO	软 X 射线泵浦探针、TOF-MS、ARPES、XAS、库仑爆炸成像
chemRIXS/qRIXS	超快时间分辨泵浦探针、XAS、XES、RIXS、REXS、XPCS
XPP	时间分辨 X 射线泵浦探针、XRD、XAS、XS
XCS	相干 XS、XPCS、SAXS
MFX	连续飞秒晶体学、SAXS、WAXS
CXI	CDI、连续飞秒晶体学、纳秒和飞秒泵浦探针、TOF-MS
MEC	XRD、相衬成像

美国能源部已批准SLAC对LCLS进行升级改造，即LCLS-II项目，主要任务将集中在两个新的波荡器阵列的建设。等升级改造完成后，该设施将会使得X射线脉冲重复频率从每秒120次增加到每秒100万次，还可以产生多个能共同或单独运行的X射线束流，这将极大拓展LCLS的应用范围。

5.5.2　European XFEL

除了LCLS外，为运动的分子拍摄电影的还有其他的高速摄影机——European XFEL。该装置主要位于德国汉堡市，长达3.4 km，造价12.2亿欧元，是由11个欧洲国家参与研发和建设的全球最大的X射线激光装置。目前该装置每秒能发出8 000次X射线，比其他任何XFEL都要多。在未来，每秒27 000次的X光闪烁将为全球的研究人员提供新机遇。European XFEL现有6个特色实验站（表5.13）[24]。

表 5.13 European XFEL 实验站目录

名称	提供技术
FXE	XRD、WAXS、XES、RIXS、XANES、EXAFS、XDS
HED	高压金刚石压砧
MID	CDI、XPCS、X 射线散斑可见度光谱法
SPB/SFX	连续飞秒晶体学、CDI
SCS	软 X 射线相干散射
SQS	磁瓶式光电子飞行时间能谱仪、离子/电子飞行时间谱仪、速度成像谱仪

European XFEL的特点是高重复频率（repetition rate）。这使其为每个实验产生的数据比其他XFEL都多，也更适合映射小体积的复杂的生物结构。此外，高重复频率也可提高实验速度，能同时让更多研究人员使用装置。

利用 European XFEL，科学家们可以绘制病毒和细胞的原子图、拍摄纳米宇宙的三维照片、记录化学反应和研究类似行星内部发生的过程等。目前正在进行的研究涉及多个学科领域：确定对生物学至关重要的分子结构、观察分子内超快的能量转移、探索物质极端状态的特征以及观察复杂分子内电子的行为等。总之，European XFEL 以其超短脉冲和超高亮度的特性，为许多领域带来了新的机遇。

参 考 文 献

[1] 世界光源[EB/OL].（2021-08-27）[2021-08-27]. https://lightsources.org/.

[2] 先进微结构和设备中心[EB/OL].（2021-08-27） [2021-08-27]. https://www.lsu.edu/camd/lightsource.php.

[3] 赵振堂，冯超. X 射线自由电子激光[J]. 物理，2018，47（8）：481-490.

[4] DAISY JOSEPH. Synchrotron radiation-useful and interesting applications[M]. UK：Intechopen，2019.

[5] RAHIMABADI P S，KHODAEI M，KOSWATTAGE K R. Review on applications of synchrotron-based X-ray techniques in materials characterization[J]. X-ray spectrometry，2020，49（3）：348-373.

[6] 德国同步辐射光源 BESSYII[EB/OL].（2021-08-27）[2021-08-27]. http://www.helmholtz-berlin.de/.

[7] 美国同步辐射光源 ALS[EB/OL].（2021-08-27）[2021-08-27]. https://als.lbl.gov/.

[8] 瑞士同步辐射光源 SLS[EB/OL].（2021-08-27）[2021-08-27]. https://www.psi.ch/en/sls.

[9] 法国同步辐射光源 SOLEIL[EB/OL].（2021-08-27）[2021-08-27]. http://www.synchrotron-soleil.fr/.

[10] 法国 SOLEIL 同步辐射光源[EB/OL].（2010-06-17）[2021-08-27]. http://www.ihep.cas.cn/kxcb/zmsys/201006/t20100617_2883375.html.

[11] 西班牙同步辐射光源 ALBA[EB/OL].（2021-08-27）[2021-08-27]. https://www.albasynchrotron.es/en.

[12] 英国同步辐射光源 DIAMOND[EB/OL].（2021-08-27）[2021-08-27]. http://www.diamond.ac.uk/.

[13] LE VAY K，CARTER B M，WATKINS D W，et al. Controlling protein nanocage assembly with hydrostatic pressure[J]. Journal of the American chemical society，2020，142（49）：20640-20650.

[14] 上海同步辐射光源 SSRF[EB/OL].（2021-08-27）[2021-08-27]. http://ssrf.sari.ac.cn/.

[15] 文闻，张立娟，付亚楠，等. 上海光源在材料科学上的应用[J]. 现代物理知识，2019，31（5）：9-26.

[16] 欧洲同步辐射光源 ESRF[EB/OL].（2021-06-18）[2021-08-27]. http://www.esrf.eu/.

[17] 李宜展，樊潇潇，曾钢，等. 同步辐射光源的科技发展及科学影响分析：以欧洲同步辐射光源为例[J]. 世界科技研究与发展，2019，41（1）：16-31.

[18] 同步辐射解开巧克力的结构[EB/OL].（2021-08-27）[2021-08-27]. https://phys.org/news/2004-09-chocolate-unravelled-synchrotron.html.

[19] 美国同步辐射光源 APS[EB/OL].（2021-08-27）[2021-08-27]. https://www.aps.anl.gov.

[20] 先进的光子源升级将改变世界的科学研究[EB/OL].（2021-08-27）[2021-08-27]. https://phys.org/news/2020-07-advanced-photon-source-world-scientific.html.

[21] 日本同步辐射光源 SPring-8[EB/OL].（2021-08-25）[2021-08-27]. http://www.spring8.or.jp/en/.

[22] 日本大型同步辐射光源 SPring-8[EB/OL].（2011-03-31）[2021-08-27]. http://www.ihep.cas.cn/kxcb/zmsys/201103/t20110331_3104999.html.

[23] 美国自由电子激光 LCLS[EB/OL].（2021-08-27）[2021-08-27]. http://lcls.slac.stanford.edu/.

[24] 欧洲自由电子激光 EuropeanXFEL[EB/OL].（2021-08-27）[2021-08-27]. https://www.xfel.eu.

总结与展望

同步辐射的发展，让我们逐渐看到了物质世界的本质。让人迷恋的，正是这样一个个难以揣测的科学真谛。在新一轮的科技变革引领发展的大时代，在寻求科技自立自强的新时代背景下，我国在同步辐射领域必须奋勇争先。心力体力合二为一，事上事未有不成，未来二十年将是我国第四代同步辐射光源与应用发展的“黄金时代”。

同步辐射光源所具有的高亮度、宽波段、极化可调、脉冲结构等特点，使得同步辐射实验技术方法丰富多彩，造就了同步辐射应用在物质科学研究领域的无处不在。同步辐射光源装置具有很高的科技融合度和集成度，是显示一个国家综合科技实力的标志性重大科学装置，为提升国家的综合科技实力做出不可替代的重要贡献，也为不同学科间的相互渗透和交叉融合创造了优良条件。正因为如此，世界上科技发达的国家对同步辐射光源大科学装置建设都十分注重，过去几十年中投入了大量资金，推动了同步辐射装置建设与科学应用的蓬勃发展。

迄今为止，同步辐射光源已经完成了三代发展，20世纪90年代发展起来的第三代同步辐射光源对国际科学技术的发展产生了重大影响，成为了目前国际上应用领域最广、支撑能力最强、成果产出最多的大科学装置。欧洲同步辐射装置（ESRF）是国际上第一个建成的第三代同步辐射光源，于 1994 年正式面向用户开放运行，开启了同步辐射光源发展历程上的辉煌一页，产生了极为丰硕和广泛的应用成果，成为了先进同步光源建设、应用、发展的成功范例。我国唯一的第三代光源——上海光源（SSRF）自 2009 年建成运行以来，促进了我国多个学科领域和上海地区生物医药产业的发展。上海光源的建设相比 ESRF 晚了 15 年，急起直追是唯一的选择。通过上海光源的建造与应用，我国之前十多年在北京同步辐射装置和合肥光源上积累的光源建设经验与光源应用基础得以实现长足的发展，在部分领域已跻身国际最先进水平之列，奠定了我国今天在同步辐射领域可与国际先进水平竞争发展的良好局面。

大科学装置平台的科学应用需求牵引注定了其不断完善、持续发展、超越突破、永无止境的发展之路，以支撑多学科、多领域、众多用户以及前沿交叉见长的同步辐射光源装置尤其如此。当前同步辐射正在经历从第三代到第四代的跨越，采用新一代设计技术的第四代同步辐射光源的亮度和相干通量将比第三代光源再提高百倍以上，可望将同步辐射应用推进到一个新高度，开拓出许多新的应用领域。

物质的微观结构特性决定了物质的宏观性质，对物质性质的真正理解最终都要建立在物质的原子、分子、电子态结构及其相互作用的基础之上。光作为最早用于探索物质微观结构的手段，有着悠久的历史。随着光亮度的不断提高与光探测技术的不断发展，物质微观世界的许多奥秘被掀开了神秘的面纱，呈现在人们面前。光子作为一种玻色子，可以极高密度聚集，这使得光子的探测能力，呈现出没有理论极限的特点。有了更亮的光，就能看清更细微的世界。同步辐射光源也正是沿着这样的路径，一代代向前发展，每前进一代，亮度平均提高百倍，应用领域大为扩展。过去二十多年间，基于第三代光源的同步辐射应用技术在空间分辨、能谱分辨、时间分辨多方面都取得了长足的进步，空间分辨从宏观尺度延伸进入了 10 nm 级，毫秒级乃至亚微秒时间分辨技术得到广泛应用，多种技术组合联用成为一种趋势。研究对象与研究方式也从以往尽量简化研究体系着重研究主要问题向整个体系的全面研究转变，越来越注重对复杂体系的系统研究，努力从根本上掌握复杂系统的特性与演化规律。正是由于这些前沿研究领域的不断发展，目前的第三代光源表现出了明显的“力不从心”，对于复杂体系研究最关键的 1～100 nm 介观尺度分辨和纳秒-微秒时间尺度跨越都难以有效覆盖，俨然成为复杂系统研究的“卡脖子”区域。而基于第四代同步辐射光源的相干成像技术、光子关联谱技术等新方法正是突破这些技术瓶颈的利器，从而可望实现物质结构研究从宏观、介观到微观（原子分子尺度及其演化）的全覆盖。不仅仅是这些，还有更多的实验技术方法都将因为光源亮度和相干性的显著提升而经历从量变到质变的跃迁。

第四代同步辐射光源巨大的性能提升对前沿科学研究的诱惑是如此之大，以至于各个国家的第三代光源实验室几乎无一例外都提出了升级或新建第四代光源的计划与设想。过去几十年国际上同步辐射的发展历程清晰表明，同步辐射光源与应用的发展呈现出不断加速的态势，这正是因为光源装置技术发展、应用技术发展与需求发展不断互相激励的结果。随着光源技术的发展与性能的提升，同步辐射应用的广度和深度不断延伸，用户需求在数量和质量上进一步增强，推动了同步辐射领域的快速发展。也可以说，科技发展本身将激发对同步辐射应用的强烈需求，科技发展越快，需求越强烈。当今世界科技发展日新月异，第四代同步辐射光源能否成为助推世界科技变革的加速器，我们翘首以待。

当前国际上第四代同步辐射光源的发展正处于起步期，但发展之迅速却是前所未见。按目前国际上已公开的计划，未来五年欧美地区就将有超过五台第四代同步辐射光源建成，覆盖高、中、低各个能区，第四代同步辐射光源已成为世界科技强国抢占科技制高点的一个重要举措。我们深信，未来二十年必将成为第四代同步辐射光源与应用发展的黄金时代。

未来二十年也一定是我国第四代同步辐射光源与应用发展的黄金时代，这是由我国科技创新发展的迫切需求和同步辐射光源发展趋势所决定的。在新一轮的科技变革引领发展的大时代，在寻求科技自立自强的新时代，我国在这一具有深远影响的前沿技术领域绝不能掉队，唯有奋勇争先。我国北京高能同步辐射光源已于 2019 年 6 月动工建造，其目标是要建成国际上性能最先进的高能同步辐射光源。我国也亟待加快建设第四代同步辐射光源，抓住第四代同步辐射光源发展的契机，力争在同步辐射光源领域进入国际最先进行列，有力支撑我国科技创新发展。正是在这样的背景下，武汉大学提出建设第四代同步辐射光源——武汉光源，冀望为中部地区乃至全国的科技创新发展做出重要的贡献。

武汉光源定位为处于国际领先行列的第四代低能区同步辐射光源和第四代中能区同步辐射光源，产业应用与科学研究并重、当前需求与未来发展兼顾。在产业应用方面，主要瞄准极紫外光刻、光电器件、新能源材料、生物医药等领域中的卡脖子技术研究，助力解决集成电路、光电信息、新材料、新能源、生命健康等产业中的关键技术问题，同时也将应用于凝聚态物理、分子与纳米科学、材料科学、化学、生命科学、地质与环境科学等学科前沿领域的研究。中部地区高科技产业发展迅速，科教资源丰富，科、教、研、产都对先进同步辐射光源具有迫切需求，尤其是以光科技为核心的中国光谷。目前受限于可利用的先进光源资源，同步辐射光源应用的广度和深度与国内科技发达地区相比都有不小的差距，更遑论与国际发达地区相比。希望通过武汉光源的建设，在中部地区打造世界级大型多学科研究与高技术研发平台，助力中部崛起与高质量发展。

同步辐射光源作为综合性用户装置，其发展最终取决于应用成效、广大的用户群体。我们期待有更多的科研人员和工程技术人员，尤其是青年科技人员，关注同步辐射光源及其应用发展，为持续推动我国同步辐射研究发展步入国际领先水平做出贡献。

索　　引

H

J

K

L

M

N

P

Q

R

S

T

W

其他